电脑启航必备宝典

易旭东 编著

电脑上网

新手指南针

专家传授 本书由**资深培训讲师**编写，融合丰富的**使用与教学经验**，传授电脑上网的使用方法与技巧

内容全面 从上网基本操作入手，讲解**连接Internet**、**网上冲浪**、**网络资源下载**、**网络视听娱乐**等知识，让您快速掌握电脑上网的使用方法

知识丰富 近**70个**知识点操作，采用**图解**、**视频讲解双模式**，让您轻松解决日常工作中存在的问题；**220个**“视野拓展”与每页内容环环相扣，大大扩展读者的视角

24集总时长近70分钟的视频教学，

让您享受有趣、轻松的学习过程

DVD 手把手 视频教学光盘

印刷工业出版社

北京希望电子出版社
Beijing Hope Electronic Press
www.bhp.com.cn

内 容 简 介

本书通过详细的操作演示引导读者逐步了解和掌握电脑上网的各项技术与实战技能。

全书共 13 章，从上网零起点开始，由浅入深地介绍了如何连接 Internet、使用网上冲浪利器 IE、如何搜索网络资源、电子邮件的收发与管理、网络资源下载、网上聊天交友、网络视听娱乐、博客与微博、网上生活、 网上学习与办公、上网安全与常见故障解决、网上求职等内容。

本书面向初级和中级电脑用户，适用于电脑新手、电脑爱好者、电脑培训人员、中老年读者和各行业需要学习电脑的人员，也可以作为大、中专院校师生的辅导和培训用书。

本书配套光盘中提供了书中部分实例的视频教学文件。

图书在版编目（CIP）数据

电脑上网新手指南针 / 易旭东编著. —北京：印刷工业出版社，2012.1

（电脑启航必备宝典）

ISBN 978-7-5142-0339-4

Ⅰ.①电… Ⅱ.①易… Ⅲ.①互联网络－基本知识 Ⅳ.①TP393.4

中国版本图书馆 CIP 数据核字（2011）第 243156 号

电脑上网新手指南针

编　　著：易旭东

责任编辑：艾　迪　刘秀青　　　责任校对：小　亚

责任印制：媛　明　　　　　　　责任设计：深度文化

出版发行：印刷工业出版社（北京市翠微路2号　邮编：100036）

北京希望电子出版社（北京市海淀区上地三街 9 号嘉华大厦 C 座 610　邮编：100085）

网　　址：www.bhp.com.cn

经　　销：各地新华书店

印　　刷：北京市媛明印刷厂

开　　本：889mm×1194mm　　1/16

字　　数：356 千字

印　　张：15.5

印　　数：1～3000

印　　次：2012 年 1 月第 1 版　　2012 年 1 月第 1 次印刷

定　　价：35.00 元（配 1 张 DVD 光盘）

I S B N：978-7-5142-0339-4

Foreword 前言

随着科技的发展和进步，电脑的应用越来越广泛，在我们的日常生活中已占据了举足轻重的地位，而电脑的上网功能更是现代人学习和工作中不可缺少的一部分。为了帮助广大用户能够尽快掌握电脑上网的方法和技巧，我们编写了此书，希望能帮助读者更好、更快地掌握电脑上网所需要的方法。

本书分为13章，内容的具体分布如下：

第1章，电脑上网零起点。主要介绍Internet的基本概念以及上网前所需要做的硬件和软件准备。

第2章，连接Internet。主要介绍连接Internet的各种方式和方法。

第3章，网上冲浪利器——IE。主要介绍IE浏览器的使用方法以及各种个性化设置的技巧。

第4章，搜索网络资源。主要介绍搜索引擎的作用以及实际搜索过程中的技巧。

第5章，电子邮箱——电子邮件的收发与管理。主要介绍常用的电子邮箱以及使用E-mail接收和发送邮件的方法。

第6章，网上资源下载。主要介绍下载的方式以及下载工具的使用。

第7章，网上聊天交友。主要介绍各种聊天工具的使用方法。

第8章，网络视听娱乐。主要介绍网上看视频、电影、听歌、听广播等内容。

第9章，博客与微博。主要介绍博客和微博的概念和使用技巧。

第10章，网上生活。主要介绍如何通过互联网来满足日常生活中的各种需求。

第11章，网上学习与办公。主要介绍如何在互联网上学习和办公。

第12章，上网安全与常见故障解决方法。主要介绍杀毒软件的使用和日常电脑使用中故障的处理。

第13章，网上求职。主要介绍网上求职技巧和常用的求职网站。

本书每一章的开始都安排了导读，并列出了本章中的重点和难点，使读者对每章的内容能够做到有针对性的学习。在每一章结束的部分，还有配套的习题，力求使读者能尽快掌握所学知识。

本书更多是以操作步骤的形式介绍上网过程中所需要掌握的技能，讲解通俗、易懂，目的是提高读者的实际动手能力。

本书由桂林电子科技大学的易旭东老师编著，在编写过程中，王啸飞、刘东冶、朱印宏、亢琳、穆婷、李昆、李双、宋国飞、伍青青、付岩等协助完成辅助工作以及技术支持。此外，本书在编写过程中参考了大量书籍和专业网站等参考资料，并得到计算机基础教学专业人员的帮助，使得内容更加完整、新颖，在此一并表示感谢。由于编者水平有限，书中难免存在纰漏与不足，欢迎广大读者批评指正。

编著者

Contents 目录

第1章 电脑上网零起点

第2章 连接Internet

第3章 网上冲浪利器——IE

第4章 搜索网络资源

第5章 电子邮箱——电子邮件的收发与管理

第6章 网络资源下载

第7章 网上聊天交友

第8章 网络视听娱乐

第9章 博客与微博

第10章 网上生活

电脑上网 新手指南针

第11章 网上学习与办公

电脑上网 新手指南针

第12章 上网安全与常见故障解决方法

电脑上网 新手指南针

第13章 网上求职

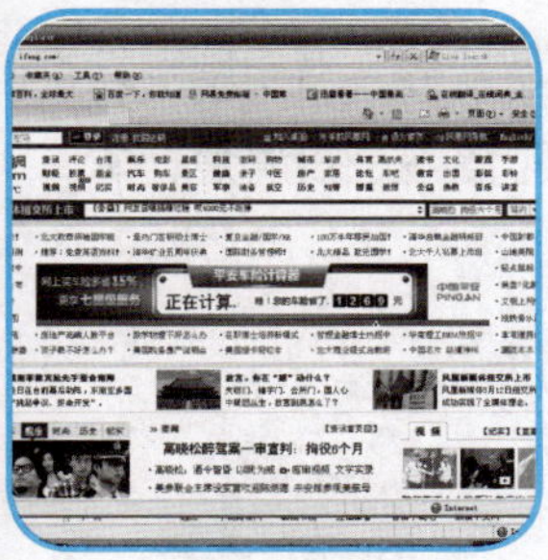

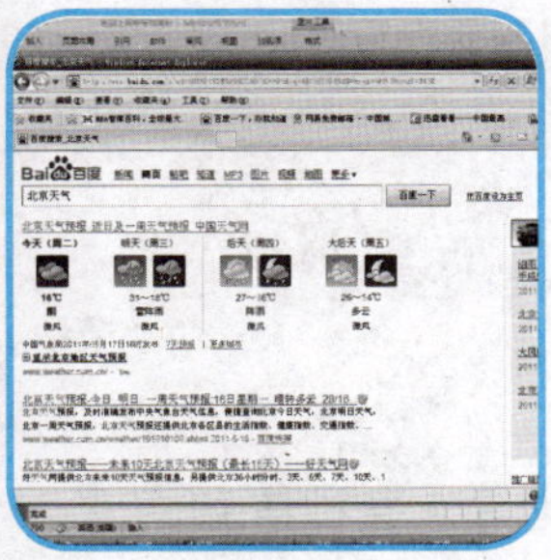

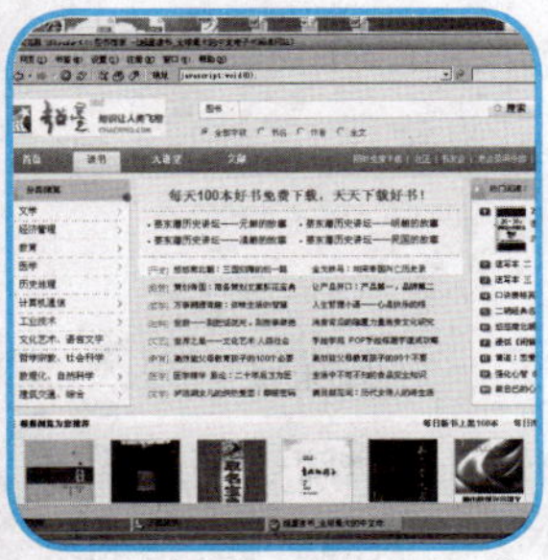

第 *1* 章

电脑上网零起点

本章导读

在当今社会，Internet已经深入到世界的各个角落，极大地影响和改变了人们的生活和工作方式。在学习电脑上网之前，了解网络的基本概念、功能以及电脑上网的配置环境是很有必要的。

本章学习目标

- 了解Internet的概念以及用途
- 熟悉上网所需要的硬件和软件设备

本章学习重点

- Internet基础知识
- 网络的应用
- 上网前的准备工作

1.1 了解Internet

Internet的高速发展将人类社会带进了一个瞬息万变的网络信息时代。进入Internet就如同进入了一个五彩缤纷的万花筒，令人眼花缭乱。用户可以利用其中各个网络和计算机上难以计数的资源，同世界各地的朋友自由通信和交换信息，如收发电子邮件、聊天、浏览新闻、购物、听音乐和玩游戏等。对于刚刚接触Internet的用户来讲，对网络的一些基础知识和基本概念可能不是很清楚，本章将详细介绍这方面的知识。

1.1.1 什么是Internet

Internet（因特网）是国际计算机互联网的英文称谓。其准确的描述是：因特网是一个网络的网络。它以TCP/IP网络协议将各种不同类型、不同规模、位于不同地理位置的物理网络联接成一个整体。它把分布在世界各地、各部门的计算机存储在信息总库里的信息资源通过电信网络联接起来，从而进行通信和信息交换，实现资源共享。

提示： 无论是上网查找信息还是浏览网页，都需要借助一个专门的软件，即网络浏览器。目前，最常用的网络浏览器是Windows自带的Internet Explorer，简称IE浏览器。

1.1.2 Internet的功能

Internet上有丰富的信息资源，我们可以通过它方便地寻求各种信息，足不出户而周游世界。同时，Internet也提供各种各样的服务功能，如收发电子邮件、下载网络资源、聊天交友、视听娱乐、网上购物、在线学习……可以毫不夸张地说，如今Internet已经发展到无所不能的地步，通过这个虚拟的大世界，你几乎可以得到任何想要的东西。下面我们简单地介绍Internet的主要功能。

1. 浏览网页，了解最新新闻时事

网络是继报纸、杂志、广播、电视四大传统媒体之后的又一新型媒体。每天早上起来，只需要打开电脑，就可以快速了解世界各地发生的大小新闻事件。和传统的信息媒介相比，它具有信息量大、更新快等显著的优点。下图1.1所示的是在凤凰网上浏览新闻信息。

视野拓展

在英文中，Internet是“交互网络”的意思，其含义可以分为两个单词，“Inter”是交互的意思，而“net”是指网络。

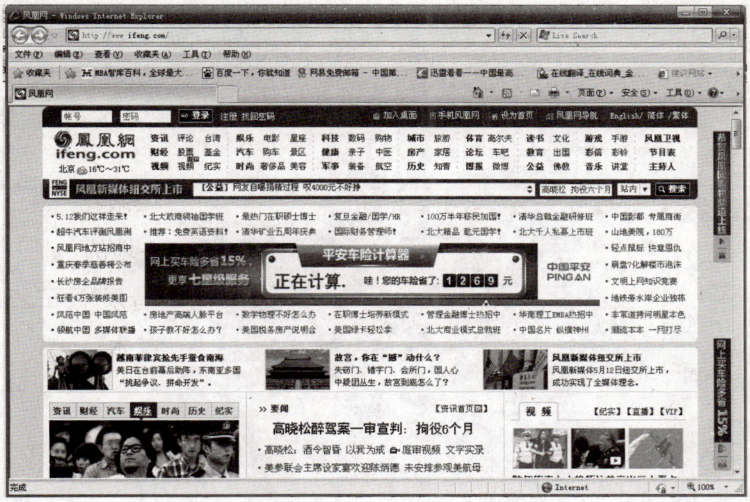

2. 搜索信息及资料

如果我们想快速查找到所需要的信息或者资料，这个时候可以借助搜索引擎来帮助我们快速定位。Internet已经成为目前世界上资料最多、门类最全、规模最大的资料库，可以为我们提供各种各样的信息。下图所示的是利用百度搜索引擎查询有关“北京天气”获得的信息。

在搜索栏中输入“北京天气”四个字，单击后面的“百度一下”按钮，即可查询到很多和搜索标题相关的信息

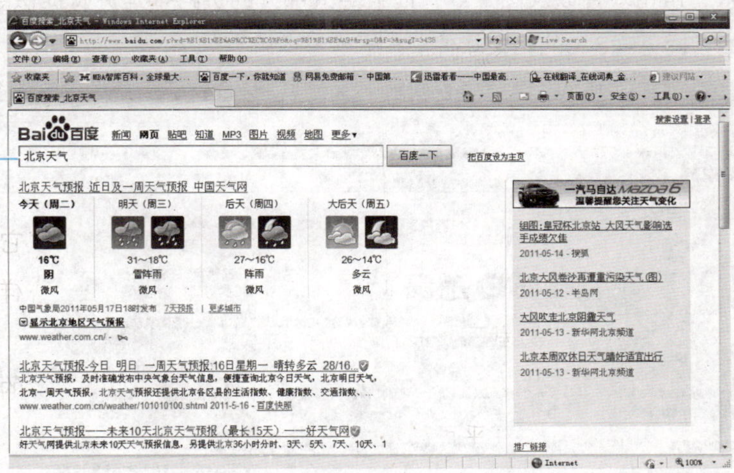

3. 收发电子邮件

电子邮件是一种用电子手段提供信息交换的通信方式，是Internet应用最广的服务：通过网络的电子邮件系统，用户可以用非常低廉的价格（不管发送到哪里，都只需负担网费即可），以非常快速的方式（几秒钟之内可以发送到世界上任何你指定的目的地），与世界上任何一个角落的网络用户联系，这些电子邮件可以是文字、图像、声音等各种方式。同时，用户可以得到大量免费的新闻、专题邮件，并实现轻松的信息搜索。下图所示的是在126电子邮箱中编辑电子邮件。

视野拓展

万维网（亦作“网络”、“WWW”、“3W”，英文“Web”或“World Wide Web”），是一个资料空间。在这个空间中的资源由一个“统一资源定位符”（URL）标识。

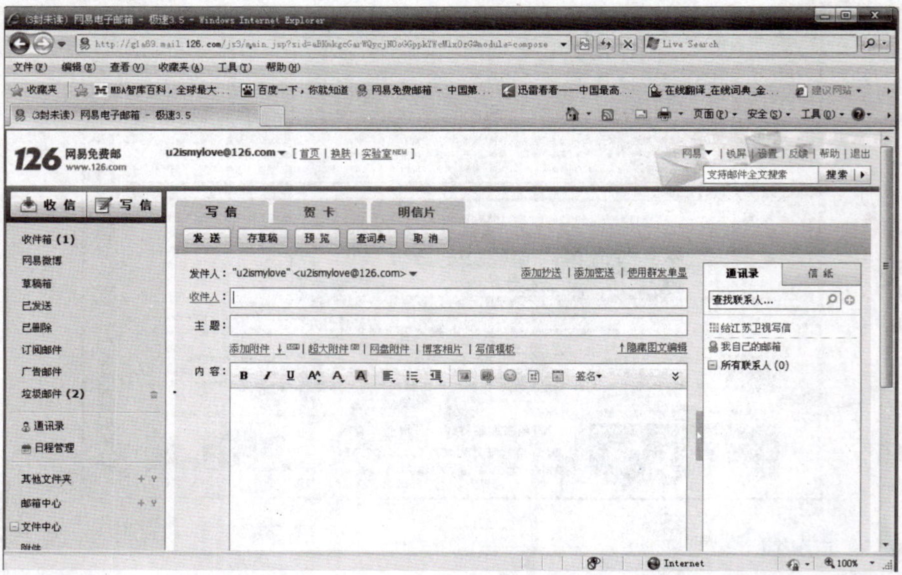

4. 下载网络资源

Internet是一个资源庞大的数据库，用户可以把所需要的资料下载到自己的电脑，例如电影、音乐、常用软件以及图片等，而且绝大部分的资料都是免费提供的。下图所示的是在360安全卫士的官网下载360的相关软件。

5. 网上聊天交友

想和“千里之外”的亲朋好友聊聊天，渴望认识些志同道合的新朋友，通过Internet，不但可以进行文字和语音聊天，还可以借助摄像头进行视频聊天，“天涯咫尺”成为现实。下图所示

视野拓展

E-mail即电子邮件，是一种通过电脑收发各种信息的工具，也是Internet上应用最频繁的服务之一。

的是在QQ群里和好友们进行交流。

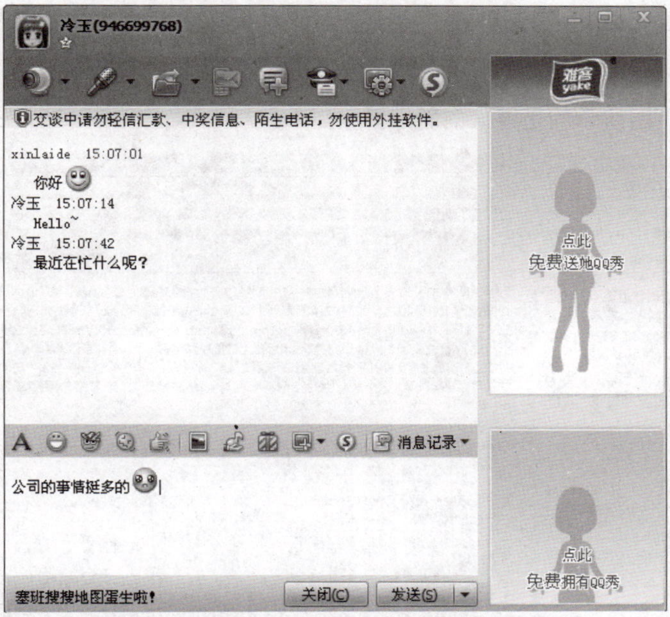

6. 网上视听娱乐

在Internet发展日新月异的今天，网络媒体已经越来越受到人们的青睐，在网络上不但可以收听网络实施广播，还可以听音乐、看电影和电视等。下图所示的是在听音乐网上在线试听歌曲。

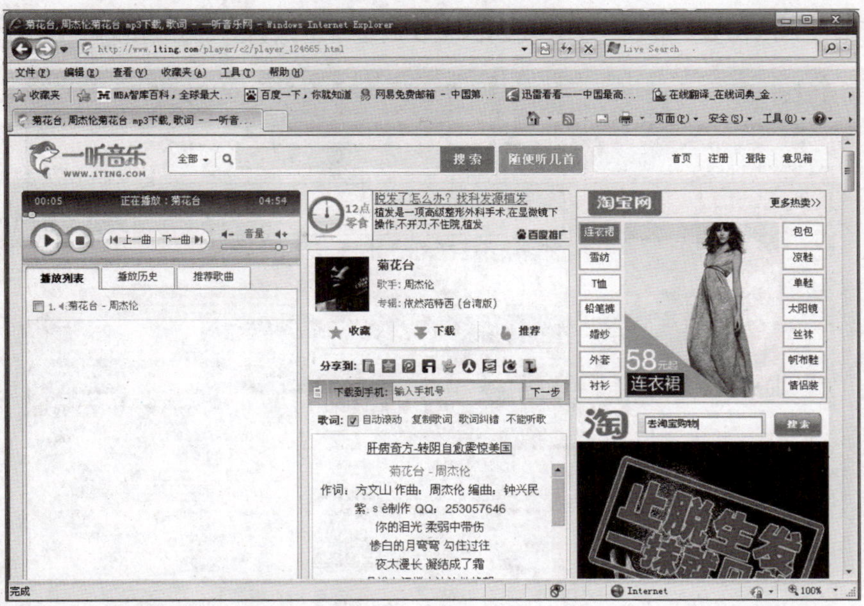

视野拓展

Internet上有很多的网站，如果将这些网站设想成一个个房间，那网址就是“房间”的门牌号码。

7. 博客与微博

博客和微博都是Internet日渐普及、全名参与这种大环境下的产物。博客和微博提供了一种方便快捷的网络个人信息发布方式，可以将个人的学习生活体会和自己身边发生的故事发表到网上，与众人分享。下图所示的是某人的新浪博客。

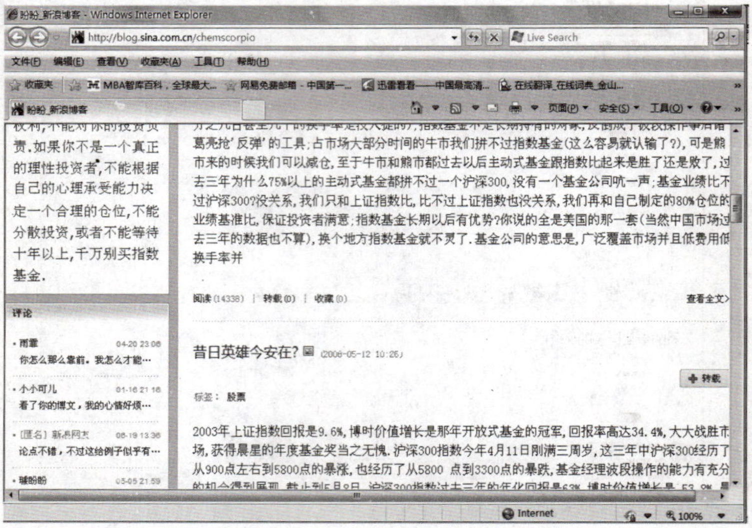

8. 网上购物

网上的商品齐全、价格实惠、更新换代快，这些优点使得网上购物受到了越来越多人的关注。消费者在电子商场中不仅可以看到商品的样式、价格，而且电子商场24小时营业，消费者足不出户就可以买到所需要的商品。下图所示的是在淘宝网上陈列的部分商品。

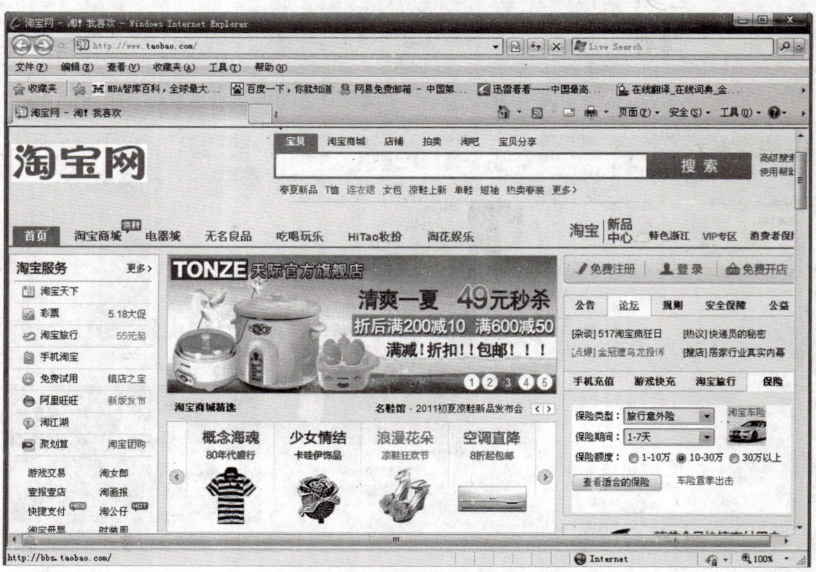

视野拓展

网页是我们浏览Internet的主要访问对象，它实际上是存放在Web服务器上的文档。

9. 网上学习和办公

网络学习打破了传统教育模式的时间和空间条件的限制，是传统学校教育功能的延伸，使教学资源得到了充分利用。这种以学生为中心的模式也给了求学者最大的自由。下图所示的是利用“超星”阅读器浏览最新的图书信息。

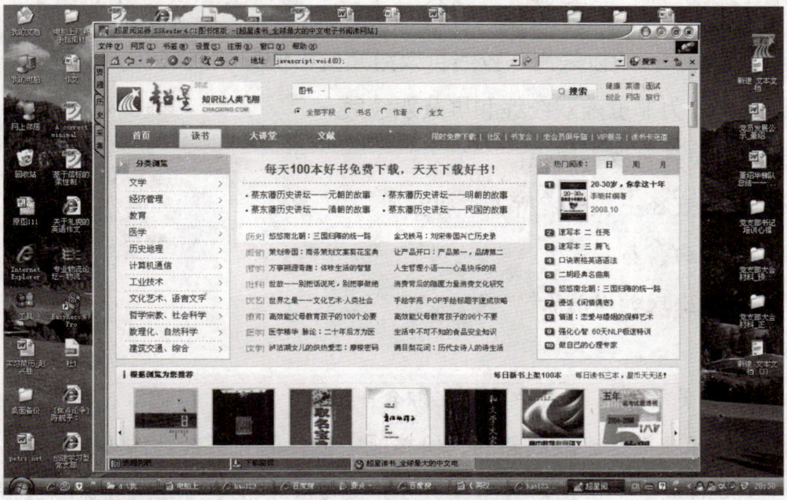

1.2 上网前的准备工作

既然Internet有如此之多的功能，大家接下来最想知道当然就是接入Internet需要做哪些准备工作。下面我们对上网所需要的硬件设备和软件系统进行介绍。

1.2.1 硬件设备

上网所需要的硬件设备包括网络传输介质和网络通信设备。

1. 传输介质

传输介质可分为有线介质和无线介质。有线介质将信号约束在一个物理导体内，如双绞线、同轴电缆和光纤；无线介质不能将信号约束在某个空间范围内。

（1）双绞线

双绞线是目前使用最广泛的传输介质，价格也相对便宜。双绞线由两根、四根或八根绝缘铜导线组成。两根为一线对作为一条通信链路。为了减少各线对之间的电磁干扰，各线对以均匀对

视野拓展

主页是网站的基本信息页面，也是网站最常被浏览的一个页面，通过主页可以访问该网站的其他页面。

称的螺旋状方式扭绞在一起。线对的绞合程度越高，抗干扰能力越强。

由若干条双绞线组成的电缆称为双绞线电缆。目前双绞线被广泛应用于电话系统，几乎所有的电话都是通过双绞线连接到电信局的。

双绞线既可以传输模拟信号，又可以传输数字信号。当用双绞线传输数字信号时，其传输速率与电缆的长度有关。距离短时，传输速率高一些，在几千米的范围内，传输速率可达10Mbps，甚至100Mbps，所以采用双绞线可以组建价格便宜的局域网。

目前，双绞线可分为非屏蔽双绞线和屏蔽双绞线。

非屏蔽双绞线电缆具有以下优点。

- 无屏蔽外套、直径小、节省所占用的空间。
- 重量轻、易弯曲、易安装。
- 将干扰减至最小或加以消除。
- 具有阻燃性。
- 具有独立性和灵活性，适用于结构化综合布线。

双绞线的技术和标准都是比较成熟的，价格比较低，而且双绞线的安装也相对容易，但是双绞线的最大缺点就是对电磁干扰相对敏感。另外，双绞线不能支持非常高速的数据传输。

（2）同轴电缆

同轴电缆由铜芯、绝缘材料、屏蔽导体、塑料管绕同一轴心组成，同轴电缆的名称由此而来。

广泛使用的同轴电缆有两种：一种是阻抗为50Ω的基带同轴电缆；另一种是阻抗为75Ω的宽带同轴电缆。

基带同轴电缆主要用于传输数字信号，可作为计算机局域网的传输介质。基带同轴电缆的带宽取决于电缆长度。电缆增长，其数据传输速率就会下降。

宽带同轴电缆用于传输模拟信号。“宽带”这个词来源于电话业，是指比4kHz宽的频宽。

同轴电缆的低频串音及干扰性不如双绞线电缆，但当频率升高。外导体的屏蔽作用加强，同轴电缆所受的外界干扰以及同轴电缆间的串音都将随频率的升高而减小，所以适合于高频传输。

同轴电缆一般安装在设备与设备之间。在每一个用户位置上都装备有一个连接器，为用户提供接口。接口的安装方法如下。

- 细缆　将细缆切断，两头装上BNC 头，然后接在T型连接器两端。
- 粗缆　粗缆一般采用一种类似夹板的Tap装置进行安装，它利用Tap上的的引导针穿透电缆的绝缘层，直接与导体相连。电缆两端头设有终端器，以削弱信号的反射作用。

（3）光纤

随着光通信技术的飞速发展，现在人们已经可以利用光导纤维来传输数据。

光传输系统由3个部分组成：光纤传输介质、光源和检测器。光纤传输介质是超细玻璃和熔

视野拓展

HTML是英文HyperText Markup Language的缩写，中文意为超文本标记语言。

硅纤维；光源是发光二极管或激光二极管，这两种二极管在通电的情况下，都会发出电脉冲；检测器是光电二极管，遇光时，就会产生一个电脉冲。在光纤的一端安装一个激光二极管或发光二极管，另一端安装一个光电二极管，就有了一个单向的数据传输系统。

光纤又分为单模光纤和多模光纤。单模光纤很昂贵，且需要激光光源，但传输距离比较远，并且有非常高的传输速率；多模光纤相对来说传输距离短些，而且数据传输率要小于单模光纤；但多模光纤的优点在于价格便宜，并且可用发光二极管作为光源。单模光纤和多模光纤的比较如下表所示。

	单模光纤	多模光纤
距离	长	短
数据传输率	高	低
光源	激光	发光二极管
信号衰减	小	大
端接	较难	较易
造价	高	低

光纤通信的优点是频带宽、传输容量大、重量轻、尺寸小、不受电磁干扰和静电干扰、保密性强、原料丰富、生产成本低。

（4）无线介质

无线介质是指信号通过空气传输，信号不被约束在一个物理导体内。无线介质实际上是无线传输系统，主要包括无线电波、微波、卫星通信等。

无线电波广泛应用于通信，原因在于它的传播距离可以很远，也很容易穿过建筑物。而且无线电波是全方向传输的，因此无线电波的发射和接收装置不必要求精确对准。

无线电波的传输特性与频率有关。在低频上，无线电波能轻易地绕过一般障碍物，但它的能量会随着传输距离的增大而急剧递减。在高频上，无线电波趋于直线传播并易受障碍物的阻挡，还会被雨水吸收。对于所有频率的无线电波，都很容易受到其他电子设备的各种电磁干扰。

2. 网络接口卡

计算机与外界局域网的连接是通过主机箱内插入一块网络接口板（或者是在笔记本电脑中插入一块PCMCIA卡）。网络接口板又称为通信适配器或网络适配器（adapter）或网络接口卡NIC（Network Interface Card），但是现在更多的人愿意使用更为简单的名称“网卡”。

网卡是工作在数据链路层的网路组件，是局域网中连接计算机和传输介质的接口，不仅能实现与局域网传输介质之间的物理连接和电信号匹配，还涉及帧的发送与接收、帧的封装与拆封、介质访问控制、数据的编码与解码以及数据缓存的功能等。

视野拓展

统一资源定位符（URL，英语Uniform Resource Locator的缩写）也被称为网页地址，是因特网上标准的资源的地址。

我们日常使用的网卡都是以太网网卡。目前网卡按其传输速度来分可分为10M网卡、10/100M自适应网卡以及千兆（1000M）网卡。常见的网卡如下图所示。

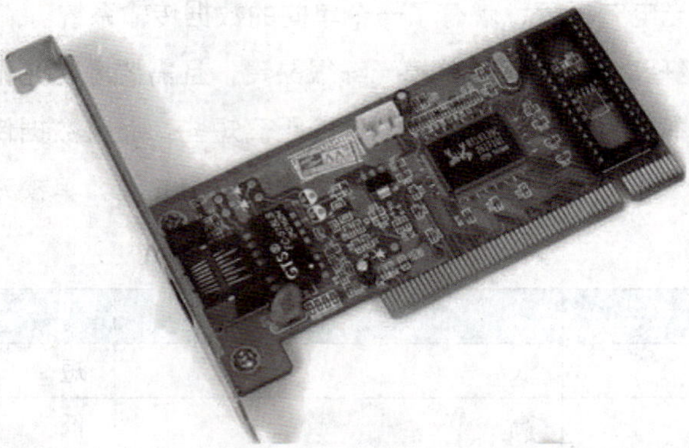

3. 调制解调器（Modem）

Modem，其实是Modulator（调制器）与Demodulator（解调器）的简称，中文称为调制解调器。根据Modem的谐音，亲昵地称之为“猫”。

调制解调器的作用是模拟信号和数字信号的“翻译员”。电子信号分两种，一种是“模拟信号”，一种是“数字信号”。我们使用的电话线路传输的是模拟信号，而PC机之间传输的是数字信号。所以当你想通过电话线把自己的电脑连入Internet时，就必须使用调制解调器来“翻译”两种不同的信号。连入Internet后，当PC机向Internet发送信息时，由于电话线传输的是模拟信号，所以必须要用调制解调器来把数字信号“翻译”成模拟信号，才能传送到Internet上，这个过程叫做“调制”。当PC机从Internet获取信息时，由于通过电话线从Internet传来的信息都是模拟信号，所以PC机想要看懂它们，还必须借助调制解调器这个“翻译”，这个过程叫做“解调”。总的来说就称为“调制解调”。调制解调器的外观如下图所示。

视野拓展

域名是Internet网络上的一个服务器或一个网络系统的名字。域名的形式是以若干个英文字母和数字组成，由“.”分隔成几部分。

4. 路由器

对于电脑的网络地址和复杂的路由信息，路由器可以在源电脑和目的电脑之间通过最直接的路径发送数据。

路由器是一种类似网桥或交换机作用的设备，但它提供了更强大的功能。在不同网络段之间移动数据时，路由器检查数据包头来决定数据包传送的最佳路径。路由器通过访问存储在路径表格中的信息可以知道网络上所有的用户共享Internet或者WAN的单个连接。

使用路由器可直接向另一网络或段地目的电脑发送数据包，并可减小网络上的压力。如下图所示的是一种普通的路由器。

5. 摄像头

摄像头作为视频输入和监控设备，广泛应用于视频会议和网络聊天。在电脑上连接摄像头，就可以通过QQ或者MSN等即时聊天软件与世界各地的亲朋好友进行视频聊天。如下图所示的就是一款常见的摄像头。

视野拓展

在Internet中，一个主机可以拥有一个或者多个IP地址，但是不能把同一IP地址分配给多个主机，否则会出现通信错误。

1.2.2 软件系统

上网对计算机软件系统的要求主要是安装Windows 7/Windows Vista/Windows XP/Windows 2000等操作系统、网页浏览器等。

采用ADSL宽带上网，还需要安装ADSL拨号软件。现在常用的ADSL拨号软件有Windows 操作系统自带的拨号软件、星空极速、EnterNet500等。

1.2.3 电脑配置

博学先生，在任何情况下我们都需要上面所讲的硬件设备吗？

随着电脑技术的飞速发展，现在绝大部分的电脑都能满足上网的基本配置要求。上网电脑的最低配置要求如下表所示。

配件	最低配置	推荐配置
CPU	486	Pentium 166 以上
内存	32MB	128MB以上
硬盘剩余空间	40MB	1GB以上

1.2.4 线路配置

不是的，呵呵。这个要根据不同的情况来配置的啊。

上网线路配置根据需要的上网方式进行选择。

- 拨号上网需要一部外线直拨电话和一台调制解调器。
- ADSL宽带上网则需要一条ADSL电话线，一部ADSL Modem、滤波器和一块10M/100M网卡。
- LAN用户上网需要一条入户的五类线和一块10M/100M网卡。

1.3 本章小结

本章主要介绍了Internet的基本知识，详细地介绍了Internet基本概念、Internet提供的服务项目以及电脑上网应该具备的基本软件、硬件装备等内容。有了对网络基本知识的认识，才能更深入地理解和应用好功能强大、内容丰富的互联网。

视野拓展

在电脑领域中，操作系统有很多种，例如昔日霸主DOS，当代主流Windows系列，多应用于网络、服务器的UNIX和苹果电脑的MacOS等。

1.4 趁热打铁

现在用本章学到的知识解决下面的问题。

1.4.1 选择题

1. 操作系统是系统软件的核心和关键，它的主要功能是（　　）。

A. 使若干用户程序共享系统资源

B. 缓和输入、输出设备和CPU的速度不匹配的矛盾，并可以对输入、输出设备统一调度，使电脑的吞吐量增加

C. 用于专门对文件和数据进行组织和管理，使用户能够方便地存取文件和数据

D. 让许多用户利用各自的终端设备来使用中央计算机

2. 在电脑中主要利用（　　）浏览网页。

A. 千千静听　　B. 网络浏览器

C. Excel　　D. Photoshop

3. 利用Internet，我们可以（　　）。

A. 玩游戏　　B. 购物

C. 交友　　D. 收发电子邮件

4. Internet服务提供商的简称是（　　）。

A. TCP/IP　　B. HTTP

C. ISP　　D. FTP

5. 利用电子邮件可以收发（　　）。

A. 文本　　B. 文件夹

C. 图像　　D. 音乐

1.4.2 实践题

启动IE浏览器，浏览新浪首页（www.sina.com）。

视野拓展

随着版本的更新，操作系统越来越多地附带了设备驱动程序。但操作系统不可能支持所有的硬件设备，所以，一定要养成妥善保管厂家提供的驱动程序的好习惯。

读书笔记

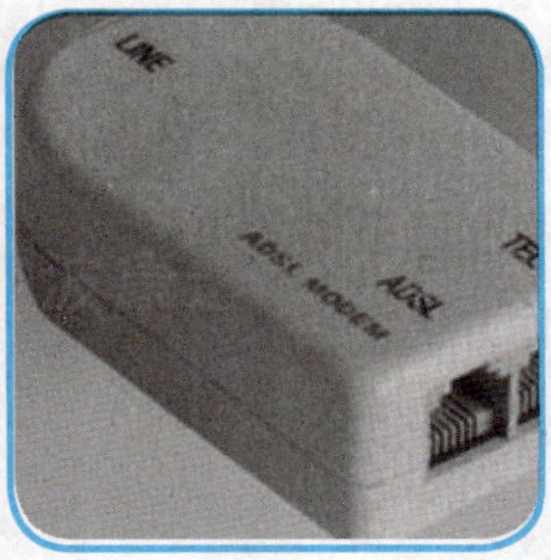

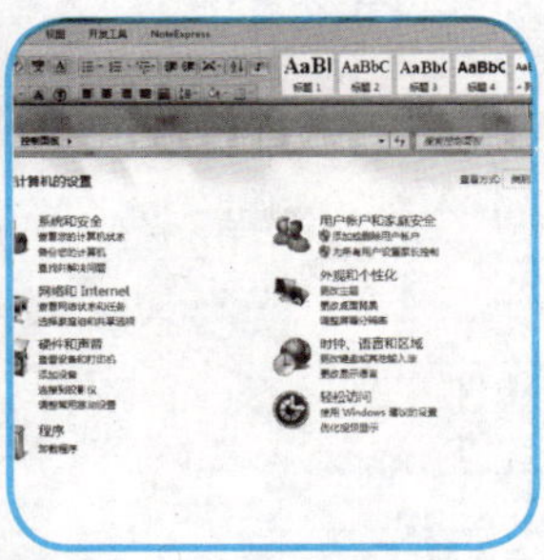

第2章 连接Internet

本章导读

在访问Internet所提供的服务之前，必须先将自己的计算机接入Internet。那么，接入Internet需要做些什么准备工作呢?任何单位或个人在上网之前，都应该做一些调查工作，例如，了解当前接入Internet有哪些方式、有哪些服务商提供相关的连接服务、每一种连接方式的特点和适用对象以及通过该方式接入Internet所需要的软硬件环境等。本章将介绍在联网中的一些操作技巧。

本章学习目标

- 了解Internet的常用接入方式
- 熟悉连接Internet的基本操作

本章学习重点

- 连接Internet

2.1 常用Internet接入方式

连接Internet的方法多种多样，例如通过电话线连接、无线连接等。下面我们就来了解一下几种常见的Internet接入方法。

提示：Modem通常分为内置和外置两种。外置式Modem放置于机箱外，通过串行通信口与主机连接。这种Modem方便灵巧、易于安装，闪烁的指示灯便于监视Modem的工作状况。但外置式Modem需要使用额外的电源与电缆。内置式Modem在安装时需要拆开机箱，并且要对终端和COM口进行设置，安装较为烦琐。这种Modem要占用主板上的扩展槽，但无须额外的电源与电缆，且价格比外置式Modem要便宜一些。

Modem的传输速率，指的是Modem每秒钟传送的数据量大小。通常所说的14.4K、28.8K、33.6K等，指的就是Modem的传输速率。目前主流的Modem连接速率是56kbps。

2.1.1 电话拨号上网

电话拨号上网是一种重要的Internet接入方式，它主要是通过普通的模拟调制解调器（Modem）拨号上网，这种方式具有投资小、操作方便、实现容易等特点。但因为技术上的原因，其带宽窄、速度慢、接入质量差，在速度上也不可能有很高的突破。

拨号上网的上网费用一般累计到电话费中，单时费用较高，且网速较慢，适用于上网次数较少的用户。

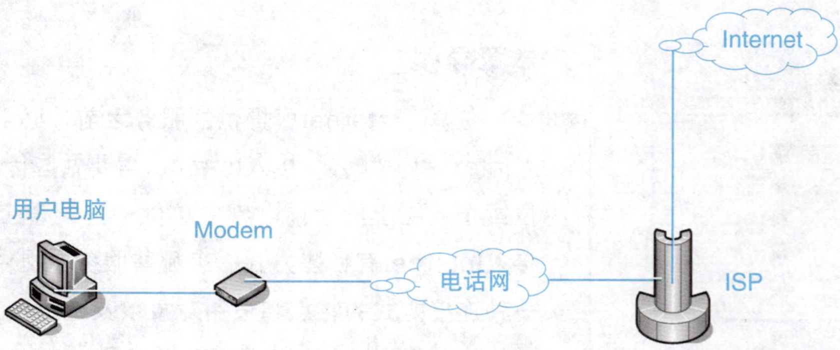

2.1.2 ADSL宽带上网

ADSL是运行在普通电话线上的一种高速上网技术，通过ADSL Modem采用虚拟拨号的方式进行网络连接。

相对于拨号上网，ADSL具有速率高，价格低的特点。其上网形式如下图所示。

视野拓展

上完网之后，一定要记住断开连接，因为不断开连接便会一直计费，除非你是包月、包年的用户。

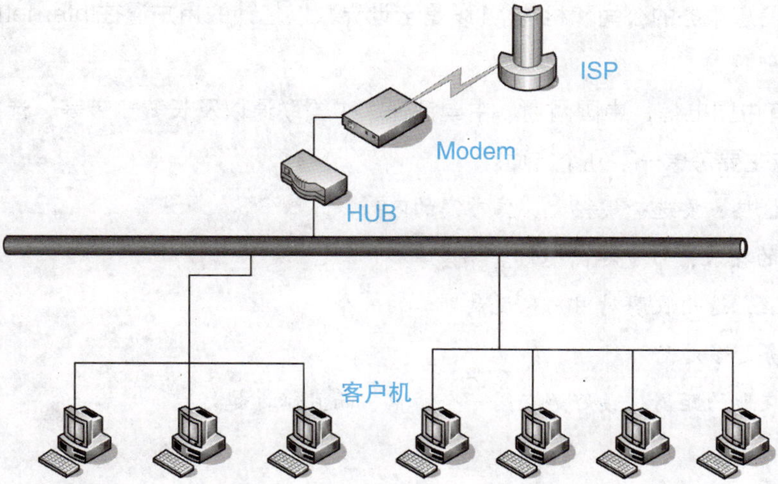

2.1.3 小区宽带上网

小区宽带（LAN）也是常见的一种宽带接入方式。它主要采用以太网技术，以信息化小区的形式为用户服务。

LAN在中心节点使用高速交换机，为用户提供光纤到小区（FTTZ）和网线到户（LAN）的宽带接入。

2.1.4 无线上网

无线上网是近年来新兴起的一种互联网接入方式，指的是使用无线连接的互联网登录方式。它使用无线电波作为数据传送的媒介，速度和传送距离虽然没有有线线路上网优秀，但它以移动便捷为杀手锏，深受广大商务人士喜爱。无线上网现在已经广泛应用在商务区、大学、机场，及其他各类公共区域，其网络信号覆盖区域正在进一步扩大。

目前，国内应用比较成熟的无线上网技术主要有LMDS和无线局域网。

2.2 选择合适的宽带服务商

Internet服务提供商（Internet Service Provider，ISP）是指为用户提供

提示： ADSL宽带接入技术具有以下特点。

（1）一条电话线可同时接听、拨打电话并进行数据传输，两者互不影响。

（2）虽然使用的还是原来的电话线，但ADSL传输的数据并不通过电话交换机，所以ADSL上网不需要缴付额外的电话费，节省了费用。

（3）ADSL的数据传输速率是根据线路的情况自动调整的，它以“尽力而为”的方式进行数据传输。

视野拓展

现在的Modem绝大部分都是外置的。

Internet接入或Internet信息服务的公司和机构。ISP是全世界数以亿计的用户通往Internet的必经之路。

目前较有名的ISP有中国电信、中国网通、中国铁通、中国联通以及长城宽带等，选择哪一家作为用户们的ISP，应主要考虑一下几个方面。

- 该ISP的规模和信誉，要选择规模大、信誉高的ISP。
- 该ISP与Internet的接入，带宽越高越好。
- 该ISP的收费标准，选出收费对用户来说最划算的一个。
- 该ISP提供的服务越多越好。
- 该ISP与用户所在地的距离，最好是在同一个城市，而且越近越好。

2.3 通过ADSL宽带上网

随着网络在我们生活中作用的不断加强，人们对上网质量的要求越来越高，ADSL宽带上网逐渐代替Modem拨号上网，本节我们就介绍将电脑通过ADSL连入Internet的方法。

2.3.1 申请ADSL

使用ADSL宽带接入上网，首先需要向当地电信部门进行申请，开通ADSL上网服务之后才能进行使用。一般来说，使用ADSL连接Internet有如下的两种方式。

（1）通过虚拟拨号的方式接入Internet。

（2）通过专线接入的方式连接Internet 。

2.3.2 安装网卡

使用ADSL上网，要求电脑中必须有网卡，现在一般的电脑主板上都集成有网卡，如果没有，就购买一块网卡，打开机箱，将网卡插入电脑主板上的PCI插槽并用螺丝钉将其固定。

2.3.3 安装ADSL

目前中国电信公司在为客户安装ADSL的同时，一般会赠送一台ADSL Modem和一个信号分离器，并负责帮助客户安装调试。但有时由于客户自身的需要，需要重新安装ADSL，下面就来

视野拓展

目前主流的Modem连接速率是56Kbps。

介绍下相关的知识。

信号分离器的作用是把语音信号分离出来供电话使用，并阻止电话对宽带信号的干扰，信号分离器的外观如下图所示。

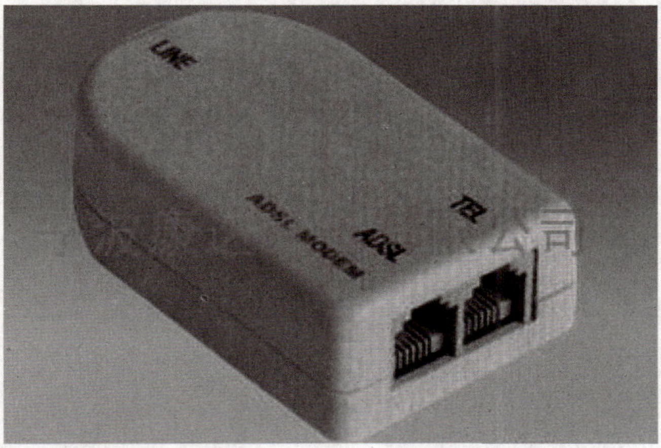

ADSL的通用安装步骤如下。

（1）安装ADSL Modem的信号分离器。

（2）安装ADSL Modem。

（3）安装虚拟拨号软件。

安装ADSL信号分离器的步骤如下。

（1）将电话线接入信号分离器的Line 端口。

（2）将电话机的连线接入信号分离器的Phone 端口，如下图所示。这时，电话机就可以正常使用了。

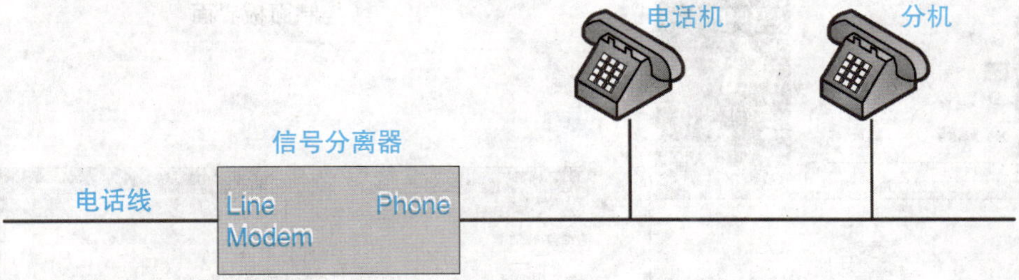

安装ADSL Modem 的步骤如下。

（1）使用随ADSL Modem 赠送的电话线，一端连接ADSL信号分离器的Modem 端口，一端连接ADSL Modem 的ADSL插孔。

（2）使用ADSL Modem赠送的双绞线，一端连接 ADSL Modem的10BaseT插孔，另一端连接电脑的网卡，如下图所示。

视野拓展

ADSL宽带接入技术简单，不需要另外申请增添附加线路，只需在普通电话线上加装ADSL Modem，在电脑中装上网卡即可。

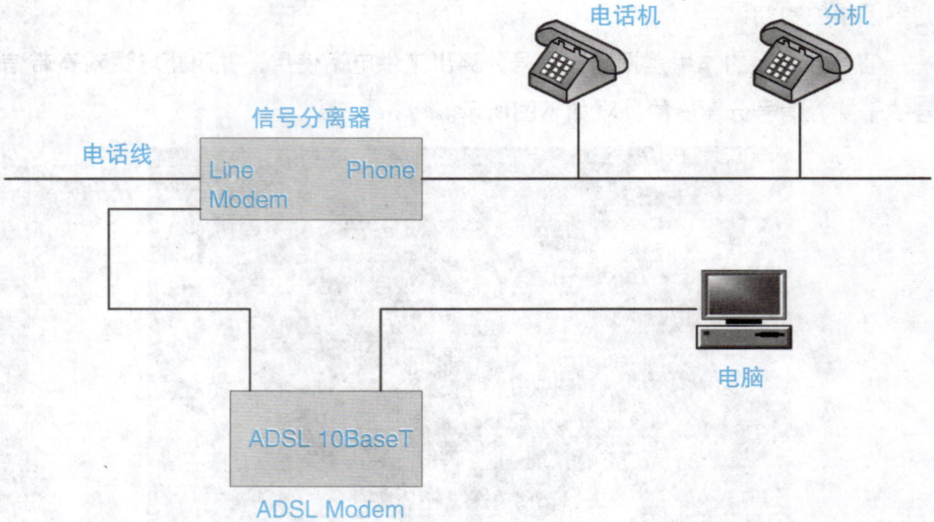

2.3.4 建立拨号连接

在拨号上网之前还需要建立拨号连接，建立拨号连接的具体操作步骤如下所示。

操作步骤

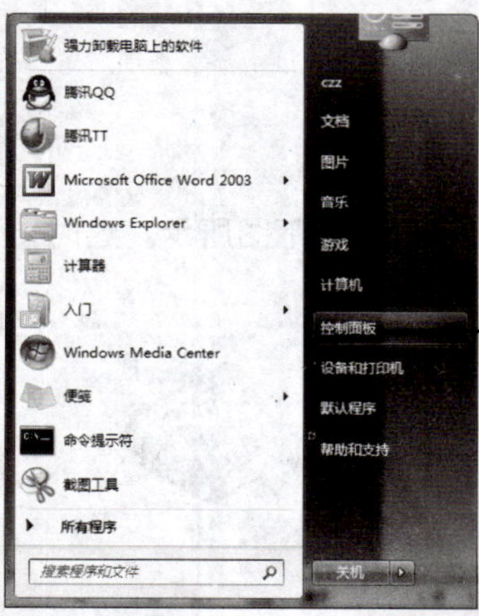

1 单击“开始”按钮，选择“控制面板”命令，进入控制面板界面

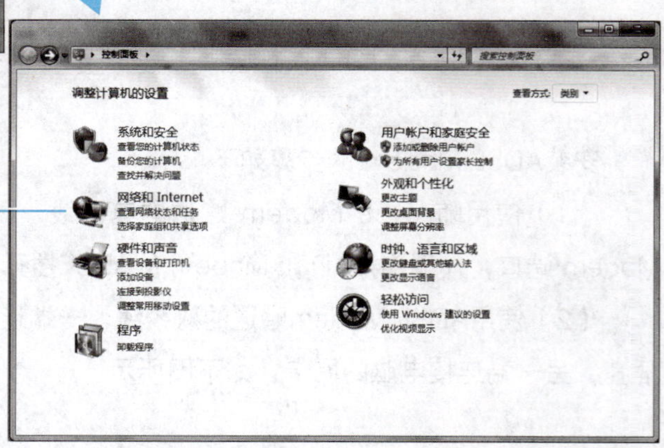

2 单击“网络和Internet”选项，进入网络和Internet界面

视野拓展

有线电视宽带上网可以使用电脑或者电视作为上网的工具。

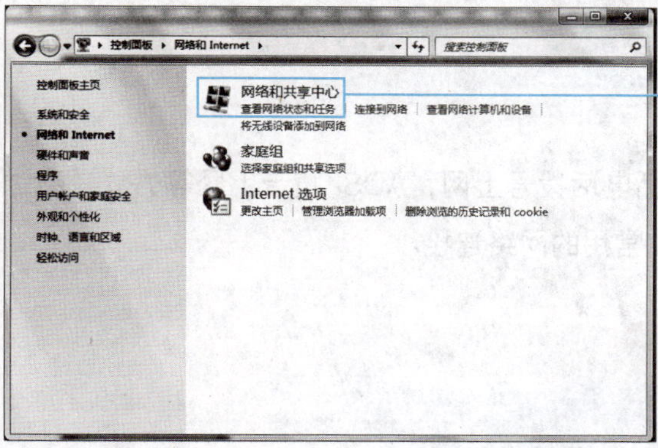

3 单击“网络和共享中心”选项，进入网络和共享中心界面

4 单击“设置新的连接和网络”，进入设置连接或网络界面

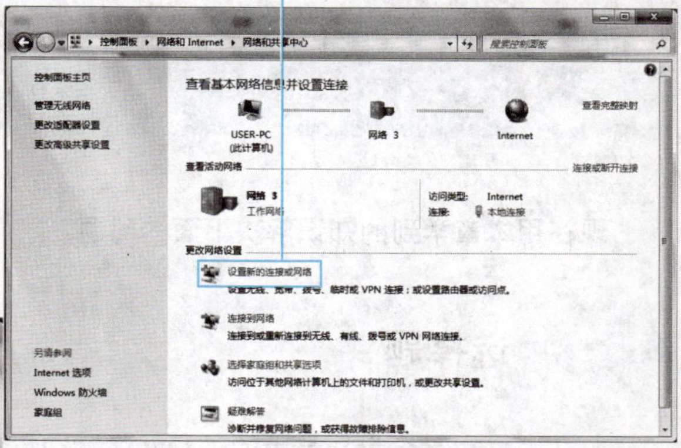

5 单击“连接到Internet”

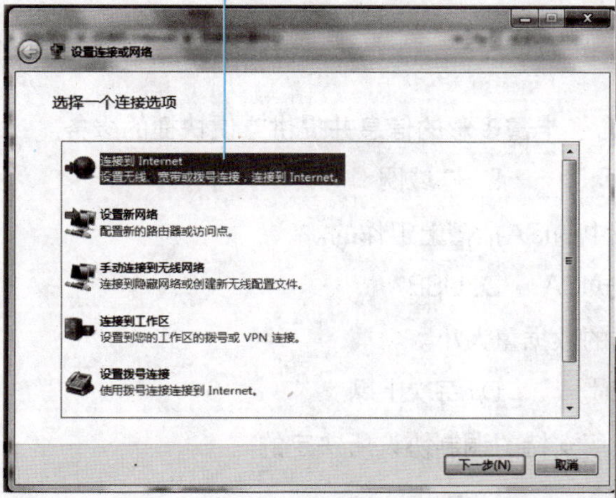

6 如果是无线路由器，单击“无线”，如果是宽带，则单击“宽带”。本书选择单击“宽带”

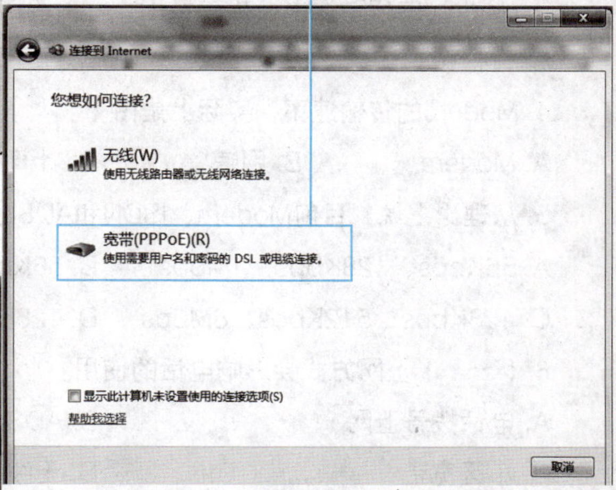

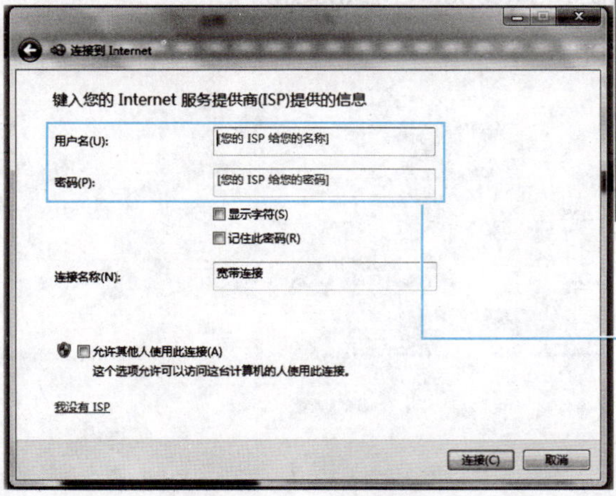

7 在用户名和密码后面的文本框内输入ISP提供的用户名和密码，再单击“连接”按钮，即可连接到Internet

视野拓展

ISP是全世界数以亿计的用户通往Internet的必经之路。

2.4 本章小结

本章主要介绍目前比较常用的上网方式，包括电话拨号上网，ADSL宽带上网等方式。通过本章的学习，应该了解上网的几种方式，并能建立常用的网络连接。

2.5 趁热打铁

现在用本章学到的知识解决下面的问题。

2.5.1 选择题

1.（　　）是全世界最大的一种网络，它包含了丰富多彩的信息并提供方便快捷的服务。

A. 局域网　　B. Internet　　C. 城域网　　D. 广域网

2.（　　）Modem无独立电源，是在主机板中的ISA插槽上工作的。

A. 内置　　B. 外置　　C. 内置式ISA　　D. USB

3. Modem的传输速率，指的是（　　）传送的数据量大小。

A. 每秒钟　　B. 每分钟　　C. 每小时　　D. 每次上网

4. Modem的传输速率，实际上是由（　　）所支持的调制协议所决定的。

A. Modem　　B. 网速　　C. 计算机　　D. 主板

5. 从理论上说，目前Modem、ISDN和ADSL的最大上传速度分别可达到（　　）。

A. 56Kbps、128Kbps、1Mbps　　B. 56Kbps、64Kbps、512Kbps

C. 128Kbps、512Kbps、8Mbps　　D. 128Kbps、512Kbps、10Mbps

6.（　　）上网方式会影响电话的使用。

A. 电话拨号上网　　B. ADSL

C. 小区宽带　　D. 无线上网

2.5.2 实践题

试着用ADSL方式实现宽带连接。

视野拓展

匿名上网就是不向ISP申请账号、密码等，而直接通过ISP提供的匿名上网服务与Internet连接。使用该方法上网，用户没有固定的IP地址，而是由ISP临时分配IP地址。

第3章

网上冲浪利器——IE

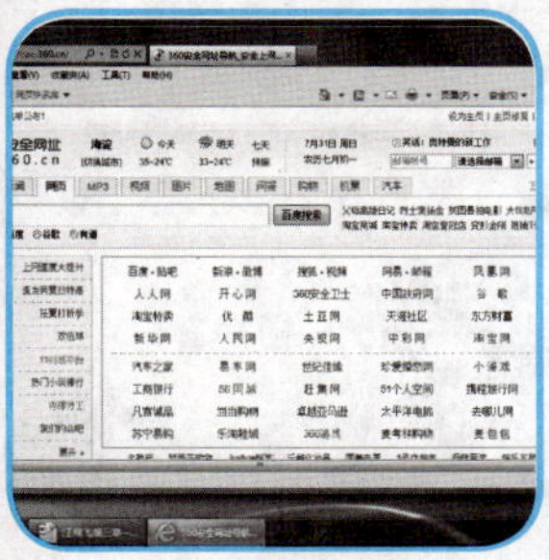

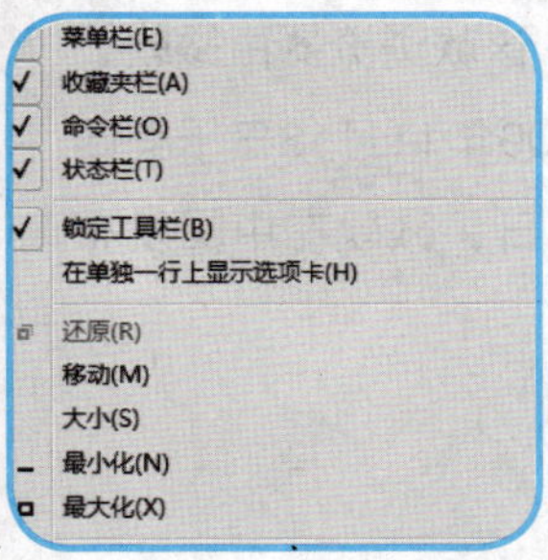

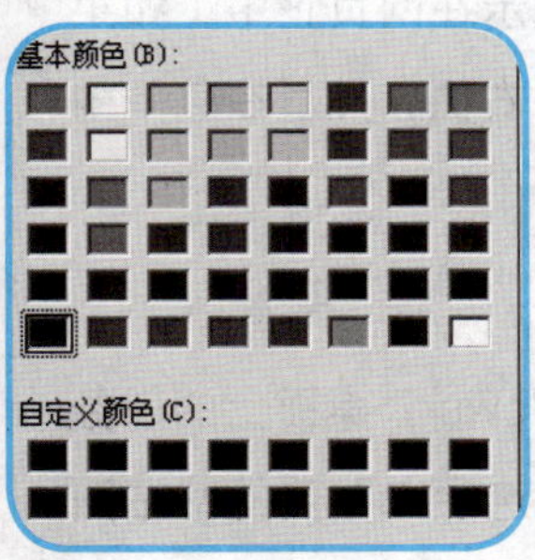

本章导读

将电脑连入Internet之后，还不能立即看到网上的内容，这时就必须借助上网的必备工具——网络浏览器。通过它不仅可以快速查看网上的内容，还可以进行各种交互活动，例如聊天、收发电子邮件、互传文件以及进行网上买卖等。

本章学习目标

- 熟悉IE基本操作
- 处理临时文件
- 脱机浏览

本章学习重点

- IE基本操作

3.1 IE浏览器的使用

要使用IE浏览器浏览网页，必须懂得IE浏览器的一些基本操作，本小节将对这些内容做具体的介绍。

3.1.1 启动IE浏览器

启动IE浏览器主要有以下3 种方法。

- 在Windows桌面上双击Internet Explorer快捷方式图标。
- 单击快速启动栏中的Internet Explorer图标。
- 单击“开始”按钮，单击Internet Explorer。

3.1.2 熟悉IE浏览器界面

Internet Explorer 9浏览器，简称IE 9，是微软公司最新一款IE浏览器，该款浏览器由微软公司Windows部门高级副总裁史蒂文·西诺夫斯基（Steven Sinofsky）在2009年11月18日于美国洛杉矶市举行的“专业开发者大会”（PDC）上宣布研发，2011年3月21日，微软在中国发布IE9的正式版本，但该版本不支持Windows XP操作系统。

较之前的IE 8版本，IE 9又新增了如下的功能。

1. 简洁的设计

打开 Internet Explorer 9 时首先注意到的是紧凑的用户界面。大多数命令栏功能，如“打印”或“缩放”，现在都可以通过单击“工具”按钮访问，单击“收藏夹”按钮时会显示你的收藏夹。此外，Internet Explorer 还为用户提供了必需的基本控制，并显示在网页正中（如果要还原“命令”栏、“收藏夹”栏和状态栏，请右键单击“新建选项卡”右侧，然后在菜单中选择它们）。

2. 固定网站

如果读者经常访问某些网页，使用“固定网站”功能，就可以从 Windows 7 桌面上的任务栏直接进行访问。固定网站非常简单：将地址栏中的图钉图标（或“新建选项卡”页的网站图标）拖动到任务栏，该网站图标会一直显示在此处，直到删除为止。以后单击该图标时，就会在Internet Explorer 中打开该网站。打开固定的网站时，网站图标显示在浏览器顶部，用户可以很

视野拓展

IE浏览器是目前大多数用户上网使用的浏览器。

方便地访问网站主页。“返回”和“前进”按钮可以更改颜色以与图标颜色匹配。

3. 查看和跟踪下载

查看下载对话框是一项强大的新功能，它包含一个从 Internet 下载的文件的动态列表，可以在可能存在恶意文件时发出通知。如果用户的 Internet 连接速度较慢，还可以用它暂停和重新启动下载，此外还可以显示已下载文件在用户计算机上的位置。你可以随时清除该列表。

4. 增强的选项卡

可以在一个窗口中打开的多个网页间轻松移动，不过，你可能需要同时查看两个选项卡网页。通过分离选项卡，可以将选项卡拖出 Internet Explorer，从而在新窗口中打开该选项卡的网页，然后将它对齐并排查看。选项卡还是彩色编码的，目的是显示哪些打开的网页是相互关联的，为用户在选项卡间单击时提供方便直观的参考。

5. 新建选项卡页

重新设计后的“新建选项卡”页显示用户最常访问的网站，并将它们彩色编码以便快速导航。网站标志栏还会显示用户访问每个网站的频率，你可以根据需要随时删除或隐藏显示的网站。

6. 地址栏中搜索

现在，你可以直接从地址栏中搜索。输入网站地址后，将直接进入该网站。如果输入搜索术语或不完整的地址，将使用当前选定的搜索引擎启动搜索。单击地址栏，可从列出的图标中选择搜索引擎或添加新的搜索引擎。从地址栏中进行搜索时，用户可以选择是打开搜索结果页还是置顶搜索结果（如果你的搜索引擎支持此功能）。用户还可以选择在地址栏中获取搜索建议，不过默认情况下将不启用搜索建议，因为用户可能不希望与搜索提供程序共享他所输入的内容。

7. 通知栏

Internet Explorer 底部的通知栏在用户需要时提供重要的状态信息，但它不会强制用户必须单击一系列消息才能继续浏览。

8. 加载项性能审查程序

加载项（如工具栏）可以增强用户的浏览体验，但也会影响性能。加载项性能审查程序可以告诉用户某一加载项是否降低了浏览器性能，这样，可以及时禁用或删除它。

9. 硬件加速

为提高性能，Internet Explorer 使用计算机的图形处理器（也称为 GPU）来处理侧重图形的任务（如视频流或在线游戏）。通过利用 GPU，Internet Explorer 提供了更快更逼真的 Web 体验。

视野拓展

IE浏览器的标题栏中显示当前页面的标题，右边分别放置最小化、最大化和关闭3个按钮。

10. 硬件加速的文本、视频和图形

Internet Explorer 9 中的新图形功能和改进的性能为引人入胜和丰富的体验提供了条件。硬件加速的文本、视频和图形意味着网站可像安装在计算机上的程序一样执行。高清视频十分流畅，图形清晰且响应及时，颜色逼真，网站具有前所未有的交互性。通过子系统增强功能（如 Chakra 这款新的 JavaScript 引擎），网站和应用程序的加载速度更快且响应更及时。Internet Explorer 9 与 Windows 7 提供的强大图形功能相结合，用户可在 Windows 上获得最佳 Web 体验。

11. 将全面遵循HTML5标准

微软Windows部门高级副总裁史蒂文·西诺夫斯表示：IE9除提高运行速度外，还将进一步遵守网页浏览标准，特别是HTML5的支持。据悉，谷歌Chrome、苹果Safari及Opera的最新（截止2009年年底）开发版Acid3得分为满分，火狐3.6测试版为92分。

12. 将加强标签浏览

IE9将带来更好更强大的标签管理特性，利用鼠标控制缩略图（悬停扩大，拖动），快速标签拖动，标签显示特效等。微软在不久后还将展示IE9显示页面时利用GPU增强CSS、DHTML、JS的能力。

13. 可伸缩矢量图形功能

IE浏览器的高级项目经PatrickDengler透露，微软已申请加入万维网联盟的可伸缩矢量图形工作组。微软在一份简短声明中表示，他们承认矢量图形是一个“下一代网络平台”，微软承诺IE浏览器参与该标准的完成过程。大多数行业内人士欢迎微软的举动，此举被认为是将带来IE9 SVG的支持。 SVG是一种采用XML来描述二维图形的语言。SVG可以构造三种类型的图形对象：矢量图形、位图图像和文字。图形对象可以被组化、样式化、变形和重新组合，包括图像嵌套、变形处理、剪辑路径、 Alpha蒙板、滤镜特效和模板对象。SVG图形可以是动态的、可交互性的。动画通过直接声明（比如在SVG里嵌入SVG动画元素）或通过脚本来进行定义或触发。

14. 利用图形硬件加速去提升浏览器性能

微软官方表示，Internet Explorer 9将会利用Direct 2D和DirectWrite去实现图形和文字渲染，从而提升浏览器的整体性能。微软此举的出发点就是把所有的图形和文字渲染，从CPU转移到使用 Direct 2D和DirectWrite的显卡。

下面就以IE9为例，来介绍这款浏览器的使用和操作。

启动IE浏览器之后，就能看到IE9浏览器的界面，如下图所示。

视野拓展

单击“收藏夹”按钮，可以保存最常访问的站点或文档的链接。

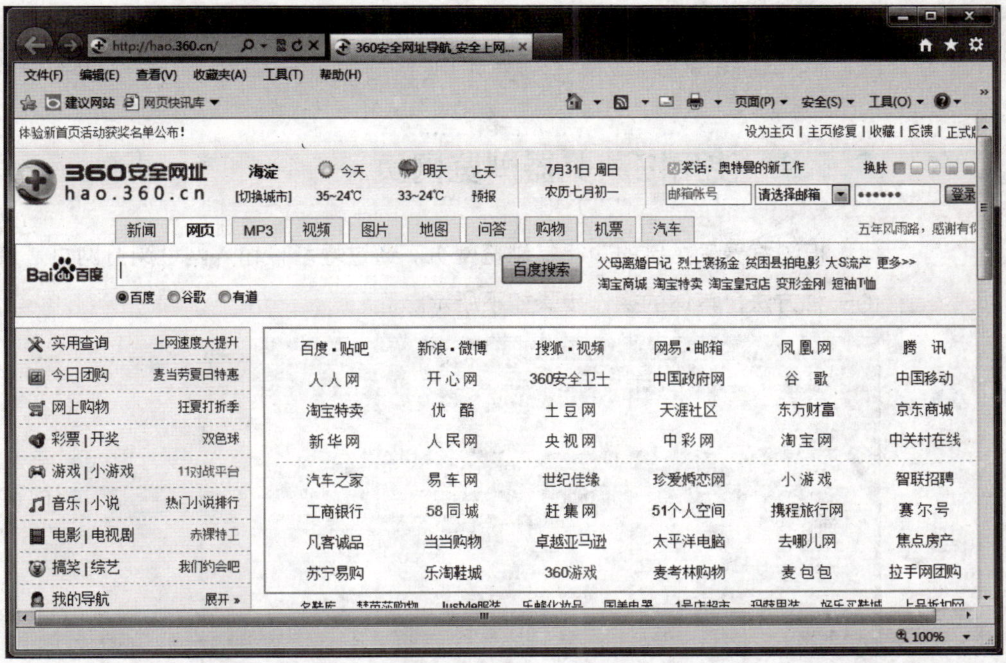

3.1.3 关闭及最小化IE浏览器

浏览完网页之后，要关闭IE浏览器窗口。关闭IE浏览器窗口的操作有如下3种。

- 单击IE浏览器窗口右上角的“关闭”按钮。
- 双击IE浏览器窗口左上角的系统图标；或者单击IE浏览器窗口左上角的系统图标，然后在弹出的系统菜单中选择“关闭”命令，如下图所示。

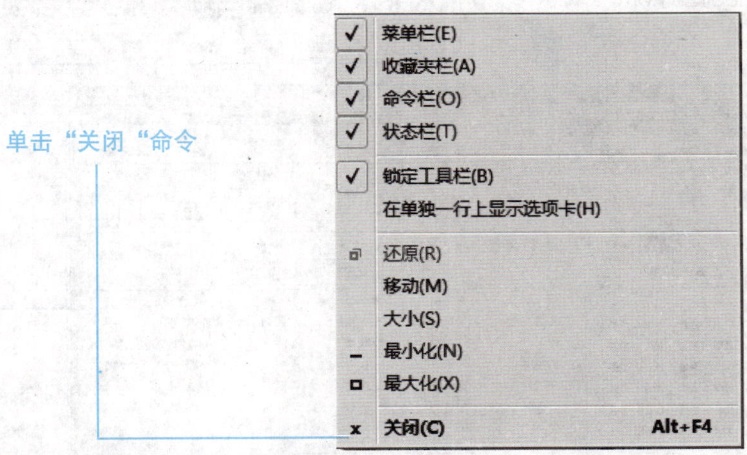

- 在标题栏上单击鼠标右键，然后从弹出的菜单中选择“关闭”命令。

最小化IE浏览器窗口的操作有如下两种。

视野拓展

系统默认保存历史记录的天数是20天，我们可以设置1～99之间的任何值。

- 单击IE浏览器窗口右上角的“最小化”按钮。
- 双击标题栏。

3.1.4 使用IE浏览器浏览网页

IE浏览器最主要的功能是浏览网页。通过地址栏输入网址浏览网页是最主要的一种方法，具体的操作步骤如下所示。

操作步骤

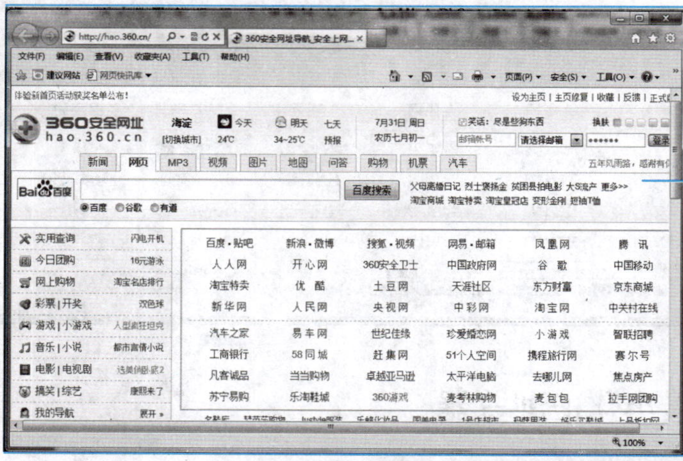

1 单击IE9的桌面图标，启动IE浏览器

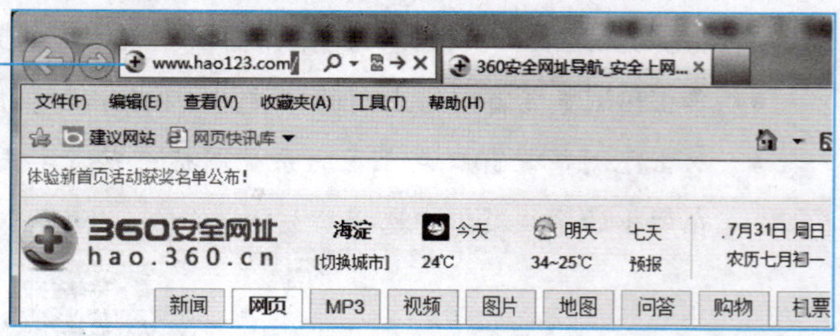

2 在地址栏中输入网址，例如www.hao123.com

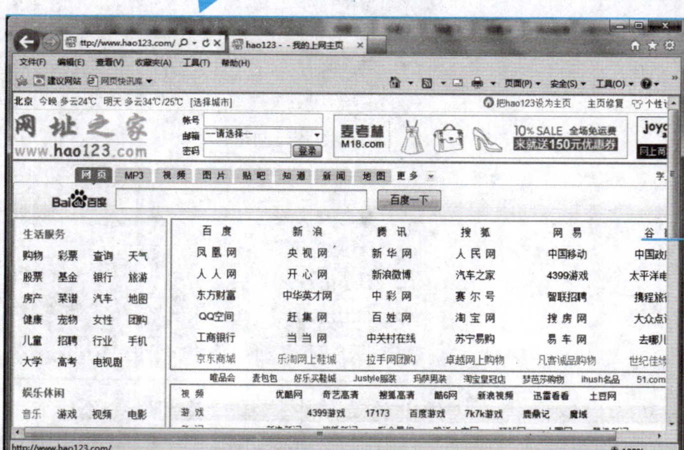

3 单击IE浏览器地址栏中右侧的“转到”按钮或者直接按Enter键，即可打开网页

视野拓展

收藏夹在电脑上的路径一般是：C:\ Documents and Settings\Administrator\收藏夹。

3.2 IE浏览器的设置

有时，IE的默认设置不能满足我们的需要，为了让IE运行得更好、更快、更具有个性，应该对IE进行一些必要的设置，以优化IE浏览器的运行。

3.2.1 设置主页

设置IE浏览器主页的具体操作步骤如下。

（1）单击IE浏览器的“工具”菜单，选择“Internet选项”命令，打开“Internet选项”对话框。

（2）在“常规”选项卡的“主页”文本框中输入将要设为主页的网址，这里输入的是“www.hao123.com”。

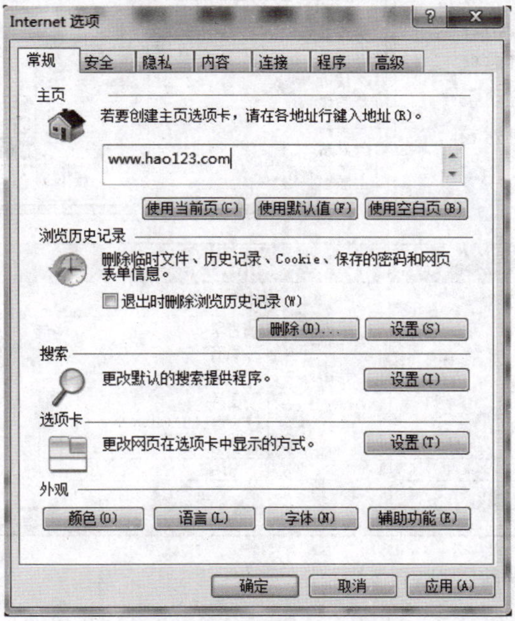

（3）单击“确定”按钮，完成设置工作。这样以后打开IE浏览器的时候，首先显示的页面就是刚刚设定的网址。

3.2.2 设置工具栏

工具栏中列出了许多快捷按钮，通过这些快捷按钮可以很方便地完成一些操作。IE浏览器允许修改这些按钮，在IE浏览器的工具栏中添加和删除按钮的具体操作步骤如下所示。

视野拓展

设置浏览器的主页为默认的地址之后，以后每次打开浏览器将首先访问此网页。

操作步骤

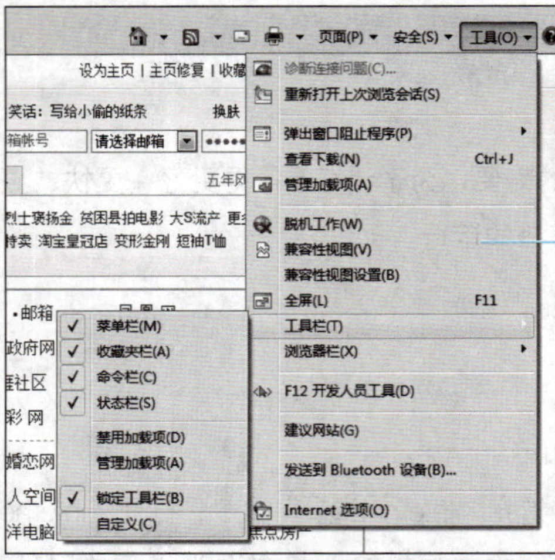

1 单击浏览器上方的“工具”按钮，选择下拉菜单中的“自定义”命令

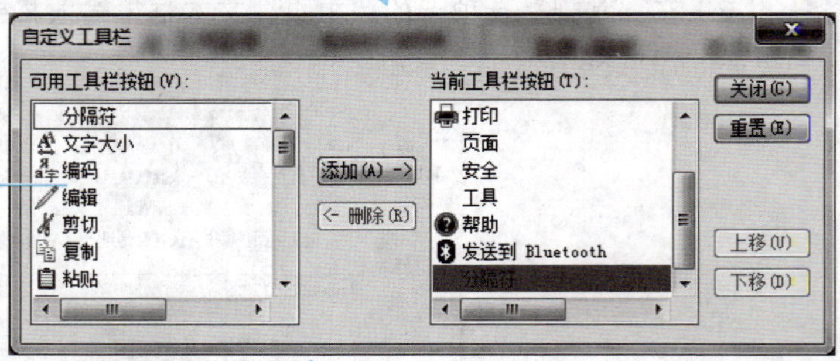

2 在打开的“自定义工具栏”对话框中，单击滚动条可以查看到列表中的信息

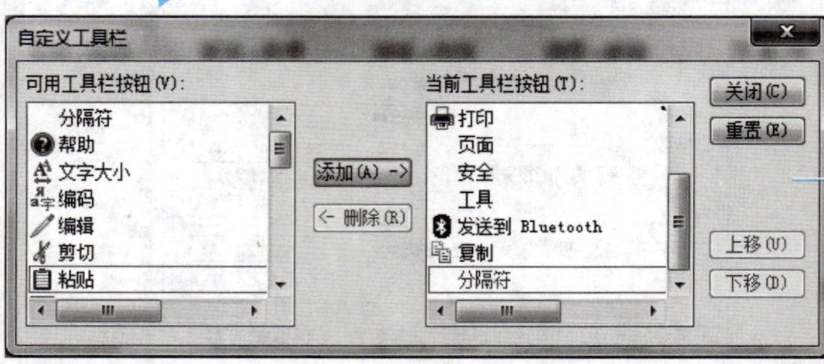

3 选择一个要添加的工具栏按钮，比如“复制”的工具栏按钮，然后单击“添加”按钮，可将其添加到“当前工具按钮”列表中

4 在“当前工具按钮”列表中选择一个要删除的工具栏按钮，比如“帮助”工具栏按钮，然后单击“删除”按钮，即可将选中的工具栏按钮删除。此后，它会显示在“可用工具栏按钮”列表中

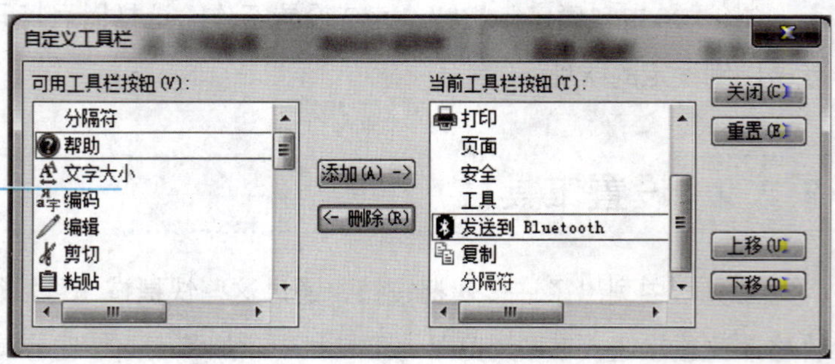

视野拓展

在浏览器的每个菜单项上都有一个用括号括起来的字母，例如“文件（F）”，表示使用Alt+F组合键也可以将该菜单打开。

3.2.3 历史记录设置

系统规定IE浏览器最多可以保存99天的历史记录，用户可以根据需要在此范围内进行相应的设置，具体的操作步骤如下所示。

操作步骤

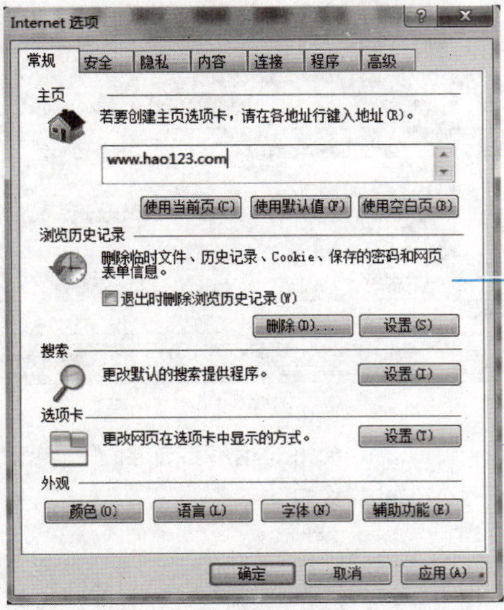

1 单击“工具”菜单，选择“Internet选项”命令，打开“Internet选项”对话框

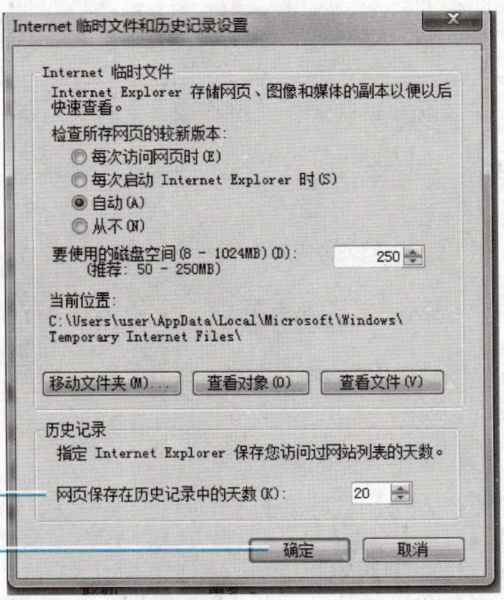

2 在“网页保存在历史记录中的天数”文本框中输入需要保存历史记录的天数

3 单击“确定”按钮，完成设置

3.2.4 设置网页字体和颜色

在IE浏览器中，可以分别对网页中的文字进行字体和颜色的设置，具体的操作步骤如下所示。

视野拓展

除可以在地址栏中输入网址外，还可以从地址栏下拉列表中选择网址。

操作步骤

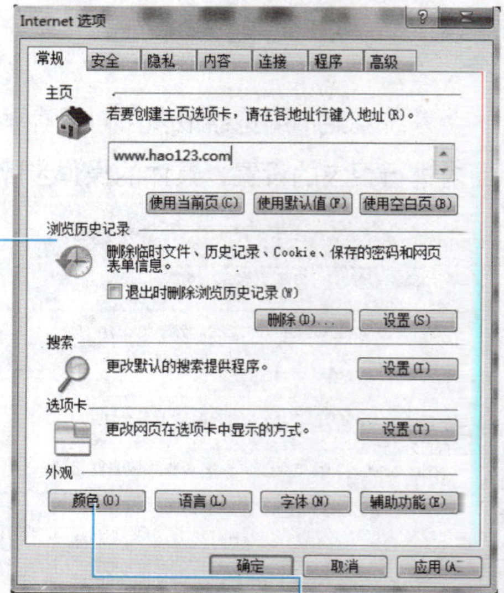

1 单击“工具”菜单下的“Internet选项”命令，打开“Internet选项”对话框

2 单击对话框底部的“颜色”按钮

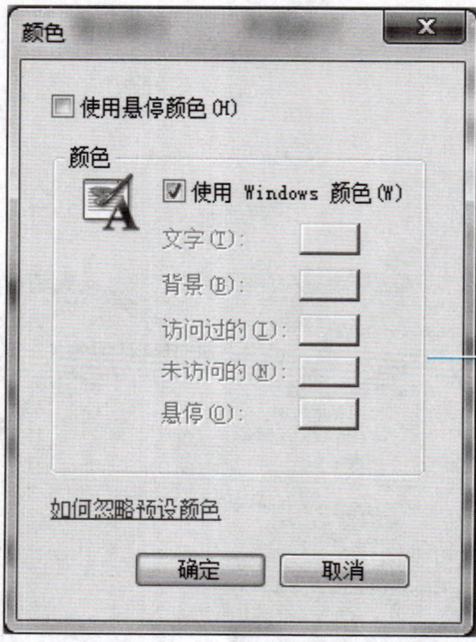

3 打开“颜色”对话框，如图所示。取消“使用Windcws颜色”复选框的选中状态。然后单击“文字”后的颜色按钮，打开选择颜色对话框

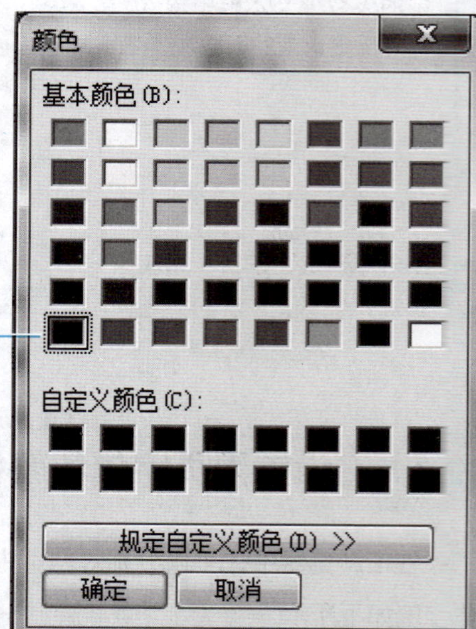

4 单击所需的颜色方块，然后单击“确定”按钮，返回到“颜色”对话框。使用相同的方法更改背景颜色以及超链接颜色，完成后单击“确定”按钮，返回“Internet选项”对话框

视野拓展

从Windows 95 OSR2开始，IE被捆绑作为所有新版本的Windows操作系统中的默认浏览器。

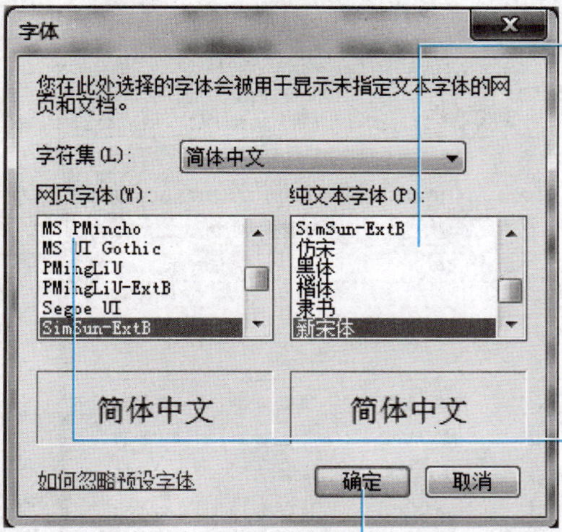

5 单击“字体”按钮，打开“字体”对话框

6 在“网页字体”和“纯文本字体”列表框中选择所需的字体

7 单击“确定”按钮返回到“Internet 选项”对话框，再单击“确定”按钮完成设置

3.3 脱机浏览

设置脱机查看网页后，可以在计算机未与 Internet 连接时阅读网页的内容。例如，在无法连接网络或 Internet 时，可以在便携机上查看网页。或者不用连接到电话线就可以在家中阅读网页。可以指定有多少内容需要脱机阅读，例如只是一页还是某一页及其所有链接，并且选择如何在计算机上更新这些内容。如果只想脱机查看网页而不需要更新内容，可以将此页保存在计算机上。保存网页的方法很多，可以只保存文字，也可以保存所有的图像和文字，使这一页和在Web上显示的一模一样。

对于脱机用户，仍然可以查看已经订阅的源和最近查看过的一些网页。

1. 若要查看已经订阅的源

（1）双击IE浏览器图标，进入IE浏览器程序。

视野拓展

将鼠标指针放在工具栏按钮上停一会儿，IE会自动弹出相应的提示。

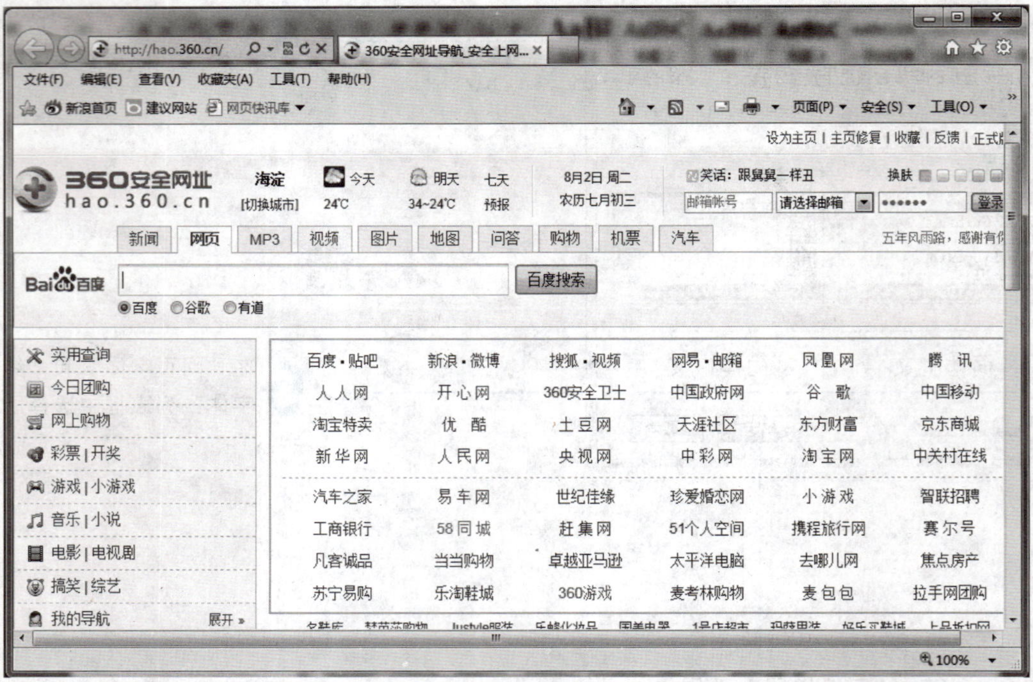

（2）单击“收藏夹”按钮，单击打开“源”选项卡，然后单击要查看的源。

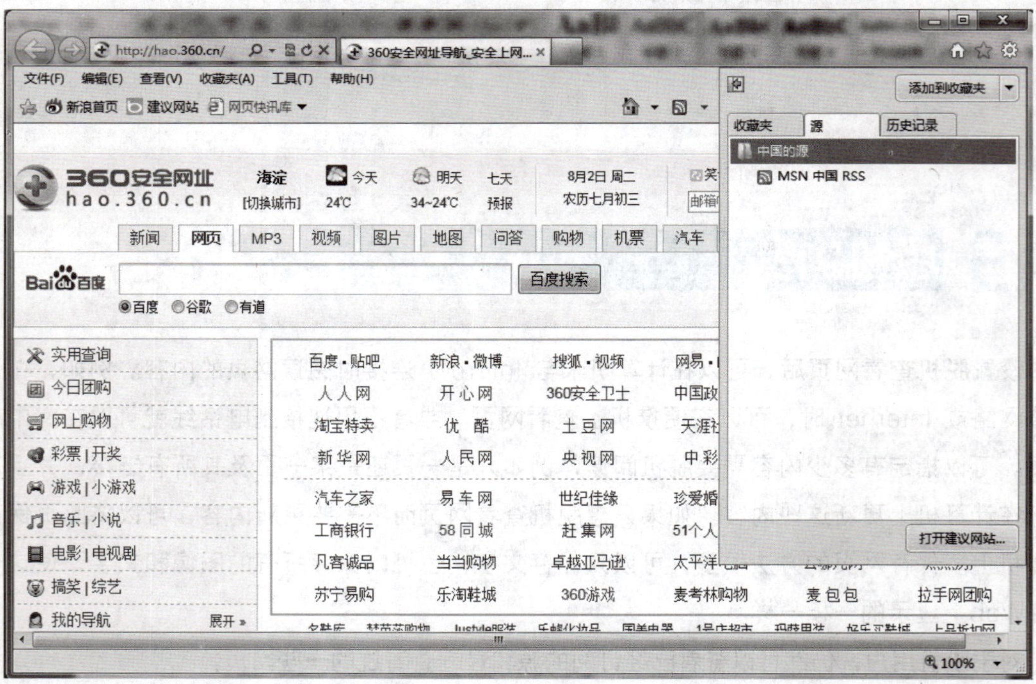

2. 查看最近访问过的网页（不查看所有页面）

（1）按Alt键，单击“文件”命令，然后单击“脱机工作”选项。

视野拓展

地址栏还有自动完成功能，例如第2次访问sina时候，只需在地址栏中输入“sina”，IE就会自动在地址栏下拉列表中列出与之相匹配的网址。

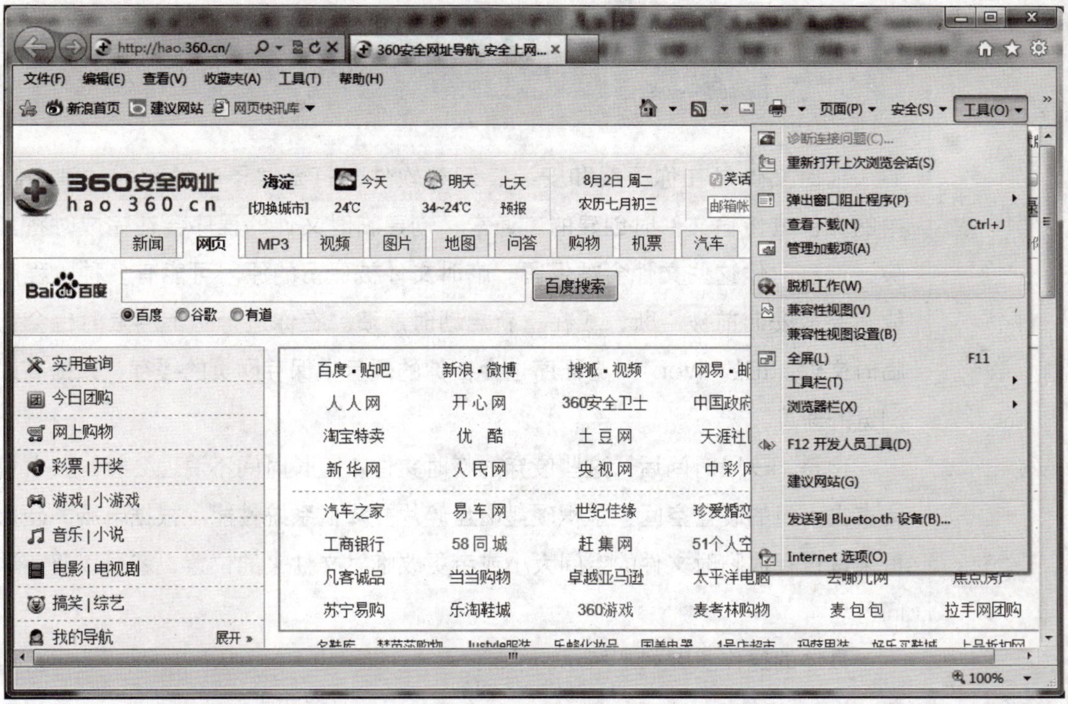

（2）单击“收藏夹”按钮☆，打开“历史记录”选项卡，然后单击要查看的页面。

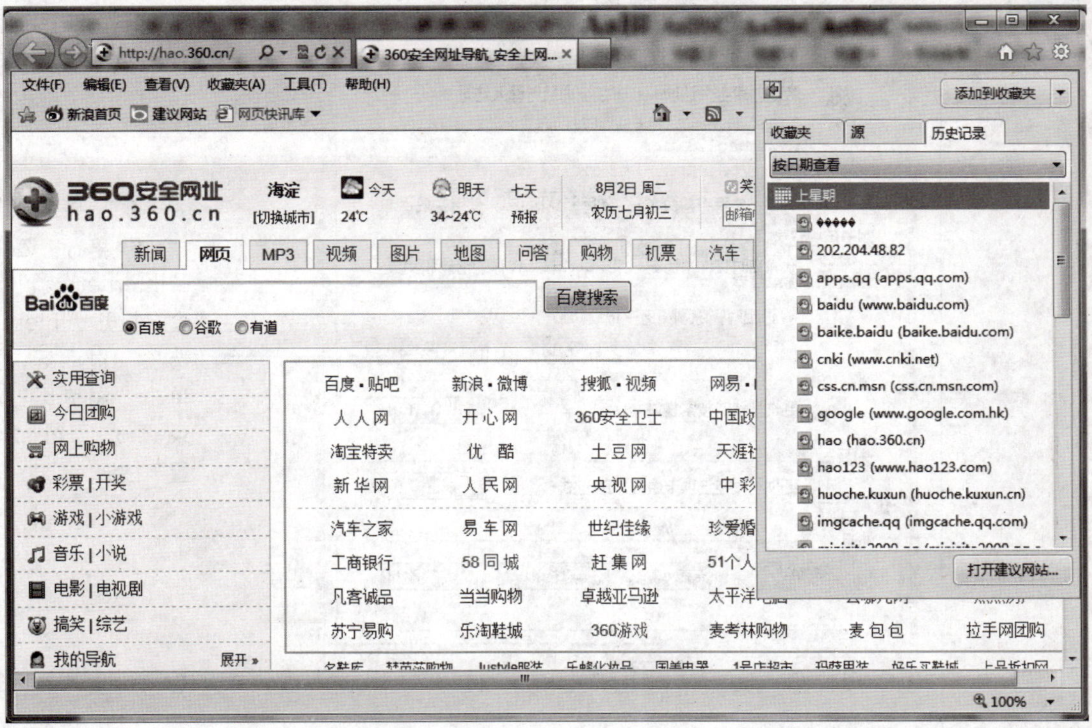

视野拓展

浏览器中的“前进”按钮如果显示是灰色，说明已经到了最后一页，不能再向前翻页。

3.4 临时文件处理

临时文件是在你下载和安装、卸载软件、打开电子邮件和即时消息程序中的文件或传输文件时创建的。通常，创建临时文件的程序会在完成时将其删除，但有时候这些文件会被保留。临时文件被保留的原因可能有多种：程序可能在完成安装前被中断，或在重新启动时崩溃。在你进行网上冲浪时也会创建临时文件。IE的 Web 浏览程序也会在你的硬盘中保存网页的缓存，以提高以后浏览的速度。

但是，一段时间后，这些废弃的临时文件（若长时间不清理会相当大）可能会占去大量的硬盘空间、累积硬盘磁盘碎片并降低系统性能。根据电脑的硬盘容量来设置存放临时文件的空间大小或者更改临时文件夹的位置，就可以避免这一问题。

具体的操作步骤如下所示。

操作步骤

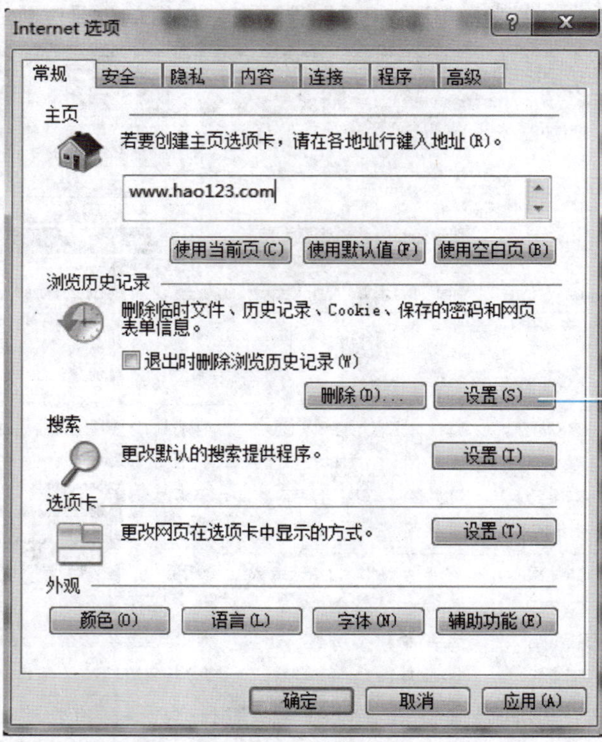

1 单击“工具”菜单，选择“Internet选项”命令，打开“Internet选项”对话框，再单击“浏览历史记录”选项组“设置”按钮

视野拓展

通过单击IE的“清除表单”按钮和“清除密码”按钮可以清除已经保存的列表信息和密码内容等。

2 弹出“Internet临时文件和历史记录设置”对话框。用鼠标拖动“要使用的磁盘空间”栏中的滑块或者直接在后面的数值框内输入所需要的值，调整临时文件夹使用的磁盘空间大小

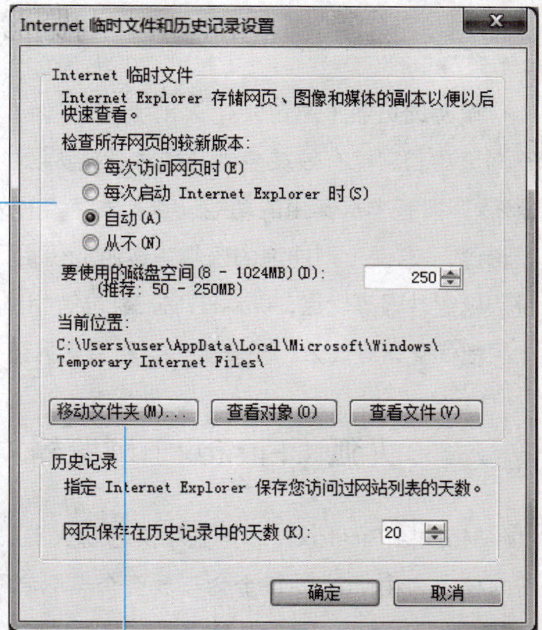

3 在“Internet临时文件夹”栏中的“当前位置”后面显示了临时文件夹在本地磁盘中的当前位置，若要将临时文件夹移动到其他位置，可以单击“移动文件夹”按钮

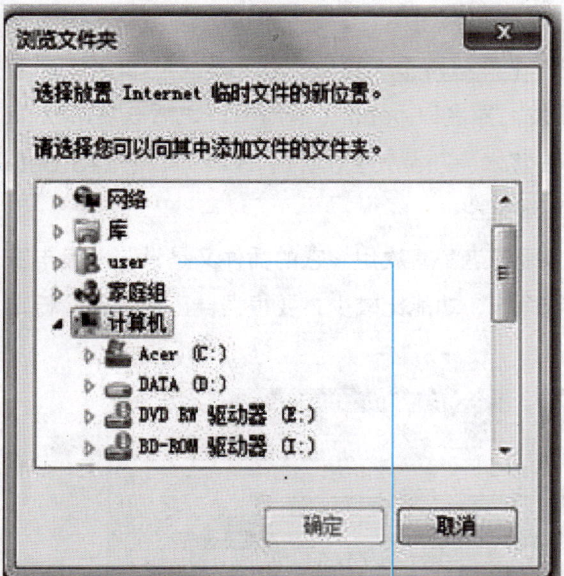

4 打开“浏览文件夹”对话框。在列表框中选择一个文件夹用于存放浏览网页时候产生的临时文件，再单击“确定”按钮，完成设置

3.5 其他浏览器介绍

除了Windows自带的IE浏览器，还有一些网络浏览器也使用得比较多，如遨游浏览器、火狐浏览器、腾讯TT浏览器等。下面就对其他的几款主流浏览器进行介绍。

视野拓展

在浏览网页的时候，如果关闭了图片的显示，一旦想要查看某些图片，只需在显示图片的区域中单击鼠标右键，弹出快捷菜单，选择“显示图片”命令即可。

3.5.1 遨游（Maxthon）浏览器

遨游浏览器（遨游1.x、2.x为IE内核，3.x为IE与Webkit双核）是一款多功能、个性化多标签浏览器。它能有效减少浏览器对系统资源的占用率， 提高网上冲浪的效率。经典的遨游浏览器2.x，拥有丰富实用的功能设置。支持各种外挂工具及插件，在使用时可以充分利用所有的网上资源， 享受上网冲浪的乐趣。遨游3.x采用开源Webkit核心，具有贴合互联网标准、渲染速度快、稳定性强等优点，并对HTML5标准有相当高支持度，可以实现更加丰富的网络应用。专为国人习惯优化，更高效、更安全、更私密。另还有遨游手机浏览器、遨游平板浏览器等。

3.5.2 火狐（Firefox）浏览器

Mozilla Firefox，非正式中文名称火狐，是一个开源网页浏览器，使用Gecko引擎（即非IE内核），由Mozilla基金会与数百个志愿者所开发。原名Phoenix（凤凰），之后改名Mozilla Firebird（火鸟），再改为Firefox。目前最新的正式版本为Firefox 2.0.0.14。Firefox 3已推出Beta 3版本，即第3个测试版，将正式发布Firefox 3系列浏览器。

火狐浏览器是可以自由定制的，一般电脑技术爱好者都喜欢用。它的插件又是世界上最丰富的，这点得到了网友公认。下载来的火狐一般是纯净版，功能比较少，要根据自己的喜好进行定制。如下图所示是火狐浏览器的界面。

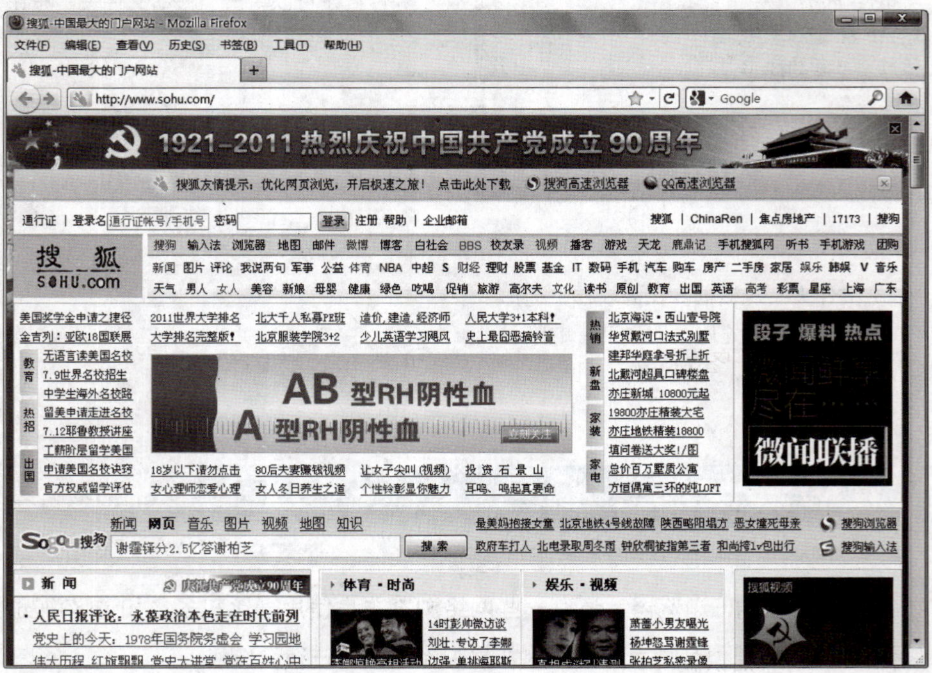

视野拓展

“全字匹配”是找到与关键字一字不差的字符，“区分大小写”是要求区分字符大小写。

3.5.3 腾讯TT浏览器

腾讯是中国最早的互联网即时通信软件开发商，是中国的互联网服务及移动增值服务供应商，并一直致力于即时通信及相关增值业务的服务运营。腾讯TT是一款集多线程、黑白名单、智能屏蔽、鼠标手势等功能于一体的多页面浏览器，具有快速、稳定、安全的特点。如下图所示是腾讯TT界面。

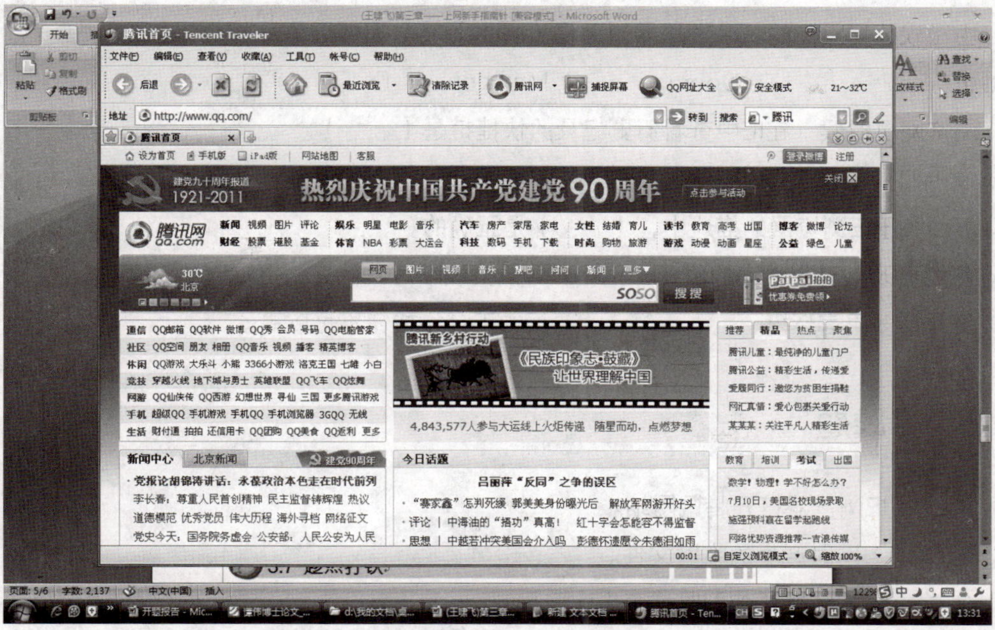

3.6 本章小结

本章我们首先为读者介绍了IE浏览器的概念及其启动和关闭方法，然后详细讲解了IE浏览器的使用、IE浏览器的优化设置和安全设置，最后简单介绍了遨游浏览器、火狐浏览器和腾讯TT浏览器。

3.7 趁热打铁

现在用本章学到的知识解决下面的问题。

视野拓展

超链接是带下划线或者边框并内嵌了Web地址的文字和图形，通过单击超链接，可以跳转到特定的Web节点上的某一页。

3.7.1 选择题

1. 上网的时候，我们主要是通过（　　）来浏览网页上的内容。

A. 万维网　　B. IE　　C. ISP　　D. 超链接

2. （　　）的功能是WWW用来描述Web页的地址和访问它时的协议。

A. URL　　B. IP地址　　C. 超文本　　D. 浏览器

3. 由微软公司出品的著名浏览器软件是（　　）。

A. IE　　B. Opera　　C. Maxthon　　D. TT

4. 浏览网页时候，在IE中查看历史记录的快捷键是（　　）。

A. Ctrl+D　　B. Ctrl+H　　C. Ctrl+F　　D. Ctrl+P

5. 下面关于IE浏览器的描述中，（　　）是正确的。

A. 不能更改临时文件夹的位置　　B. 可以更改临时文件夹的位置

C. IE支持多语言环境　　D. IE的工具栏按钮不可以更改

3.7.2 实践题

1. 使用IE浏览器打开腾讯网站。
2. 清理上网时产生的临时文件。
3. 将搜狐的主页添加到收藏夹中。
4. 将百度网站设置为浏览器的首页。

视野拓展

IE会在地址栏的下拉列表中记录用户曾经打开过的部分Web站点的地址，用鼠标选择所列出的地址，可打开相应的Web站点。

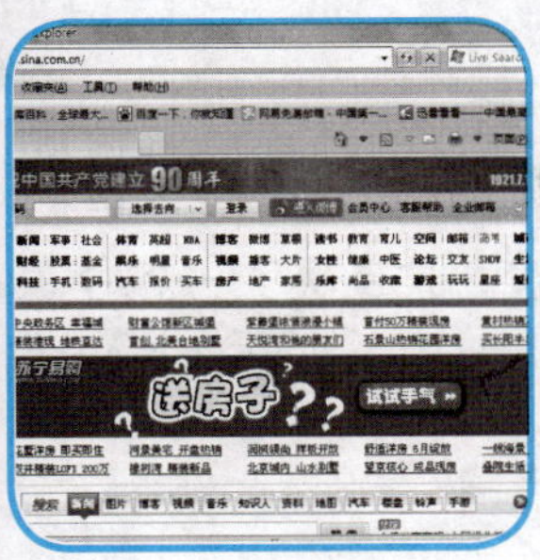

第4章 搜索网络资源

本章导读

在当今社会，只要拥有了Internet，可以说足不出户天下事也尽在掌握。作为一个庞大的资源库，Internet确实覆盖了太多的信息。如何在这浩瀚的知识海洋中快速找到自己所需要的知识呢？本章就来介绍下在网上搜索信息的技巧和方法。

本章学习目标

- 如何搜索信息
- 熟悉常见的搜索工具

本章学习重点

- 常用搜索的方式、方法

4.1 搜索引擎简介

搜索引擎是指根据一定的策略、运用特定的计算机程序从互联网上搜集信息，在对信息进行组织和处理后，为用户提供检索服务，将用户检索相关的信息展示给用户的系统。

搜索引擎与一般网站的区别是，其主要工作是自动搜寻Web服务器的信息，然后将信息进行分类，建立索引，并把索引的内容存放到数据库中。

4.1.1 搜索引擎能做什么

搜索引擎是Internet上的一个网站，它的主要功能是在Internet上主动搜索Web服务器信息并将其自动索引，其索引内容存储于可供查询的大型数据库中。当用户输入关键字（Keyword）查询时，该网站会告诉用户包含该关键字信息的所有网址，并提供通向该网站的链接。

对于各种搜索引擎，它们的工作过程基本一样，包括以下3个方面。

- 派出“网页搜索程序”在网上搜寻所有信息，并将它们带回搜索引擎。
- 将信息进行分类整理，建立搜索引擎数据库。
- 通过Web服务器端软件，为用户提供浏览器界面下的信息查询。

4.1.2 如何选择搜索引擎

现在全球范围内已经有了几千个搜索引擎站点，而且这个数量还在不断地增加，在这些站点中，既有搜索引擎中的精品，也不乏一些质量不高的粗糙之作。下面提供几条选择的标准，读者用它衡量一下各个站点，做到心中有数。

1. 速度

速度包括两个方面，一个是信息查询的速度，当然是越快越好了，否则的话，输入一关键词，等了半天才看到结果，你心里一定不会高兴；另一个是信息的更新速度，这反映了一个站点数据更新的频率，搜索引擎数据库中搜集的应当是最新的信息，因为互联网上的信息更新非常快，每天都有新站点产生，同时也有站点消失，所以要及时更新数据库内容。

2. 返回的信息量

这是衡量一个搜索引擎数据库内容大小的重要指标，如果它返回的有效信息量多，就说明这

视野拓展

关键词就是在搜索文本框中输入的文字，也就是命令搜索引擎寻找的东西。

个站点收录的信息范围广，数据容量大，就能给用户提供更多的信息资源。

3. 信息相关度

一个搜索引擎站点不仅要对查询的信息数据返回量大，而且要求准确，与用户所要求的信息关联度高，不然返回一大堆垃圾信息，再多又有何用。

4. 易用性

查询操作的方式是否简便易行，对查询结果我们能否实施控制和选择，改变显示的方式和数量等，都是衡量一个搜索引擎站点的重要指标，因为互联网是面向大众的，只有操作简单，才能为大多数人所接受。

5. 稳定性

一个好的搜索引擎站点，它的服务器和数据库应非常稳定，这样才能保证为用户提供安全可靠的查询服务。

4.2 如何搜索需要的信息

现在互联网上的信息呈爆炸式增长趋势，人们在网上查找信息就如同大海捞针一样。那么如何才能快速找到自己所需的信息呢？最简便的方式就是使用搜索引擎。搜索已经是互联网上非常重要的网络服务，成为与电子邮件并列的最重要的互联网应用。下面就详细介绍搜索的技巧和方法，帮助我们更好、更快地找到所需要的信息。

4.2.1 常用的搜索方法

1. 使用关键词进行搜索

关键词就是用户搜索所需要的信息时，最能代表所需信息特征的字眼，如音乐、游戏名词等。在搜索信息前，用户首先要明确所需资料的关键词，然后在搜索引擎中输入该关键词即可。应该强调的一点是：用户输入的关键词会直接影响到用户查找的结果，正确和简练的关键词能帮助用户快速定位到所需信息。

下面以在百度搜索引擎中搜索“清华大学”的相关信息为例，讲解关键词搜索策略，具体操作步骤如下所示。

视野拓展

在输入关键字的时候一定要注意：Google中不支持如“？”、“*”等通配符，也不区分大小写。

操作步骤

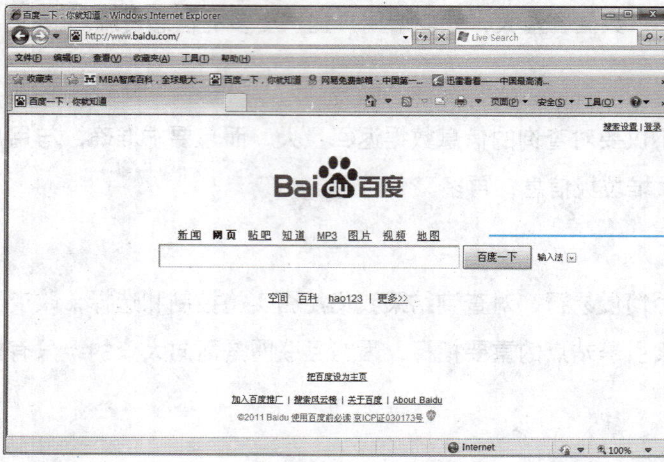

1 打开百度首页

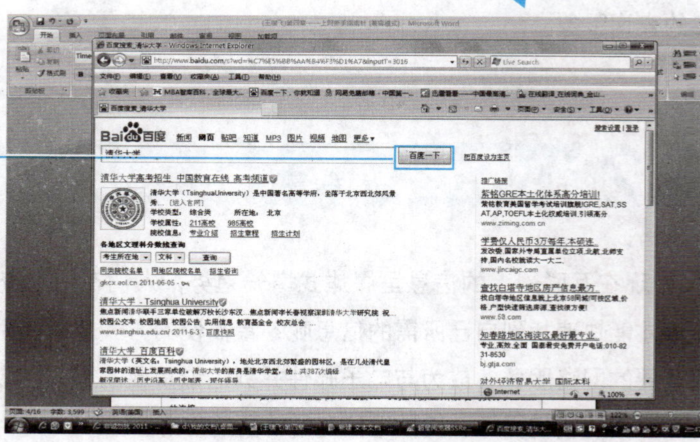

2 在百度的搜索文本框输入“清华大学”，然后单击“百度一下”按钮，搜索到的信息如图所示。如果想查找的就是“清华大学”的网址，单击第一个文字链接即可

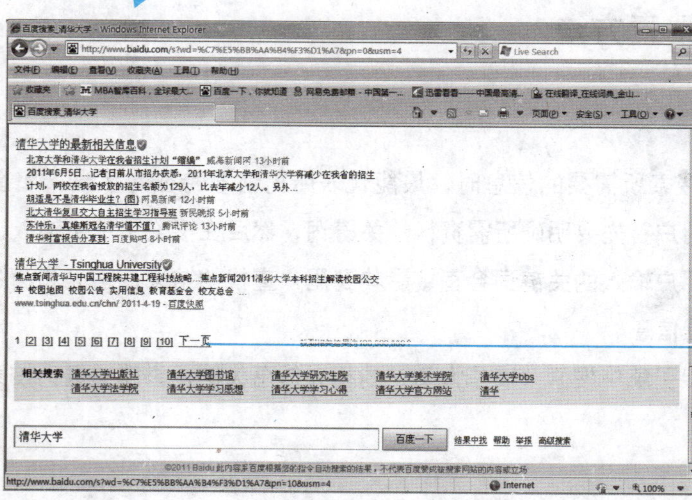

3 单击任意与清华大学相关的文字链接，即可看到和清华大学相关的网页内容，如果没有想要的信息可以单击网页下方的“下一页”链接继续查找

视野拓展

Google是通过Cookie来存储页面设定的，因此，如果系统禁用Cookie，便无法对Google界面进行个人的设定。

2. 在结果中查找

操作步骤

在使用关键词进行搜索时，如果搜索到的网址列表较多，可以再在“关键词”文本框中输入一个范围更小的关键词，然后单击“结果中找”按钮，在已搜索到的网址中排除不需要的信息。

具体的操作步骤如下所示。

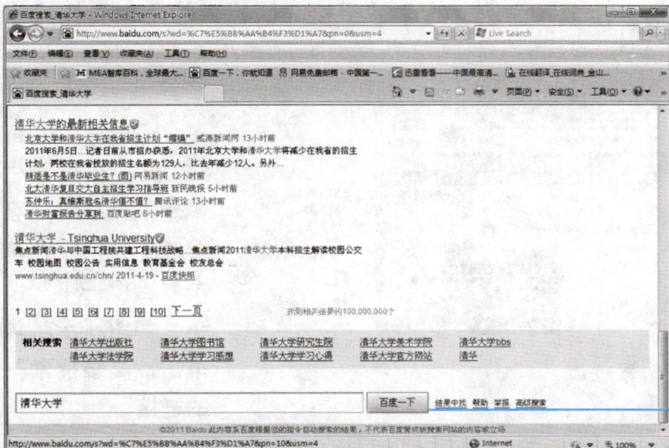

1 单击“结果中找”链接，继续查找

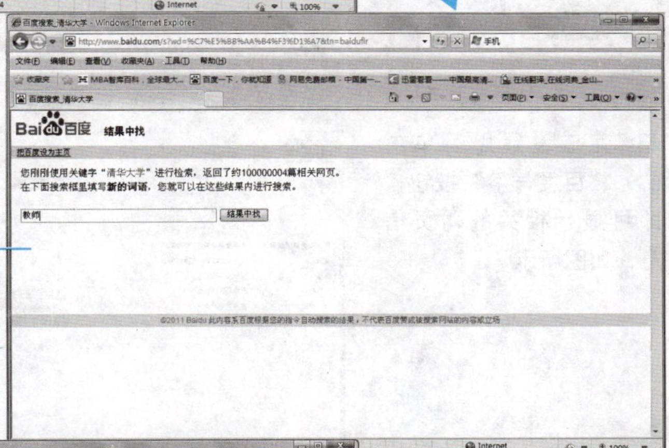

2 进入“结果中找”页面之后，在搜索文本框输入“教师”，按Enter键

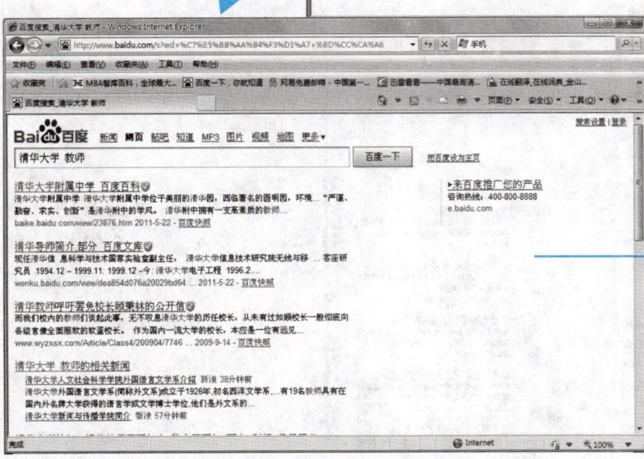

3 查找的结果就是“清华大学教师”的相关信息

视野拓展

搜索引擎其实也是一个网站，专门提供信息“检索”服务。

3. 自定义搜索条件

采用关键词搜索网络中的信息时，一般都会搜索到很多和关键词相匹配的网页，信息量依然很大。如果逐一排查的话，不仅耽误大量的时间，而且不容易找到所需的资源。很多搜索引擎都提供了自定义搜索功能（俗称“高级搜索”），使用它就可使搜索的结果更加精确。

下面以使用百度的“高级搜索”为例，搜索“手机”的相关信息，具体操作步骤如下所示。

操作步骤

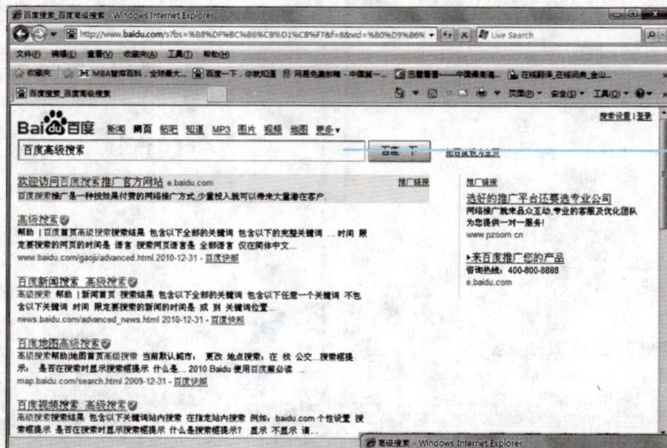

1 打开百度首页。在搜索栏中输入“百度高级搜索”，然后单击“百度一下”按钮，如图所示。再单击“高级搜索”的链接

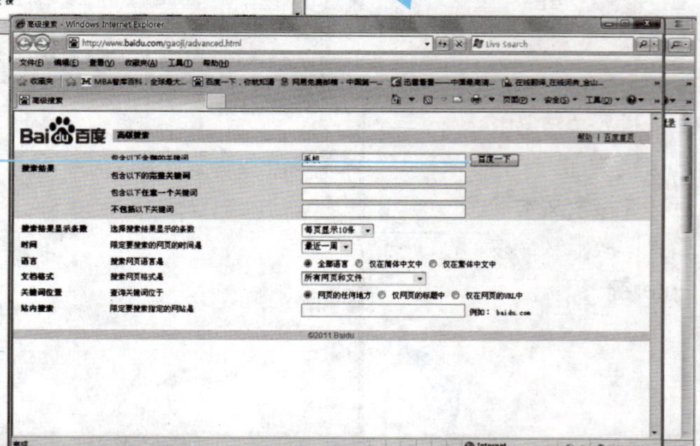

2 完成设置之后单击“百度一下”按钮，即可显示相关的网页信息，如图所示

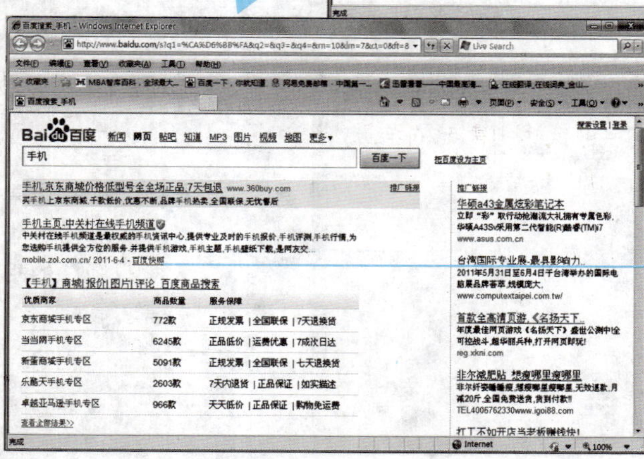

3 单击其中任意一个链接，即可打开相应的网页进行浏览了

视野拓展

所谓关键字，就是产品或者服务的具体名称。例如想在网上查看手机的相关信息，可在搜索文本框内输入关键字“手机”，寻找相关信息。

4.2.2 如何选择关键词

使用搜索引擎，很难就单一关键词搜索到需要的内容，因为这样的搜索限制条件太简单，肯定会搜索出大量无用的网页，所以此时我们可以在搜索文本框输入多个关键词来缩小搜索范围。搜索引擎一般都可以使用多个关键词，这样搜索出来的网页将包含所有的关键词。例如查找北京海淀区的大学的信息，可以输入关键词“北京 海淀区 大学”，搜索的结果如下图所示。

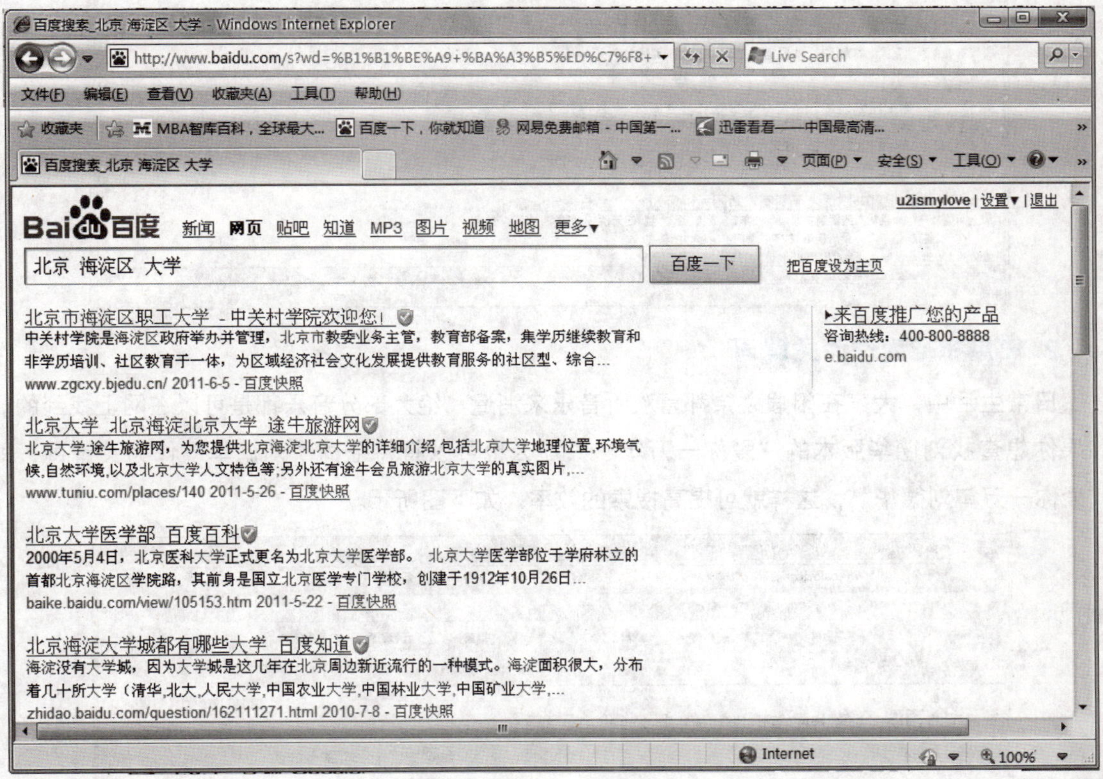

有时候可能写了多个关键词，但查找的结果可能依然不让我们满意。我们可以使用下面的方法来进行搜索，多次尝试，一定可以找到需要的结果。

1. 使用问题作为关键词

如果你要查询的问题很简单，把要查询的问题作为关键词也是不错的方法。比如你想知道从王府井到西单的路线，我们就可以直接输入关键词“如何从王府井到西单”。因为Internet上有很多网友会问相似的问题，所以你一定可以找到答案的。如下图所示。

视野拓展

在使用百度查询的时候，不需要使用符号“and”或者“+”，百度会在多个以空格隔开的词语之间自动添加“+”，提供符合查询条件的信息。

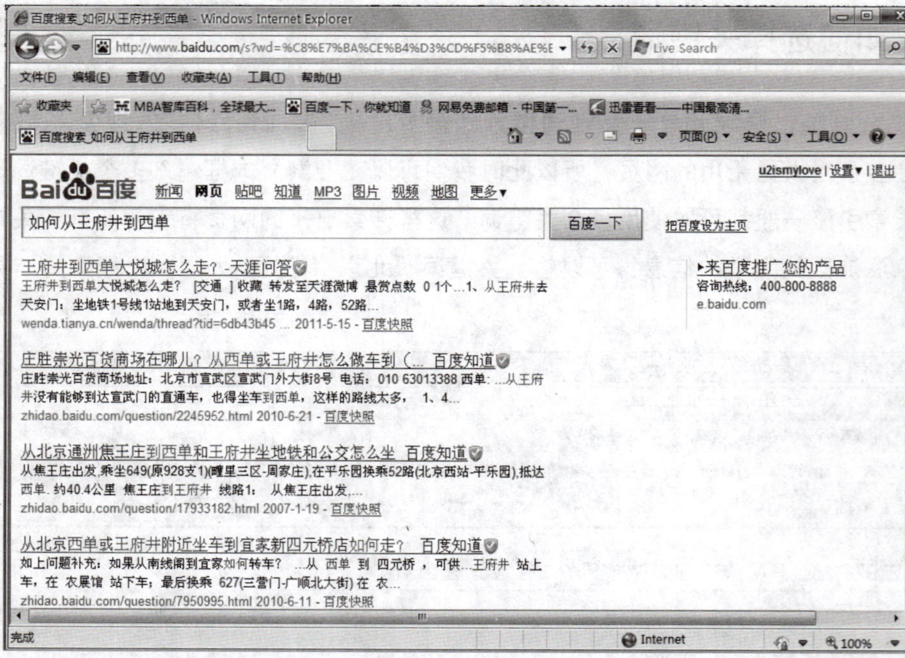

2. 使用特征词作为关键词

日常生活中，大家在闲暇之余都喜欢听音乐来消遣。绝大部分音乐都是可以在网上找到的。如果你想查找刘德华版本的“爱你一万年”，那么也可以将特征词“刘德华”作为关键词，即“爱你一万年刘德华”，这样就可提高搜索的效率，如下图所示。

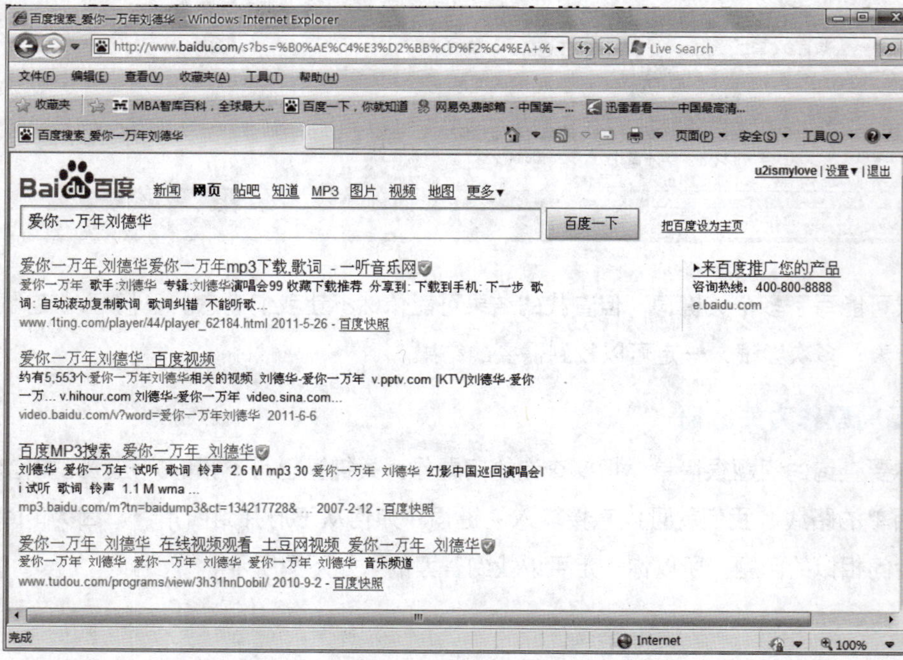

视野拓展

百度贴吧是网民积累知识经验的平台。

3. 避免在关键词中出现错别字

如果在关键词中使用了错别字，搜索到的有用信息就会大大的减少，例如将关键词“工业大学”写成“工程大学”，我们搜索到的结果就会截然不同，如下图所示。

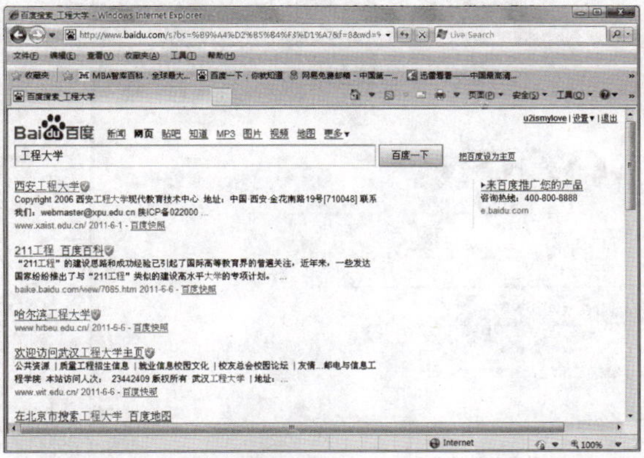

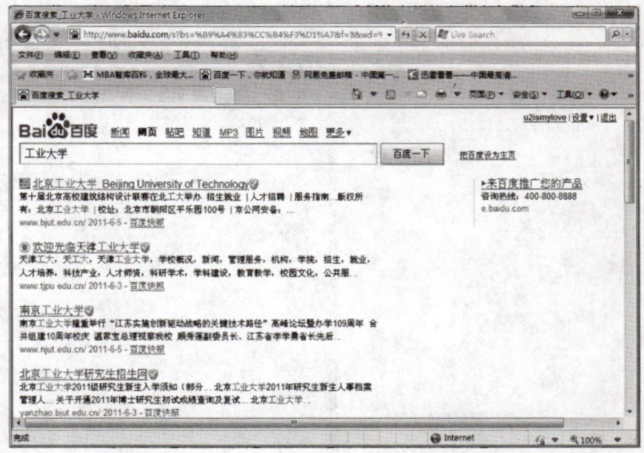

4. 选择关键词要简练

在选择关键词的时候，搜索词汇不要太过复杂，只要能体现想得到信息的核心即可。例如我们想下载暴风影音播放器，搜索“暴风影音下载”就可以快速地定位，但如果画蛇添足地输入“怎样可以下载暴风影音播放器软件”，不仅不会指出问题的本质，反而干扰了搜索结果。

4.3 常见的搜索引擎

既然搜索引擎的好处这么多，下面就来介绍几种比较常用的搜索引擎。

4.3.1 谷歌Google

谷歌（Google）是一家美国上市公司，于1998年9月7日以私有股份公司的形式创立，以设计并管理一个互联网搜索引擎。Google公司的总部称作Googleplex，它位于加利福尼亚山景城。Google 创始人 Larry Page 和 Sergey Brin 在斯坦福大学的学生宿舍内共同开发了全新的在线搜索引擎，然后迅速传播给全球的信息搜索者。Google 目前被公认为是全球规模最大的搜索引擎，它提供了简单易用的免费服务。不作恶（Don't be evil）是谷歌公司的一项非正式的公司口号，最早是由Gmail服务创始人在一次会议中提出。

Google也是人们常用的一个搜索引擎，它支持包括简体中文和繁体中文在内的132种语言，

视野拓展

搜索引擎会把搜索到的信息按质量排序，质量越高，排列位置越靠前。

它创新的搜索技术和典雅的用户界面设计使其成为世界上利用率最高的搜索引擎之一。下图所示是Google搜索的主界面。

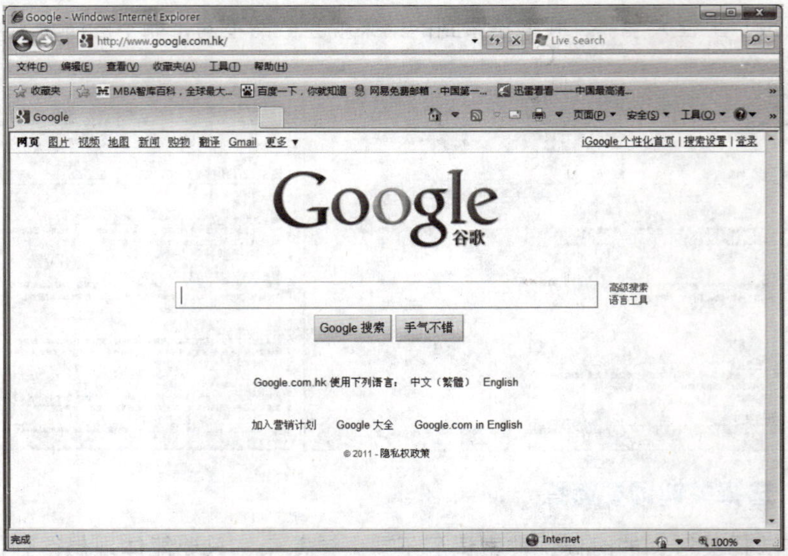

前面主要介绍了百度搜索引擎的使用技巧，现在再详细介绍下谷歌搜索引擎的使用方法。Google的使用方法与百度类似，只需选择要搜索信息的类型，然后输入关键字，单击“Google搜索”按钮即可，如果单击“手气不错”按钮，可以搜索到最符合要求的网站。

Google还具有强大的搜图、搜视频、搜地图等功能，下面就来详细地介绍一下。

1. 使用Google搜索网页

使用Google搜索网页的操作步骤如下所示。

操作步骤

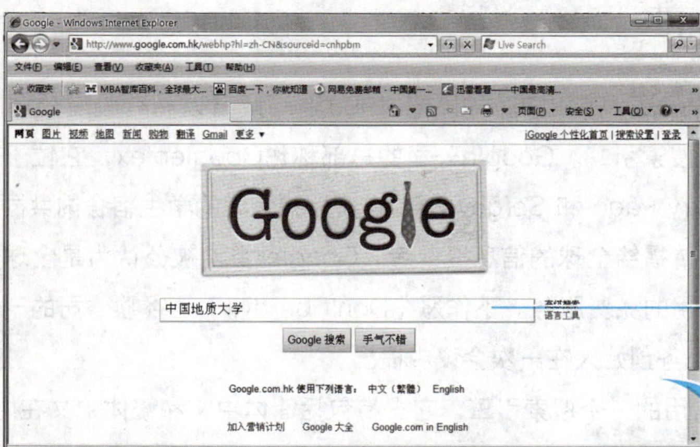

1 要搜索网页，首先在IE浏览器的地址栏输入谷歌搜索引擎的网址www.google.com，然后按Enter键，打开谷歌首页。在搜索栏中输入“中国地质大学”

视野拓展

“百度”二字源于中国宋朝词人辛弃疾的《青玉案·元夕》词句“众里寻他千百度”，象征着百度对中文信息检索技术的执著追求。

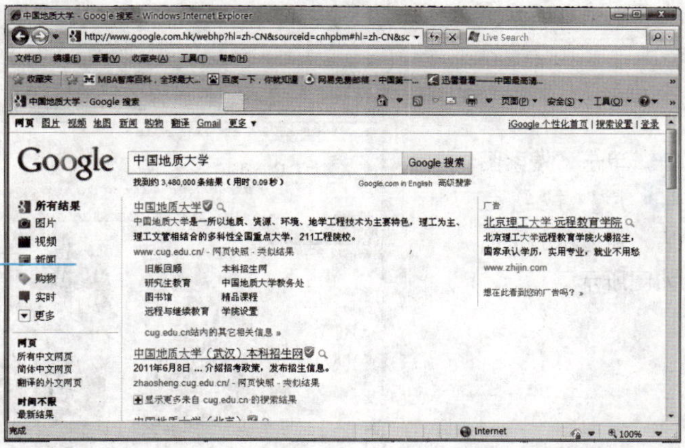

2 单击“Google搜索”按钮，谷歌就会把搜索到的所有和“中国地质大学”的文字链接罗列出来

2. 使用Google搜索图片

使用Google搜索图片的操作步骤如下所示。

操作步骤

1 打开谷歌搜索首页，单击谷歌主页左上方的“图片”链接

2 进入谷歌的图片搜索网页，在文本搜索框内输入“电脑”

视野拓展

雅虎是由杨致远，一位20多岁的台湾移民，在美国斯坦福大学攻读博士研究生时与同窗David Filo（29岁的美国青年）合作创办的。

3 单击“搜索图片”按钮之后，新显示的页面如图所示

3. 使用Google搜索视频

使用Google搜索视频的操作步骤如下所示。

操作步骤

1 打开谷歌首页，单击谷歌主页上方的“视频”链接

2 进入谷歌的视频网页，在文本搜索框内输入“足球”，单击“搜索视频”按钮

视野拓展

2005年8月5日，百度在美国纳斯达克上市（股票代码：BIDU）。

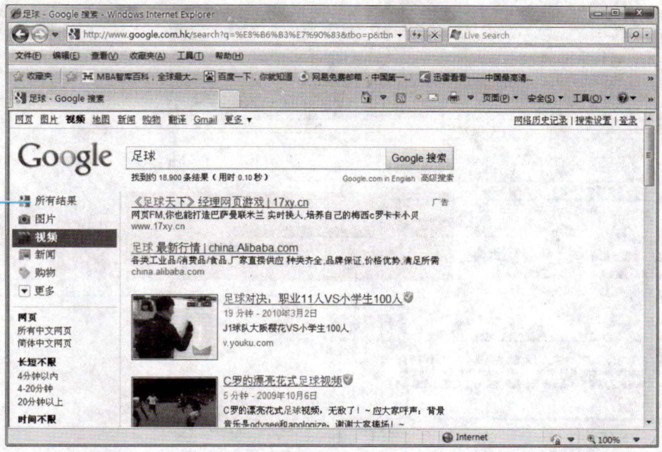

3 新显示的页面如图所示

4. 使用Google的高级搜索

使用Google高级搜索功能的操作步骤如下所示。

操作步骤

1 打开谷歌首页，单击的“高级搜索”链接

3 单击“Google搜索”的按钮

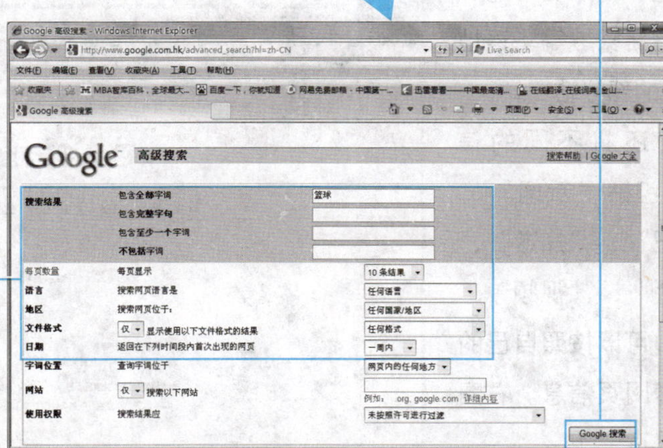

2 在“包含全部字词”文本框内输入“篮球”，在“日期”列表中选择“一周内”选项，这样就可以只搜索最近一周的关于“篮球”的网页信息，超出这个时间范围内的网页不会显示出来

视野拓展

Google 目前被公认为是全球规模最大的搜索引擎，它提供了简单易用的免费服务。

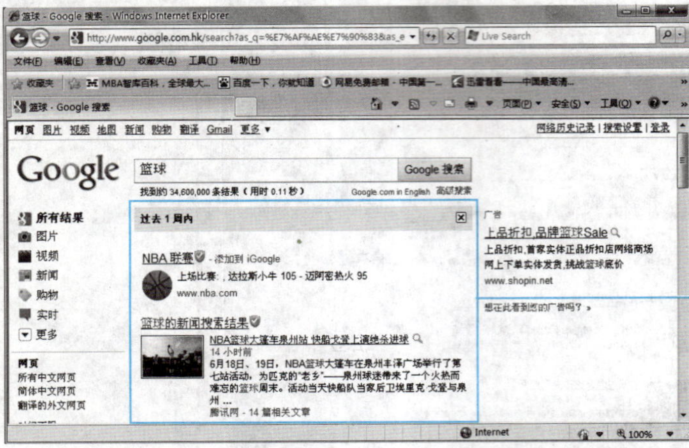

4 显示搜索后的界面

4.3.2 百度Baidu

百度目前是全球最大的中文搜索引擎，2000年1月创立于北京中关村。百度的使命是让人们最便捷地获取信息，找到所求。百度的核心价值观是“简单可依赖。”1999年底，身在美国硅谷的李彦宏看到了中国互联网及中文搜索引擎服务的巨大发展潜力，抱着技术改变世界的梦想，他毅然辞掉硅谷的高薪工作，携搜索引擎专利技术，与徐勇一同回国，于2000年1月1日在中关村创建了百度公司。从最初的不足10人发展至今，员工人数超过10000人。如今的百度，已成为中国最受欢迎、影响力最大的中文网站。百度拥有数以千计的研发工程师，这是中国乃至全球最为优秀的技术团队，这支队伍掌握着世界上最为先进的搜索引擎技术，使百度成为中国掌握世界尖端科学核心技术的中国高科技企业。

百度拥有目前世界上最大的中文信息库，而且总量还在不断地增加。百度的搜索页面很简洁，访问速度也很快，其搜索的范围不仅包括中国的内地、香港、台湾、澳门等地，还包括新加坡等华语地区以及北美、欧洲的部分站点。

另外，百度还将不同的信息进行了分类，包括“新闻”、“网页”、“贴吧”、“知道”、“MP3”、“图片”、“视频”、“地图”等。用户可以按照自己的需求针对性的搜索网页信息。右图所示为百度搜索首页。

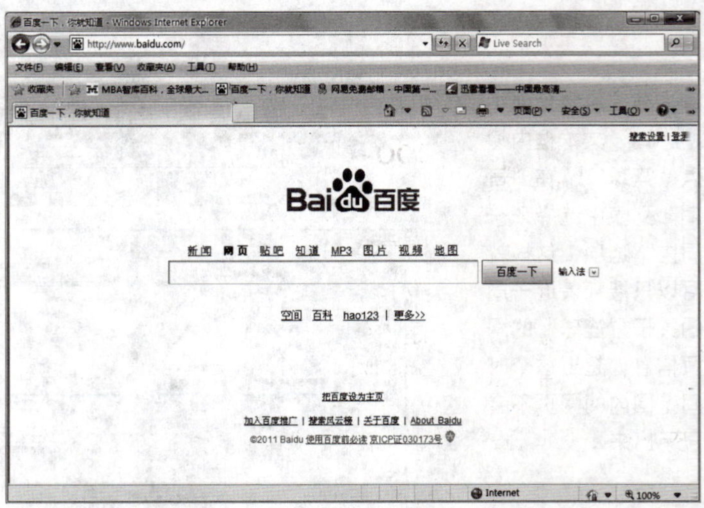

视野拓展

Google是全球最大的并且最受欢迎的搜索引擎，主要的搜索服务有网页搜索，图片搜索，视频搜索，地图搜索，新闻搜索，购物搜索，博客搜索，论坛搜索，学术搜索，财经搜索。

4.3.3 搜狗Sogou

搜狗是搜狐公司的旗下子公司，于2004年8月3日推出，目的是增强搜狐网的搜索技能，主要经营搜狐公司的搜索业务。在搜索业务的同时，也推出搜狗输入法、免费邮箱、企业邮箱等业务。2010年8月9日搜狐与阿里巴巴宣布将分拆搜狗成立独立公司，引入战略投资，注资后的搜狗有望成为仅次于百度的中文搜索工具。

使用搜狗查询非常简单方便，只需输入查询内容并按回车键，或者单击“搜狗搜索”按钮即可得到最相关的资料。如果想要缩小搜索范围，只需要输入更多的关键词，并在关键词中间留空格就可以了，如搜索“湖北 高考 查分”。搜狗搜索不区分英文字母大小写，无论大写小写字母均当做小写处理。例如，搜索“GOOD”、“good”或者“Good”，得到的结果都是一样的。下图所示为搜狗搜索首页。

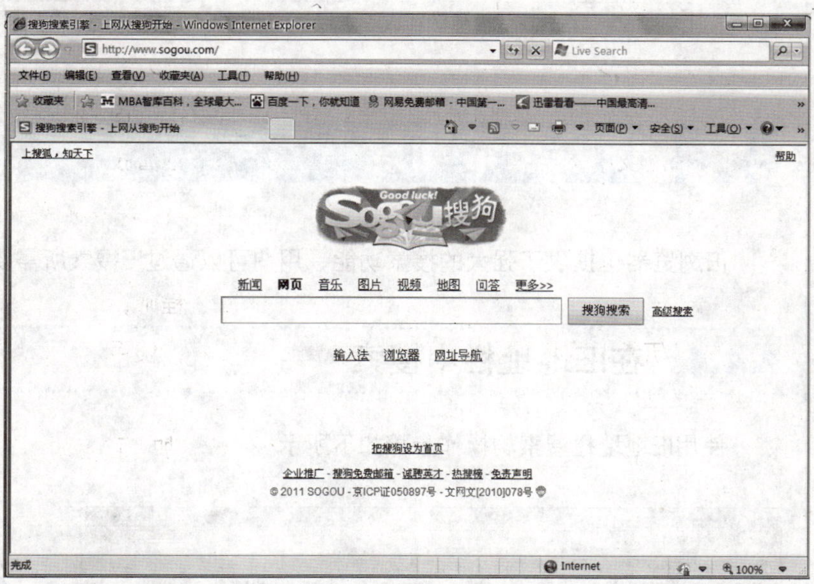

4.3.4 雅虎Yahoo

雅虎（Yahoo）是美国著名的互联网门户网站，20世纪末互联网奇迹的创造者之一。其服务包括搜索引擎、电邮、新闻等，业务遍及24个国家和地区，为全球超过5亿的独立用户提供多元化的网络服务。同时也是一家全球性的因特网通信、商贸及媒体公司。

雅虎是世界上比较著名的目录搜索引擎。在其主页或任意一个查询结果返回的顶部和底部，都有一个输入框，用户可以在此输入要查找内容的关键词。下图所示为雅虎搜索的首页。

视野拓展

Google Chrome，中文名为谷歌浏览器，是一个由Google公司开发的开放源代码网页浏览器。

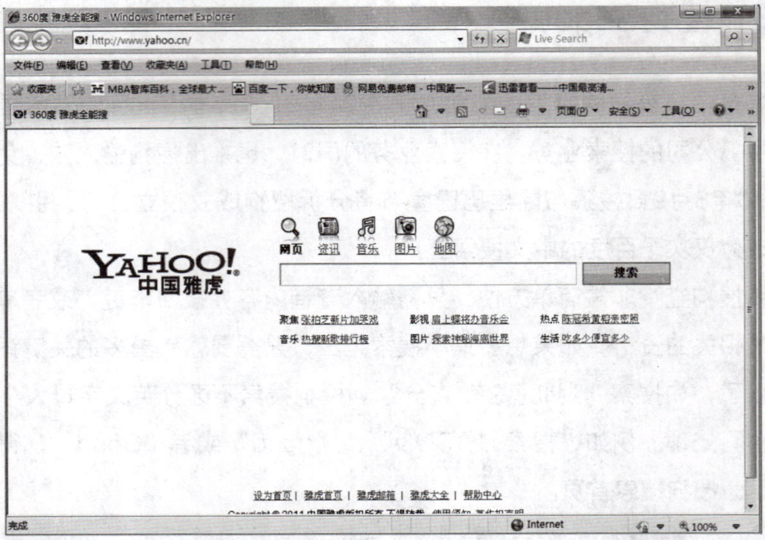

4.4 IE的搜索功能

IE浏览器也提供了强大的搜索功能，用户可以通过IE搜索所需要的信息。

4.4.1 在IE地址栏中搜索

操作步骤

使用IE地址栏搜索的操作步骤如下所示。

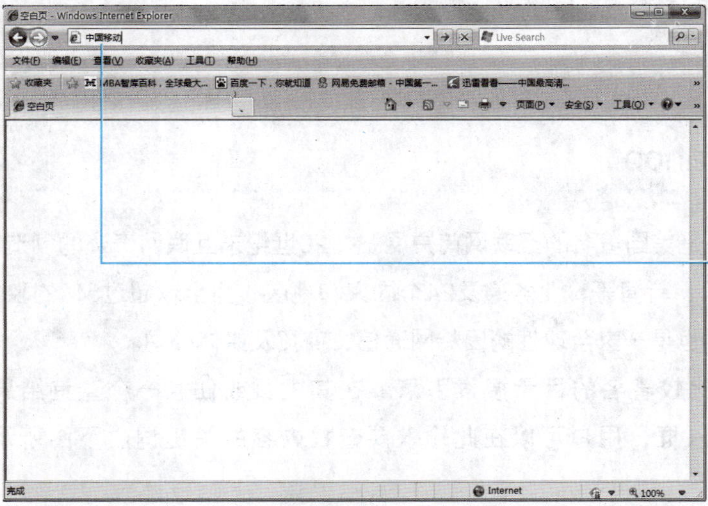

1 打开IE浏览器，在地址栏中输入要搜索的网址或者关键字。本书搜索“中国移动”的相关信息，即在地址栏中输入“中国移动”

视野拓展

Google工具栏是一个免费的IE插件，功能包括在不打开Google网页的情况下随时搜索并查看相关页面信息，阻止自动弹出窗口等。

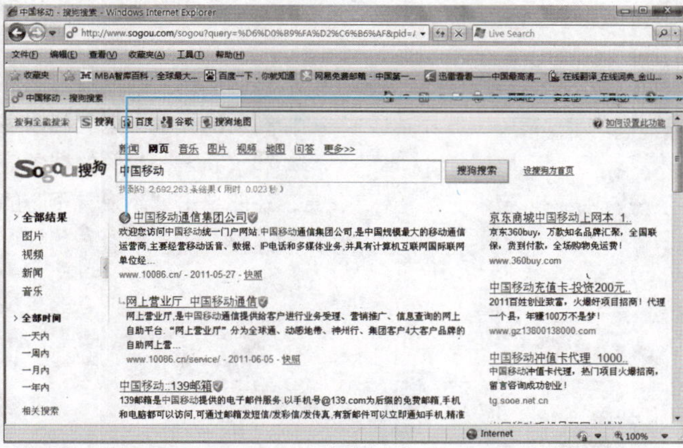

2 按Enter键，即可链接到相关的内容或者网站，单击“中国移动通信集团公司”的文字链接，即可进入中国移动的官方网站进行相关信息的查询

3 进入中国移动的官方网站

4.4.2 使用IE自带搜索框

IE自带搜索框的功能也十分强大，下面就来介绍它的使用方法。

操作步骤

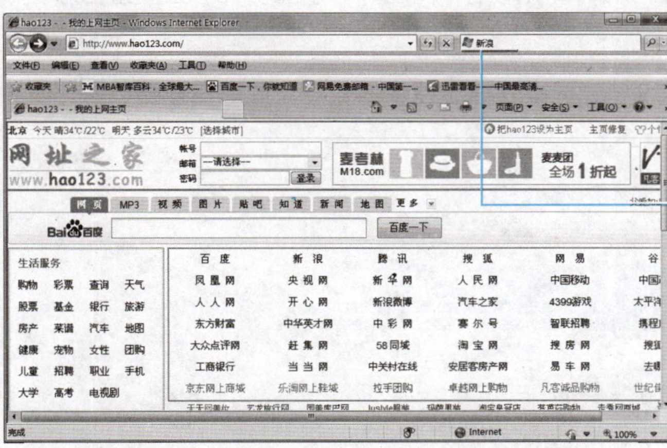

1 打开IE主界面，在搜索框内输入“新浪”，按Enter键

视野拓展

Google Maps提供各种地图服务，包括局部的详细卫星照片。2005年6月20日，Google Maps的覆盖范围从原先的美国、英国及加拿大扩大为全球。

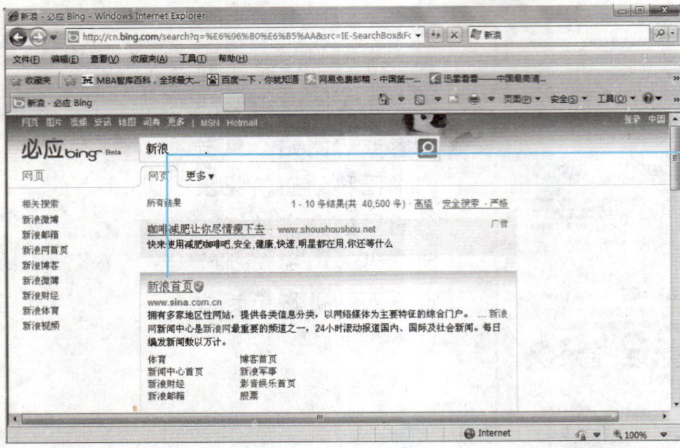

2 在新的页面可以看到很多和“新浪”相关的搜索信息，在此单击“新浪首页”的文字连接

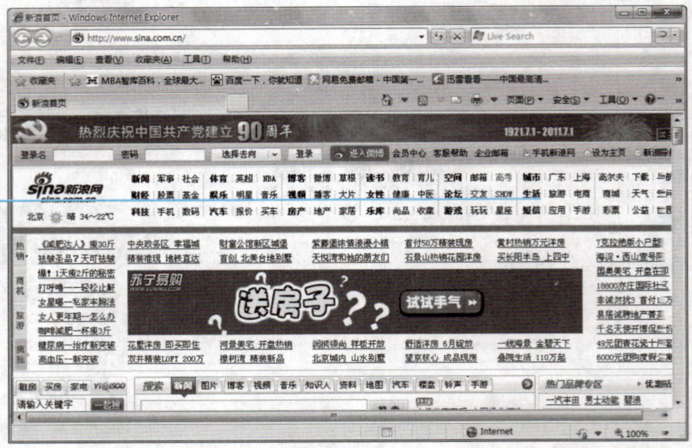

3 进入新浪的主页，用户就可以浏览自己感兴趣的信息了

4.5 本章小结

搜索在网络应用中占有很重要的位置。本章就针对这一问题介绍了如何在网上搜索信息，一些常见的搜索引擎和使用IE搜索信息等内容。

网络上的信息不仅全面，而且更新速度快，只有掌握了搜索的技巧才能够在茫茫“网”海中快速定位，找到自己需要的信息、资料。

4.6 趁热打铁

现在用本章学到的知识解决下面的问题。

视野拓展

谷歌拼音输入法是由Google中国实验室开发，于2007年4月2日发布，10月25日成为Google的正式产品之一。

4.6.1　选择题

1. 使用（　　）命令可以搜索文件的后缀和扩展名。

A. URL　　B. filetype　　C. site　　D. file

2. 以下（　　）不是常用的搜索引擎。

A. 百度　　B. 谷歌　　C. 雅虎　　D. 新浪

3.（　　）搜索引擎拥有目前世界上最大的中文信息库，总量达到6000万页以上，且还在不断地增加。

A. 百度　　B. 搜狗　　C. 雅虎　　D. 网易

4.6.2　实践题

1. 利用百度搜索“北京欢迎你”，并将其下载到电脑中。

2. 利用Google搜索引擎的地图搜索功能，查找长城的地理位置。

视野拓展

Google地球（Google Earth）是一款Google公司开发的虚拟地球仪软件，它把卫星照片、航空照相和GIS布置在一个地球的三维模型上。

读书笔记

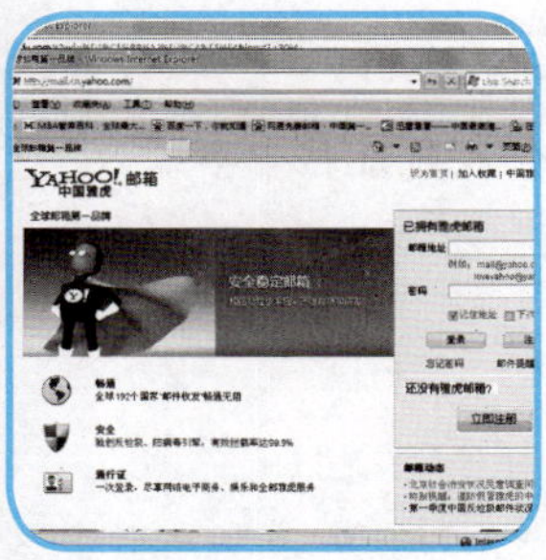

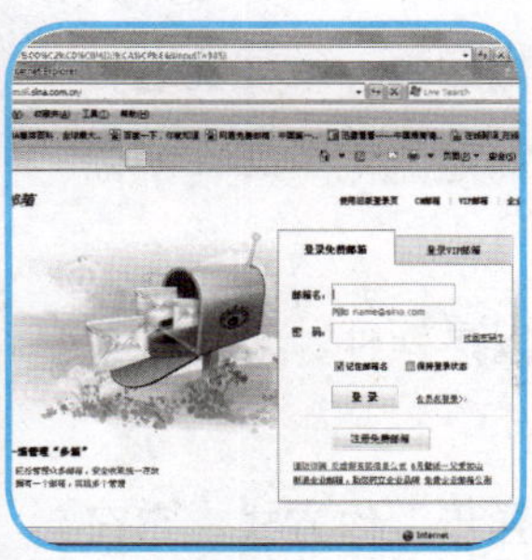

第5章

电子邮箱——电子邮件的收发与管理

本章导读

在今天的网络信息时代，电子邮件（E-mail）成了人们互相联系的信使，电子邮件改变了人们一直以来主要通过邮局寄信的交流方式。使用电子邮件不仅方便、快捷，而且它还可以收发图像、声音等格式的文件，同时，用户可以得到大量免费的新闻、专题邮件，并实现轻松的信息搜索。 它在我们的日常生活和工作中起着越来越重要的作用。

本章学习目标

- 了解电子邮件的基础知识
- 熟悉常见的电子邮箱

本章学习重点

- 学会使用一种电子邮箱

5.1 电子邮件简介

电子邮件（E-mail）又称“伊妹儿”。与E-mail相关的概念还有E-mail账号，即为了使用E-mail接收、发送文件而登录到电子邮件服务器上的用户名和密码。

5.1.1 什么是电子邮件

电子邮件是将人们熟悉的普通手写信件转换为可以利用计算机网络进行传输的电子媒体信件，它以文字表达为主，也可以加入声音、图像等组合成多媒体信件。与一般邮件相比，它具有许多独特的优点。

- 可以用先进的计算机工具书写、编辑或处理电子邮件。
- 电子邮件为用户提供了一种简易、快速的方法，使每个人都能通过Internet同世界各地的任何人或小组通信。
- 电子邮件的传递不仅准确、快捷，而且不受时间和用户计算机状态的限制。
- 电子邮件除了具有一般邮件的功能外，还可广泛用于各种信息交流和传播领域。
- 电子邮件可以实现“一对一”和“一对多”的通信，用户只需在收信人地址栏中多输入几个地址，就可以实现给多人发信。
- 电子邮件的收发与管理可以利用非常简便、有效的工具实现。

5.1.2 电子邮件的特点

电子邮件主要有以下几个特点。

（1）发送速度快。电子邮件通常在数秒钟内即可送达至全球任意位置的收件人信箱中，其速度比电话通信更为高效快捷。如果接收者在收到电子邮件后的短时间内作出回复，往往发送者仍在计算机旁工作的时候就可以收到回复的电子邮件，接收双方交换一系列简短的电子邮件就像一次次简短的会话。

（2）信息多样化。电子邮件发送的信件内容除普通文字内容外，还可以是软件、数据，甚至是录音、动画、电视或各类多媒体信息。

（3）收发方便。与电话通信或邮政信件发送不同，电子邮件采取的是异步工作方式，它在高速传输的同时允许收信人自由决定在什么时候、什么地点接收和回复，发送电子邮件时不会因“占线”或接收方不在而耽误时间，收件人无须固定守候在线路另一端，可以在用户方便的任意

视野拓展

注意邮箱的名字由a～z的小写英文字母、0～9的数字、下划线组成，长度在4～16个字符，不能单独使用数字作为邮箱的名字。

时间、任意地点，甚至是在旅途中收取电子邮件，从而跨越了时间和空间的限制。

（4）成本低廉。电子邮件最大的优点还在于其低廉的通信价格，用户花费极少的上网费用即可将重要的信息发送到远在地球另一端的用户手中。

（5）更为广泛的交流对象。同一个信件可以通过网络极快地发送给网上指定的一个或多个成员，甚至召开网上会议进行互相讨论，这些成员可以分布在世界各地，但发送速度则与地域无关。与任何一种其他的Internet服务相比，使用电子邮件可以与更多的人进行通信。

（6）安全。电子邮件软件是高效可靠的，如果目的地的计算机正好关机或暂时从Internet断开，电子邮件软件会每隔一段时间自动重发；如果电子邮件在一段时间之内无法递交，电子邮件会自动通知发信人。作为一种高质量的服务，电子邮件是安全可靠的高速信件递送机制，Internet用户一般只通过E-mail方式发送信件。

5.1.3 电子邮件服务器

电子邮件服务器是处理邮件交换的软硬件设施的总称，包括电子邮件程序、电子邮件箱等。它是为用户提供全由E-mail服务的电子邮件系统，人们通过访问服务器实现邮件的交换。服务器程序通常不能由用户启动，而是一直在系统中运行，它一方面负责把本机器上发出的E-mail发送出去，另一方面负责接收其他主机发过来的E-mail，并把各种电子邮件分发给每个用户。

电子邮件程序是计算机网络主机上运行的一种应用程序，它是操作和管理电子邮件的系统。在你处理电子邮件时，需要选择一种供你使用的电子邮件程序。由于网络环境的多样性，各种网络环境的操作系统与软件系统也不相同，因此电子邮件系统也不完全一样。

5.2 常用的电子邮箱

在Internet网络中，有着各式各样的邮箱，下面我们来了解一下常用网站的电子邮箱。

5.2.1 网易邮箱

自1997年率先研发国内首个电子邮箱系统以来，网易始终将邮箱服务作为最基础的战略服务，13年如一日，一直在提供邮箱服务。其中2003年是一个标志性时间点，在艾瑞调研机构和CHIP的联合调查中，网易邮箱成为市场占有率第一的邮箱品牌。自此之后，网易就一直是邮箱领域的霸主，在竞争激烈的邮箱市场，“一直被跟随，从未被超越”。

视野拓展

如果用户选择的ISP接入服务是有限制的，如只能访问国内资源，而你的邮箱在国外，那么显然此时是不能收取E-mail的。

截至目前2011年5月，网易旗下163、126、yeah、vip.163、vip.126、vip.188、qiye.163、ym.163等八大电子邮箱品牌总有效用户数已超过3.6亿，继续在中国邮箱行业领跑市场。

近年来，云计算火爆异常、3G大潮涌动、移动终端大行其道，这也给邮箱应用带来了新的发展契机。而网易邮箱也应时而动，展开了“一统江湖”的布局，并收到了巨大成效。据统计，到目前网易已拥有手机邮箱用户超过3000万，在PC领域无可撼动的地位，也已经复制到其他终端平台。

根据iResearch等多家调研机构的监测数据，网易163邮箱和126邮箱在市场占有率上已经遥遥领先，分别处于第一和第二的位置。

自2003年以来，网易邮箱在中国市场一直牢牢占据第一。

网易邮箱的网址是：http://email.163.com/，下图所示是它的登录界面。

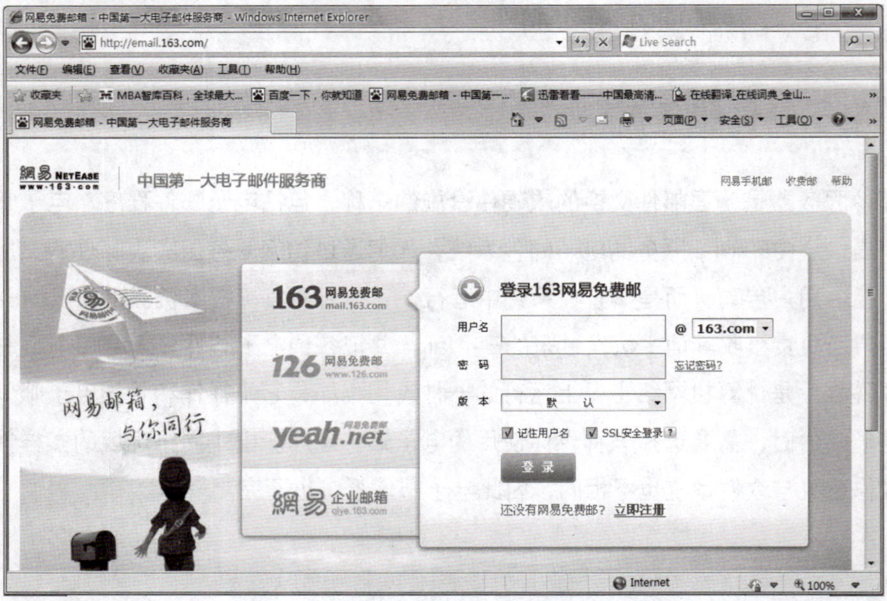

5.2.2 雅虎邮箱

雅虎邮箱是雅虎公司一个很重要的业务，雅虎是全球最早从事电子邮件服务的互联网企业之一。雅虎邮箱自1996年开始，在全球范围内为用户提供电子邮箱服务。

截至目前为止，雅虎邮箱在全球范围内同时为2.43亿邮箱用户提供服务，支持21种文字，与192个国家邮件收发畅通无阻。至今仍然保持全球用户群最广泛、最大众化的免费电子邮箱服务商的地位。

与国内的其他网站相比，雅虎的电子邮箱素来以反垃圾和防病毒著称，在众多的邮箱里面，也数雅虎邮箱最为稳定。

视野拓展

如果在发送邮件的时候要添加多个附件，则多次单击“添加附件”链接即可。

雅虎邮箱的网址是：http://mail.cn.yahoo.com/，下图是雅虎邮箱登录界面。

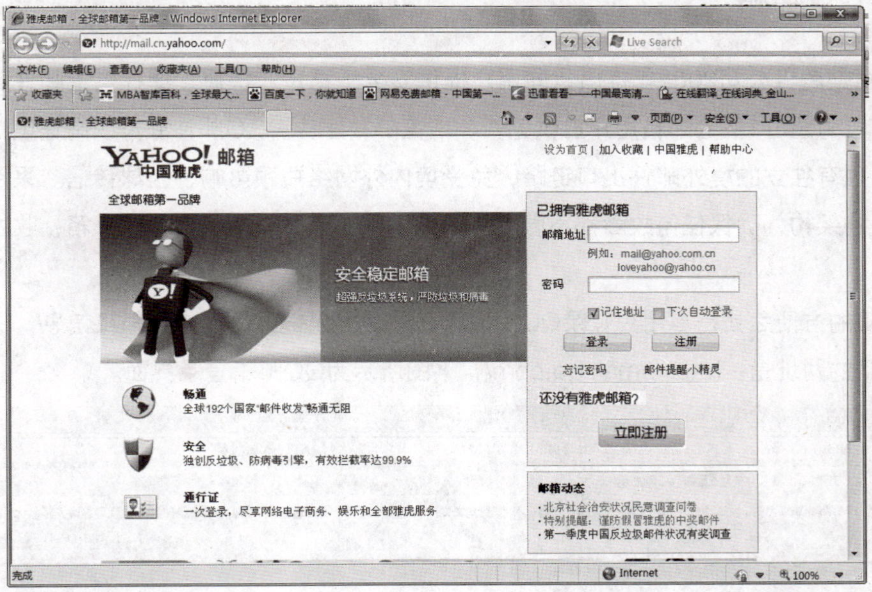

5.2.3 新浪邮箱

新浪邮箱在国内使用该邮箱的人数比较多，该邮箱有免费和付费（VIP）两种类型，目前免费邮箱的容量已经升级到2GB。

新浪邮箱的网址是：http://mail.sina.com.cn/，下图所示为新浪邮箱登录界面。

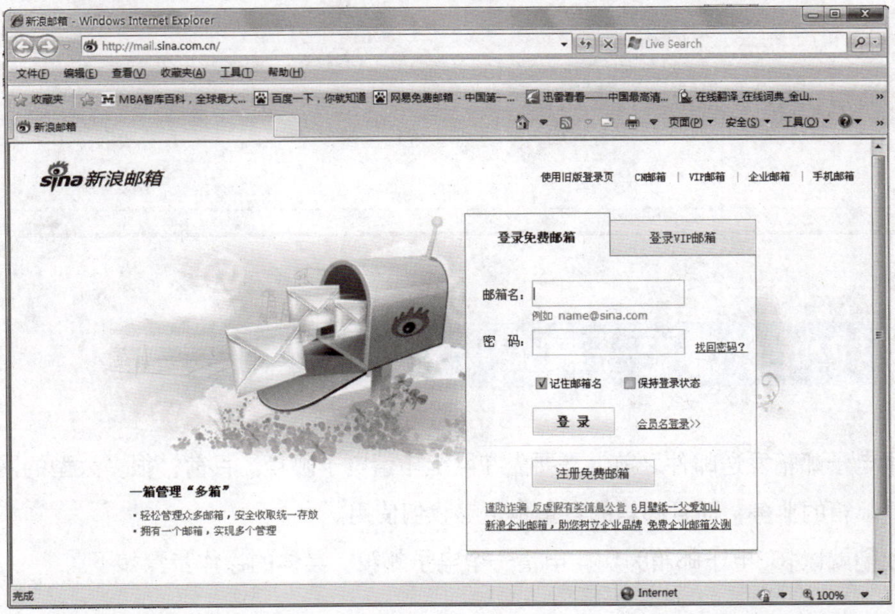

视野拓展

@在英文中读作“at”，意思就是“在”。@后面是用户邮箱的邮件接收服务器域名，用以标志其所在的位置。

5.2.4 QQ邮箱

QQ邮箱是腾讯公司2002年推出，向用户提供安全、稳定、快速、便捷电子邮件服务的邮箱产品，目前已为超过1亿的邮箱用户提供免费和增值邮箱服务。QQ邮件服务以高速电信骨干网为强大后盾，独有独立的境外邮件出口链路，免受境内外网络瓶颈影响，全球传信。采用高容错性的内部服务器架构，确保任何故障都不影响用户的使用，随时随地稳定登录邮箱，收发邮件通畅无阻。

QQ邮箱的方便之处是当用户登录QQ的时候，同时可以很方便地查看邮箱信息。

QQ邮箱的网址是：https://mail.qq.com/，下图所示为QQ邮箱登录界面。

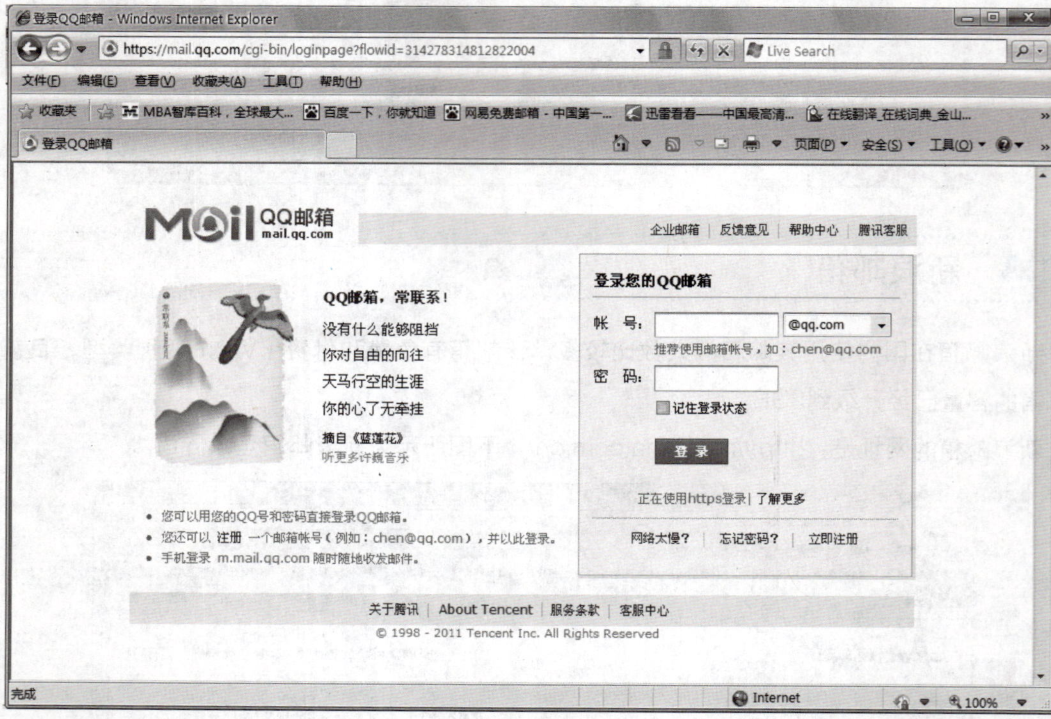

5.3 如何申请电子邮箱

在使用电子邮箱发送邮件之前，需要先在网上申请电子邮箱。目前，很多大型的网站都提供了免费申请邮箱的业务，而且邮箱的容量也足够我们使用。

下面我们就以163电子邮箱为例，申请一个电子邮箱。具体的操作步骤如下。

视野拓展

如果是经常和国外的客户联系，建议使用国外的电子邮箱。比如Gmail邮箱、MSN邮箱或者雅虎邮箱。

操作步骤

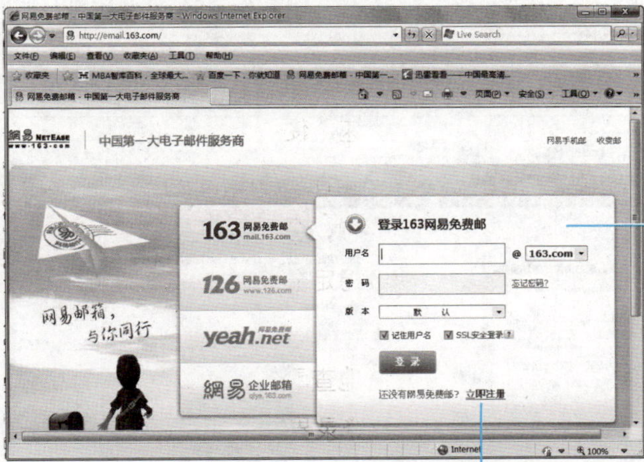

1 首先在IE浏览器的地址栏输入网易邮箱的网址http://email.163.com/，按Enter键，打开网易邮箱首页

2 单击“立即注册”链接

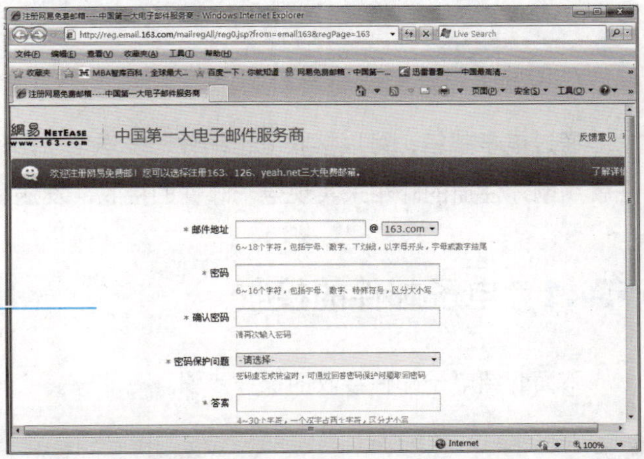

3 新显示的界面如图所示

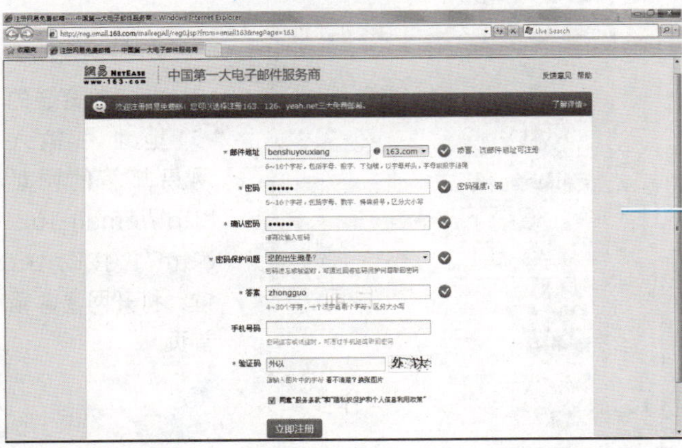

4 根据提示的信息，填写注册的信息。邮件地址：enshuyouxiang，密码：123456，密码保护问题选择：您的出生地是？，答案：zhongguo，验证码：外以

小提示：验证码可以防止恶意破解密码、刷票、论坛灌水，有效防止某个黑客对某一个特定注册用户用特定程序暴力破解方式进行不断的登录尝试，实际上使用验证码是现在很多网站通行的方式（比如招商银行的网上个人银行、百度社区），我们利用比较简易的方式实现了这个功能。验证码在输入前，在它的文本框旁会随机给出一个样本，你只要根据显示输入即可。比如这里显示的是“外以”，也可能是“中国”、“你好”或者其他内容。

视野拓展

如果邮箱是想当作网络硬盘来使用，经常存放一些图片资料，那么就应该选择存储量大的邮箱，雅虎邮箱、网易163邮箱、126邮箱、TOM邮箱等都是不错的选择。

4 邮箱注册成功

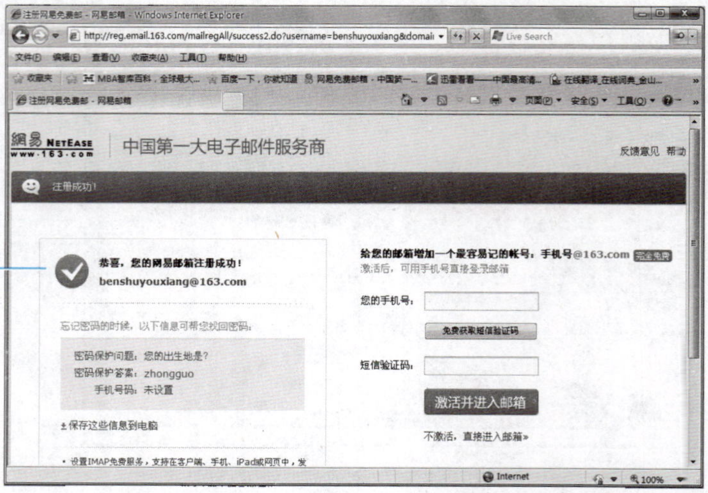

5.4 电子邮箱的使用

操作步骤

通过电子邮箱，可以接收电子邮件、发送电子邮件以及删除电子邮件等。现在就用刚才注册的邮箱来实现电子邮件的接收、发送和删除。

5.4.1 电子邮件的接收

下面介绍电子邮件接收的操作步骤。

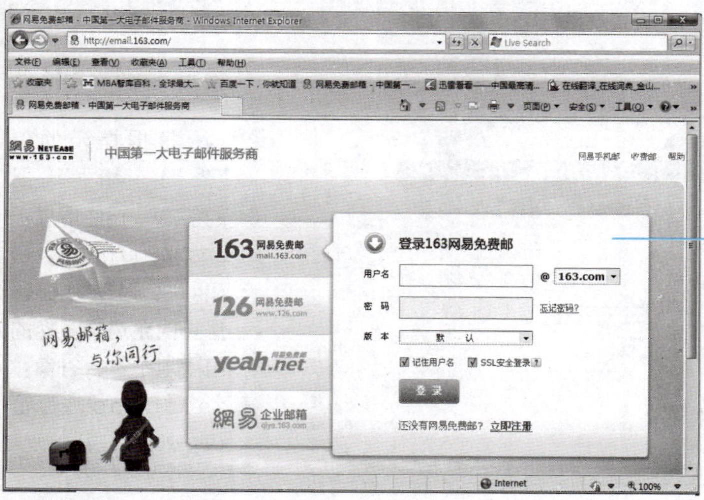

1 在IE浏览器的地址栏输入网易邮箱的网址http://email.163.com/，按Enter键，打开网易邮箱首页

视野拓展

如果用户自己有电脑，那么最好选择支持POP/SMTP协议的邮箱，可以通过Outlook等邮件客户端软件将邮件下载到自己的硬盘上，这样就不用担心邮箱不够大。

2 在用户名输入框输入注册时的邮件地址：benshuyouxiang，密码输入：123456

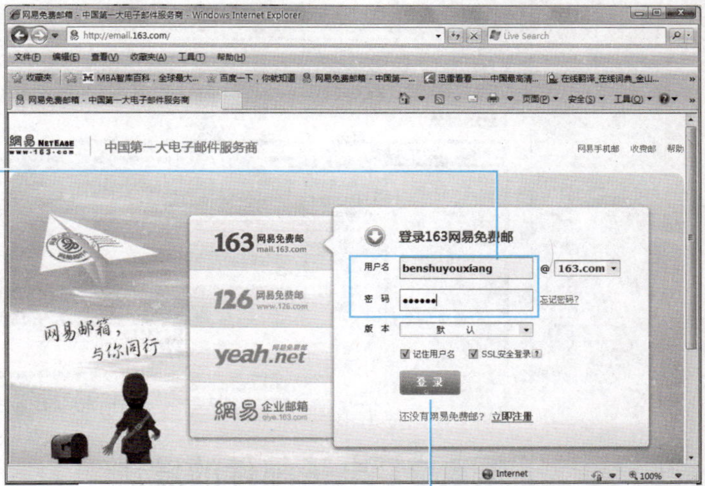

3 填写完用户名和密码之后，单击“登录”按钮

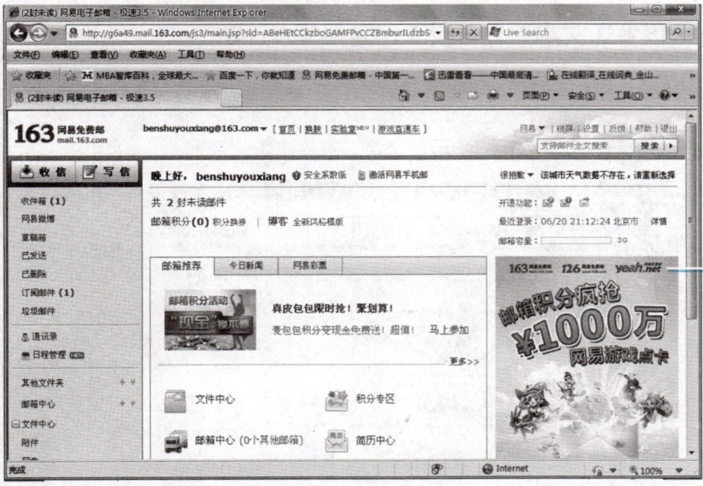

4 进入用户邮箱

5 在登录邮箱页面中，单击左边“收件箱”即可进入邮箱的收信件页面

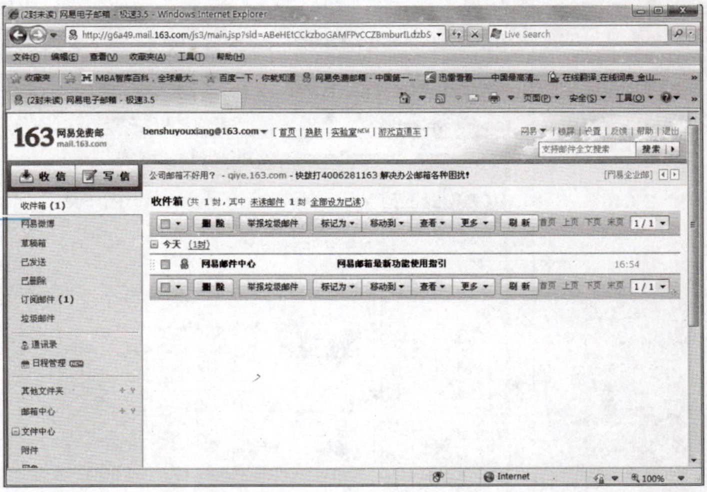

视野拓展

如果只是在国内使用，那么QQ邮箱就是最好的选择，拥有QQ号码之后就可以使用QQ邮箱。

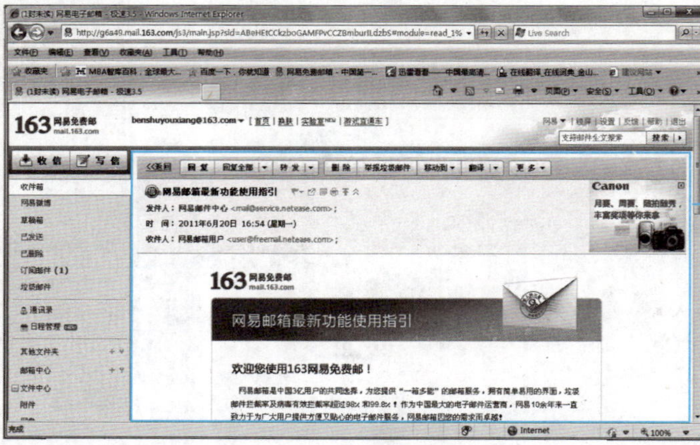

6 在中间最大的列表中，展开了已经收到的各种信件。单击要阅读的信件，即可打开信件。

5.4.2 电子邮件的发送

通过网络，我们可以发送文字信件、贺卡、附件等。

1. 发送文字信件

发送文字信件的具体操作步骤如下所示。

操作步骤

1 打开网易邮箱首页，在用户名输入框输入：benshuyouxiang，密码输入：123456。单击“登录”按钮

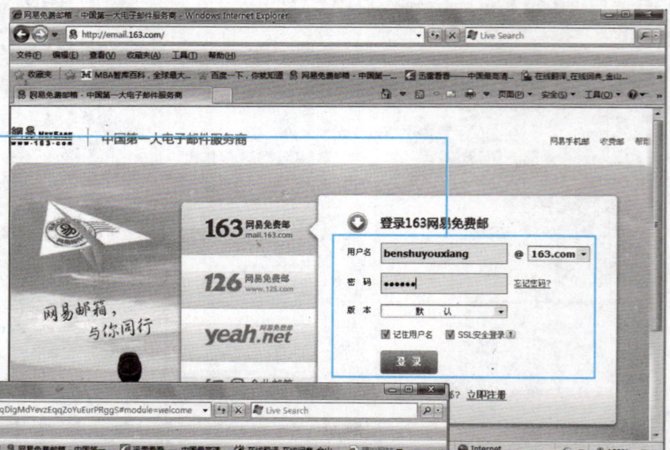

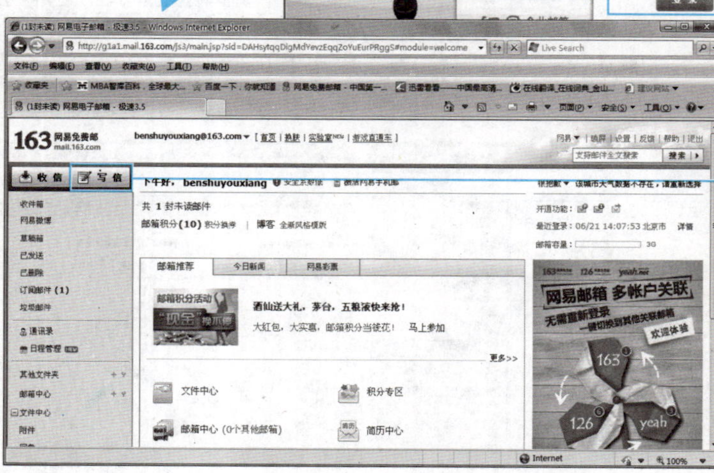

2 进入邮箱，单击左上角的“写信”按钮

视野拓展

如果邮箱名可用，QQ页面将显示“邮箱名可用”提示信息；如果邮箱名不可用，系统将给出相应的提示信息。

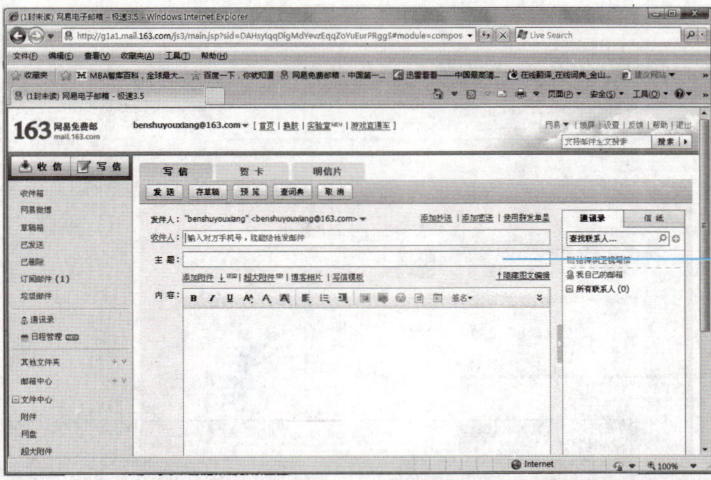

3 进入写信页面

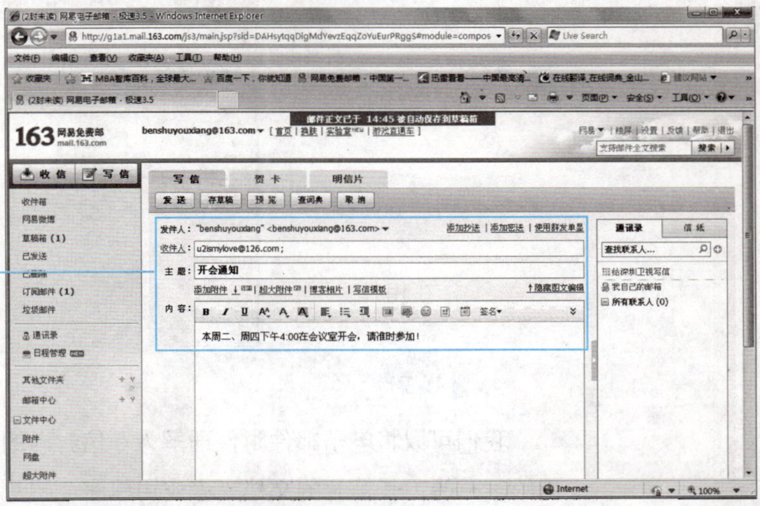

4 在“收件人”文本框中输入收邮件用户的电子邮箱地址，在“主题”文本框中输入邮件的题目，在“内容”文本框中输入信件的内容

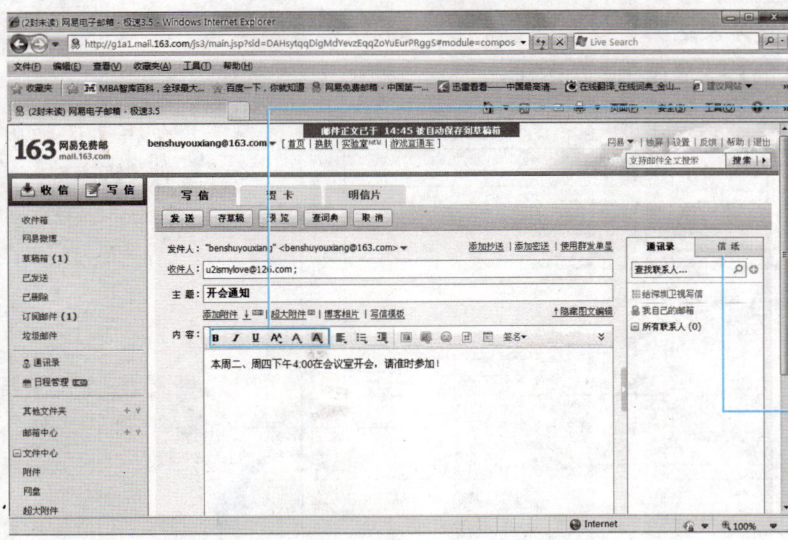

5 通过这些按钮可以设置文字格式

6 单击打开“信纸”选项卡，窗口右侧会弹出“信纸”标签，从中可以选择一种信纸，即可看到应用信纸之后的效果

视野拓展

注册邮箱的时候，个人信息是用户通过客服系统取回账号的依据，最好根据需要如实填写。

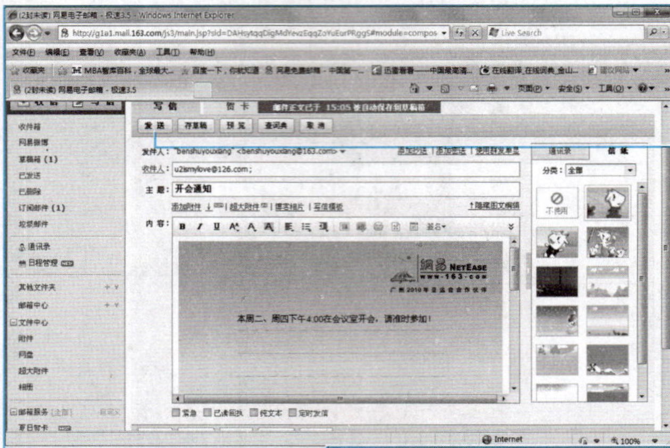

7 邮件写完后，确认无误，单击“发送”按钮

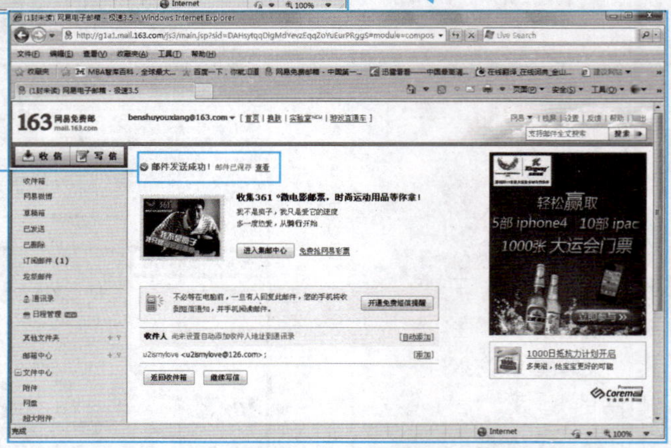

8 系统提示邮件发送成功

2. 发送附件

我们可以将电子邮件附件理解为在信封内的小信件，用来说明或者提供材料用的。一般，长篇幅的文档或者应用程序、图片、声音文件、视频文件等内容，均可以通过附件来发送。

发送附件的具体操作步骤如下所示。

操作步骤

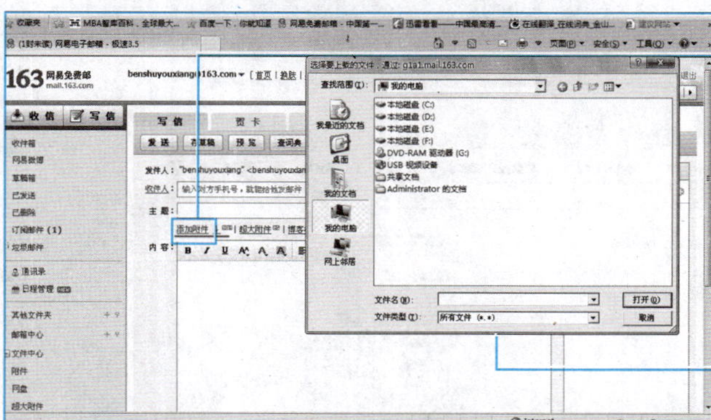

1 单击“添加附件”链接

2 弹出“选择要上载的文件”对话框

视野拓展

电子邮件的收件人可以是多个人，多个接收对象的地址之间要用逗号分隔开来。

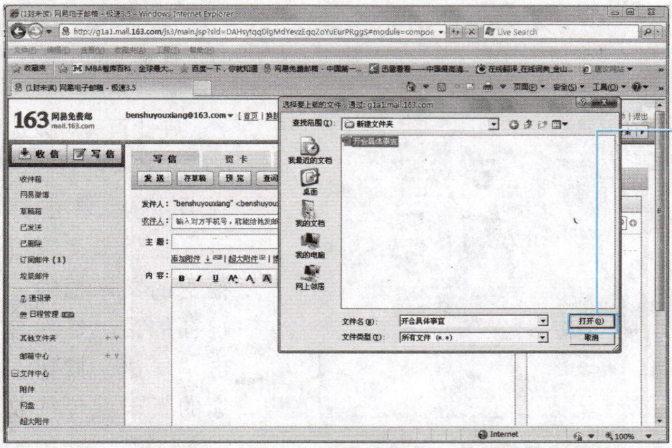

3 在对话框中选择要添加的附件，单击“打开”按钮

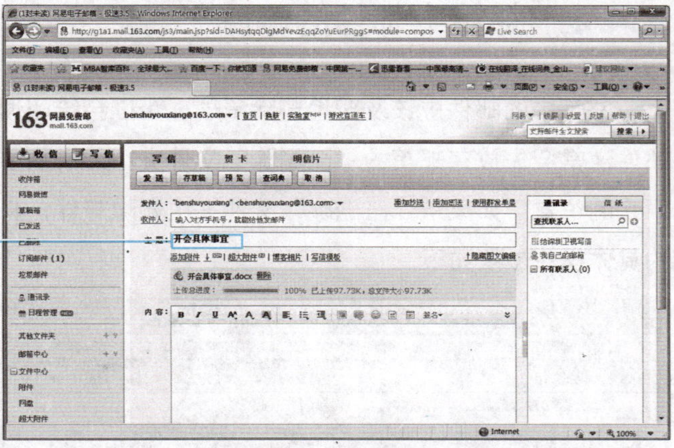

4 附件就会自动上传至要发送的电子邮件中

小提示： 如果要添加多个附件，则多次单击“添加附件”链接即可。

3. 发送贺卡

网站中的贺卡不仅景美、而且还具有背景音乐，使用它传情达意不仅直接，而且浪漫温馨。发送贺卡的具体操作步骤如下所示。

操作步骤

1 进入邮箱之后，单击“贺卡”按钮，即可进入撰写贺卡的界面

视野拓展

发送电子邮件的时候，单击“保存到草稿夹”按钮，则可将邮件保存到草稿夹而不发送。

2 在此处用户可以选择贺卡的类型

3 在此页面可以选择贺卡的样式，选择好后单击即可，在贺卡底下祝福语的文本框输入祝福的话。然后单击“发送”按钮，你的贺卡就传往收件人邮箱了

5.4.3 邮箱中邮件的删除

操作步骤

邮箱中的邮件应该及时地删除清理，否则会给阅读新邮件带来不便。删除的邮件通常会先放在邮箱的“已删除”文件夹中，有需要的话，可以再将其还原到原来的位置。如果从“已删除”文件夹中删除邮件，将不可以再恢复。删除邮件的具体操作步骤如下。

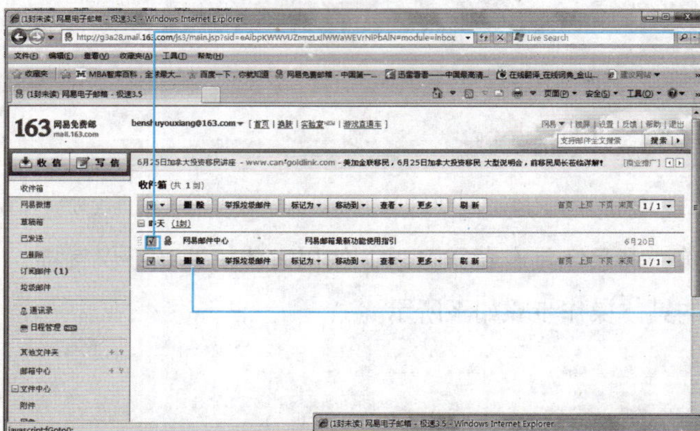

1 打开网站，登录邮箱。单击要删除邮件前面的小方块，然后就会出现一个小黑勾

2 单击“删除”按钮，即可将其删除

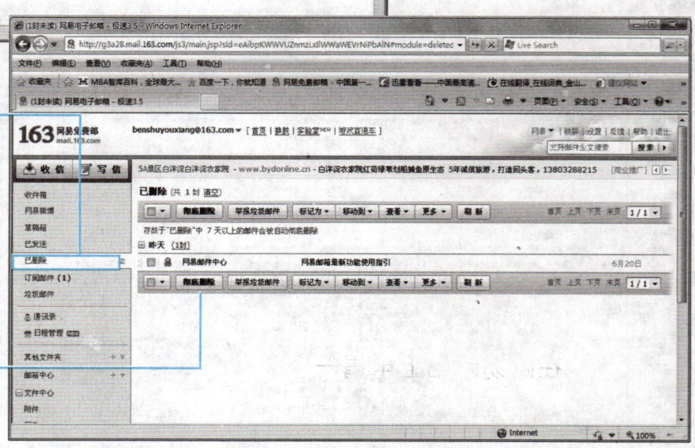

3 单击左边的“已删除”，即可进入邮箱的删除信件页面

4 单击“彻底删除”按钮，即可将刚删除的邮件从邮箱清除干净

视野拓展

在使用电子邮箱的时候，很难记住其他人的邮箱地址，但是通过通讯录，我们就可以轻松记录邮箱地址。

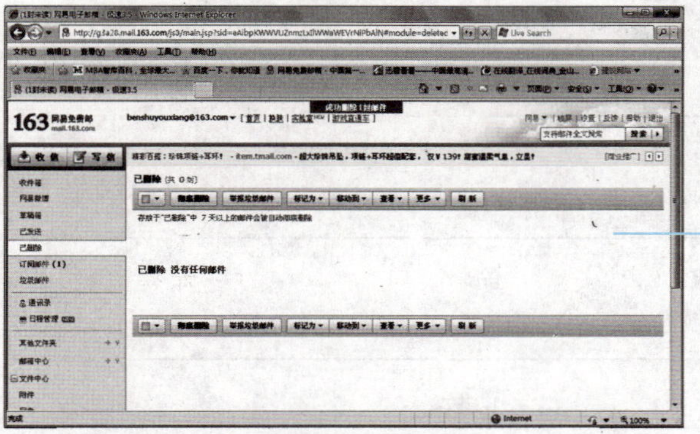

5 邮箱中已无刚彻底删除的邮件

5.5 本章小结

本章主要讲解电子邮箱的知识，包括电子邮件的基础知识、网络上常见的电子邮箱以及如何使用电子邮箱收发电子邮件等。通过本章的学习，读者应该掌握如何在网站上申请免费的邮箱、如何接收邮件以及如何使用电子邮箱发送附件和发送贺卡，以及删除邮件等操作。

5.6 趁热打铁

现在用本章学到的知识解决下面的问题。

5.6.1 选择题

1. 对于应用程序、图片、声音文件等可以（　　）。

A. 直接发送　　B. 作为附件发送

C. 在指定的网站上发送　　D. 电子邮件不能发送除文字以外的邮件

2. 在电子邮件中可以插入（　　）。

A. 图片　　B. 音频　　C. HTML　　D. 超链接

3. 发送电子邮件的发送服务器是（　　）。

A. INAP　　B. SMTP　　C. POP3　　D. HTTP

4. 电子邮件的主要特点有（　　）。

A. 收发方便　　B. 费用低　　C. 容易损坏　　D. 速度快

5.6.2 实践题

1. 在网易网站上申请一个免费的邮箱。

2. 使用自己申请的邮箱发送以及接收电子邮件。

视野拓展

邮箱的相关设置根据邮箱的不同而有所区别，请根据自己的邮箱进行相关的设置。

读书笔记

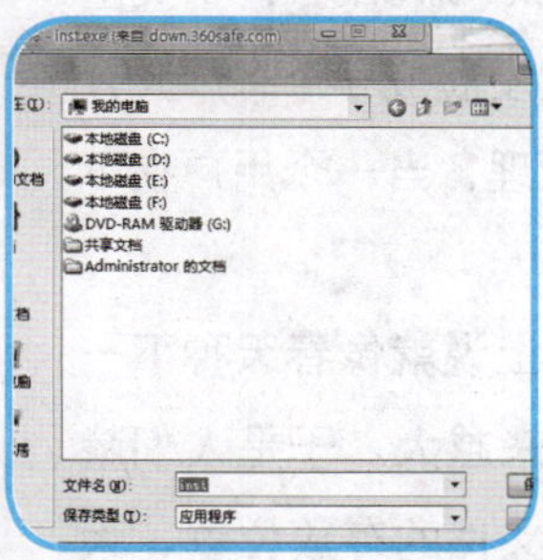

第6章 网络资源下载

本章导读

在网络资源如此丰富的今天，用户们难免想把好的网络资源“据为己有”。下载工具的出现不仅大大地提高了网络资源的下载速度，而且让人们能够更加方便、快速、准确地拥有网上的信息资源。

本章学习目标

- 了解常用的下载方式
- 熟悉下载工具的使用

本章学习重点

- 学会使用一种下载工具

6.1 常用网络下载方式

从网上下载资源的方式很多，目前比较常见的有HTTP下载、FTP下载、BT下载、P2P下载等。

6.1.1 HTTP下载

HTTP下载是指通过网站服务器进行资源下载。使用较为普遍的HTTP下载工具有迅雷（Thunder），网际快车（FlashGet）等。

小提示：BT种子是一种电脑文件，大小在1KB～500KB左右，后缀名Torrent。装有BT下载必须的文件信息，作用相当于HTTP下载里的URL连接。

6.1.2 BT下载

BT是一种互联网上新兴的的P2P传输协议，全名叫“BitTorrent”，中文全称“比特流”，最初的创造者是Bram Cohen，现在则独立发展成一个有广大开发者群体的开放式传输协议。其采用了多点对多点的传输原理，当一个用户在下载时同也在上传所下载的资源。

BT种子是一个形象的比喻。BT下载的原理从某种意义上说就像春天种下一粒种子，到了秋天就会收获万粒稻菽一样的滚雪球般的越来越大。于是人们就把发出下载文件的人叫做种子。而种子文件就是记载下载文件的存放位置、大小、下载服务器的地址、发布者的地址等数据的一个索引文件。这个种子文件并不是你最终要下载的东西（如电影、软件等），但是要下载你需要的东西，就必须先下载种子文件。种子文件的扩展名是.torrent。下图显示的就是一种BT种子。

视野拓展

断点续传允许用户从上次断掉的地方开始继续未完成的传送。

6.1.3 FTP下载

FTP 是File Transfer Protocol（文件传输协议）的英文简称，而中文简称为“文传协议”。用于Internet上的控制文件的双向传输。同时，它也是一个应用程序（Application）。用户可以通过它把自己的PC机与世界各地所有运行FTP协议的服务器相连，访问服务器上的大量程序和信息。FTP的主要作用就是让用户连接上一个远程计算机（这些计算机上运行着FTP服务器程序）查看远程计算机有哪些文件，然后把文件从远程计算机上复制到本地计算机，或把本地计算机的文件送到远程计算机去。

6.1.4 P2P下载

P2P是英文Peer-to-Peer（对等）的简称，又被称为“点对点”。“对等”技术，是一种网络新技术，依赖网络中参与者的计算能力和带宽，而不是把依赖都聚集在较少的几台服务器上。

P2P下载就是用户可以直接连接到其他用户的计算机交换文件，而不是像过去那样连接到服务器去浏览与下载。

6.2 常用网络资源下载工具

下载工具的出现使我们获得网上的资源更加快捷。常用的网络下载工具有迅雷、网际快车等。

6.2.1 使用IE浏览器下载

IE浏览器的功能十分强大，除使用IE浏览器进行网页浏览、搜索功能之外，也可以使用IE浏览器直接进行网上资源的下载。

在没有安装其他下载工具的时候，可以通过IE浏览器直接进行下载。具体的操作步骤如下所示。

视野拓展

单击下载超链接之后，有些网站还会打开另一个网页，要求选择下载站点超链接，选择的站点最好是本地位置，这样可以提高下载的速度。

操作步骤

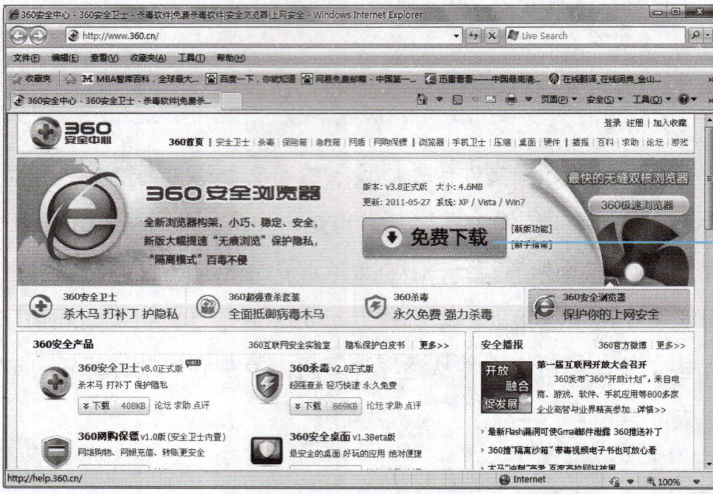

1 在IE浏览器中打开需要下载的资源所在的网页，单击“免费下载”按钮

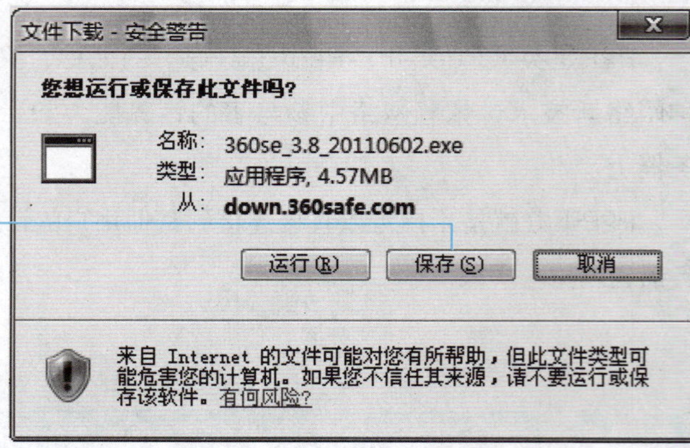

2 弹出“文件下载”对话框中，单击“保存”按钮

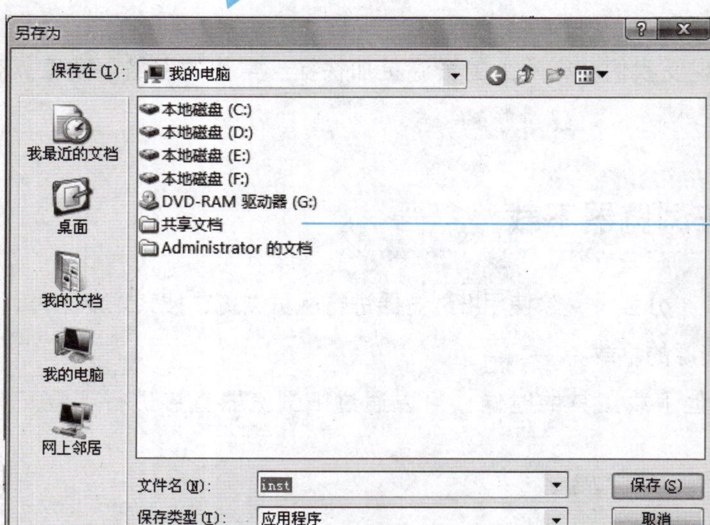

3 弹出“另存为”对话框，选择下载文件在电脑中要存放的位置。单击“保存”按钮

视野拓展

Internet上可供下载的资源大多是以超链接的形式提供在网页上，这些资源可以通过IE浏览器的下载功能下载到本地电脑中。

4 IE开始直接下载文件。下载完成后，系统会给出下载完毕的提示

很多人都喜欢采用在文件链接上单击鼠标右键选择“目标另存为”的方式进行下载，如下图所示。

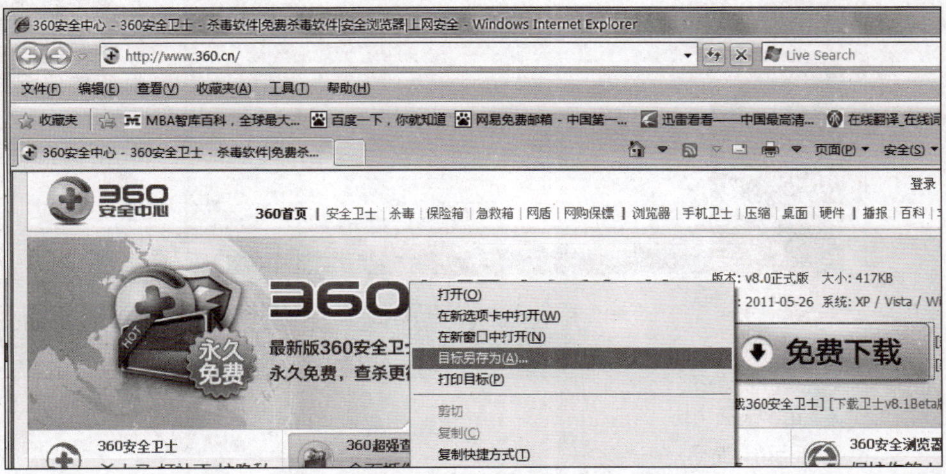

通常这种方式和直接单击链接效果相同，但是要特别注意一个问题，现在很多提供软件下载的网站都有防盗链功能，因此直接使用“目标另存为”的方法可能无法成功下载。经常是，明明想下载的是一个EXE文件，可是一旦“目标另存为”之后就变成了一个HTML文件。对于这种情况，一般没有特别有效的应付方法，建议最好通过“免费下载”方式进行下载。

6.2.2 迅雷下载

迅雷是Internet上最流行的下载软件之一，作为“宽带时期的下载工具”，迅雷针对宽带用户做了特别的优化，能够充分利用宽带上网的特点，带给用户高速下载的全新体验。

迅雷7现在是迅雷网络技术公司的最新产品，是一款新型的基于多资源超线程技术的下载软件，作为“宽带时期的下载工具”，迅雷针对宽带用户做了特别的优化，能够充分利用宽带上网

视野拓展

现在一般的下载工具都会在桌面上显示悬浮窗口，用户可以更直观地观察到下载的进度。

的特点，带给用户高速下载的全新体验！同时，迅雷推出了“智能下载”的全新理念，通过丰富的智能提示和帮助，让用户真正享受到下载的乐趣。

迅雷7在UI界面和性能上有了巨大的改进和提升。在界面方面，提供了华丽的外观，用户可以自由的切换配色方案或者自定义自己的个性化配色，甚至可以自由地拖放入一张自己的图片，而迅雷7会自动提取背景图特征色的方式让整个界面的风格保持一致。

下面就介绍如何使用迅雷软件来下载网络资源。

操作步骤

1 用户可以方便地在迅雷在线（www.xunlei.com）网站下载到迅雷软件，并将其安装到电脑中，运行后它的主界面如图所示，单击主程序界面中的“新建”按钮

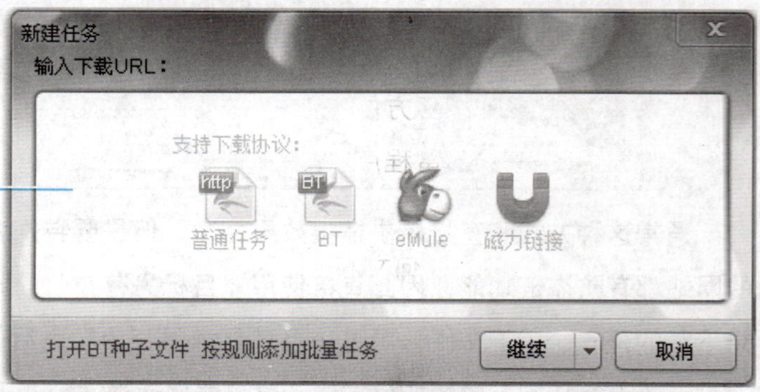

2 程序显示的界面如图所示，提示用户输入下载文件的地址

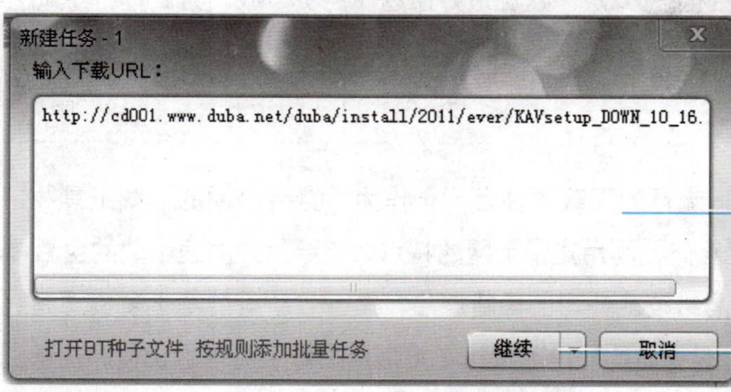

3 在下载地址输入栏输入文件的下载地址

4 单击“继续”按钮

视野拓展

HTTP与RTSP相比，HTTP传送HTML，而RTSP传送的是多媒体数据。

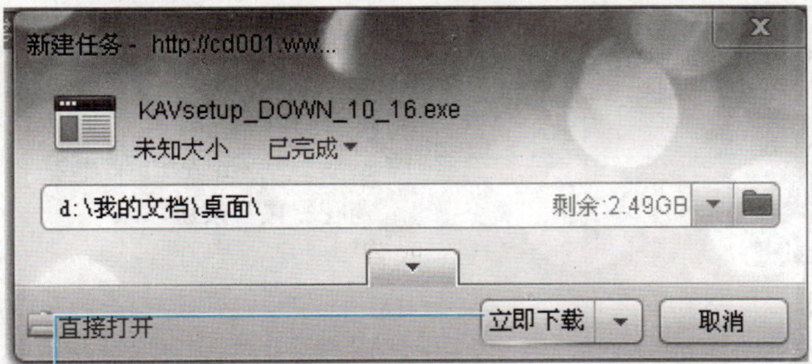

5 程序显示的界面如图所示，单击此按钮可以更改文件存储的路径

6 单击“立即下载”的按钮

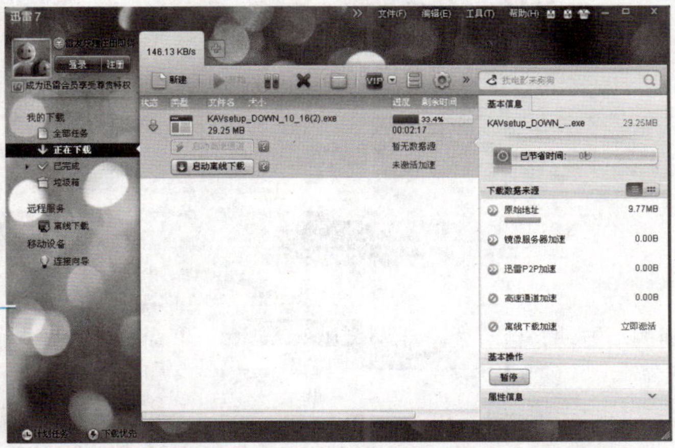

7 程序开始自动下载用户所需要的网络资源

以上下载文件的方法其实不是最优的，用户往往还需要找到文件的下载地址才可以开始下载，既不方便也很花费时间。最简单的下载方式是用户单击文件的下载链接之后，迅雷程序就自动启动开始下载文件。下面就介绍一种方法来实现。

这样以后用户单击任何文件的下载链接之后，迅雷程序就会自动启动开始下载文件。

操作步骤

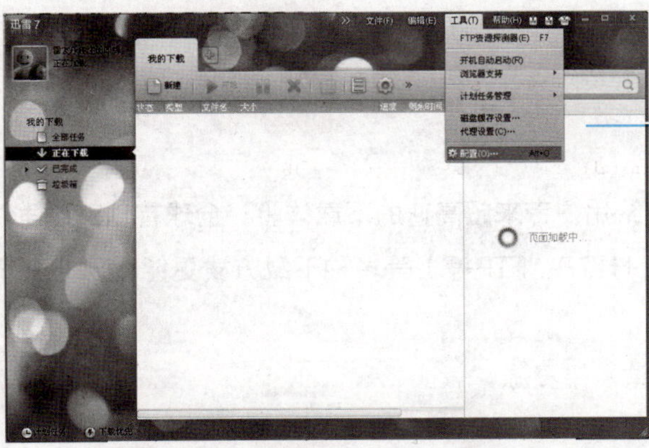

1 单击迅雷软件的图标，启动主程序，单击“工具”菜单栏下的“配置”命令

视野拓展

HTTP请求由客户机发出，服务器作出响应。

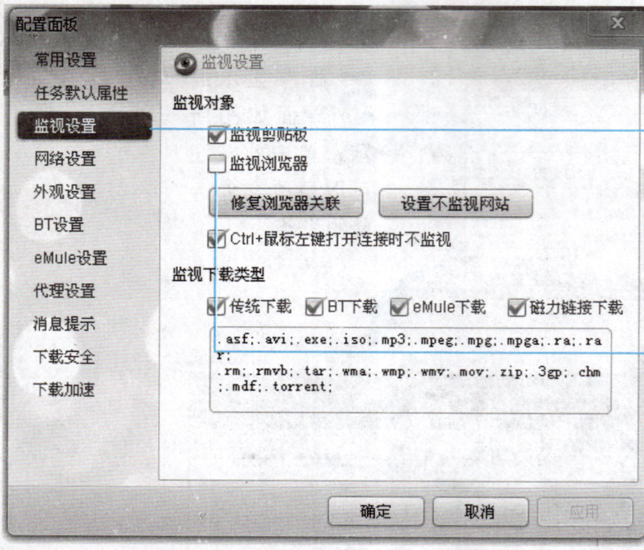

2 进入程序的配置面板之后，单击左边菜单栏的“监视配置”按钮

3 找到“监视浏览器”的按钮

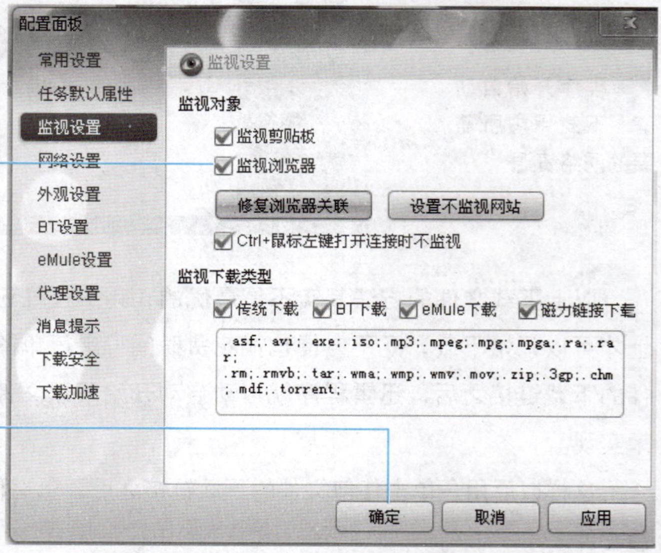

4 单击选项前面的小方块，会出现一个小绿勾

5 单击“确定”按钮

6.2.3 快车下载

快车采用基于业界领先的MHT下载技术给用户带来超高速的下载体验；全球首创SDT插件预警技术充分确保安全下载；兼容BT、传统（HTTP、FTP等）等多种下载方式更能让您充分享受互联网海量下载的乐趣。

下面就介绍如何使用网际快车软件来下载网络资源。

视野拓展

使用RTSP时，客户机和服务器都可以发出请求，即RTSP可以是双向的。

操作步骤

1 安装网际快车

2 运行网际快车，打开主界面

3 单击主程序界面中的“新建”按钮

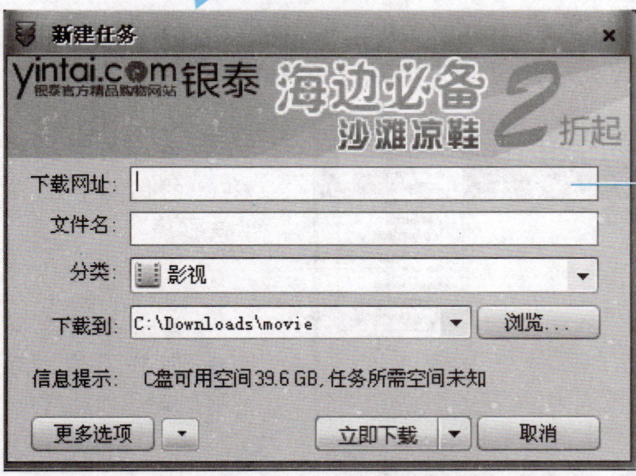

4 弹出“新建任务”对话框，提示用户输入下载文件的地址

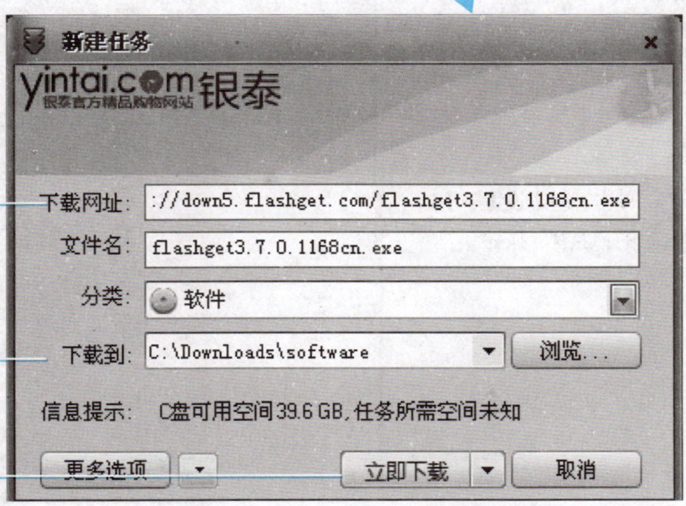

5 在下载网址输入栏输入文件的下载地址。

6 单击“浏览”按钮可以更改文件存储的路径。

7 单击“立即下载”按钮

视野拓展

对于IE浏览器，Flashget还支持一次拖放多个链接的操作。

8 程序就开始自动下载用户所需要的网络资源

以上下载文件的方法也不是最优的，用户往往还需要找到文件的下载地址才可以开始下载。最简单的下载方式是用户单击文件的下载链接之后，网际快车程序就自动开始下载文件。实现的方法类似于迅雷的设置，下面就介绍一下这种方法。

操作步骤

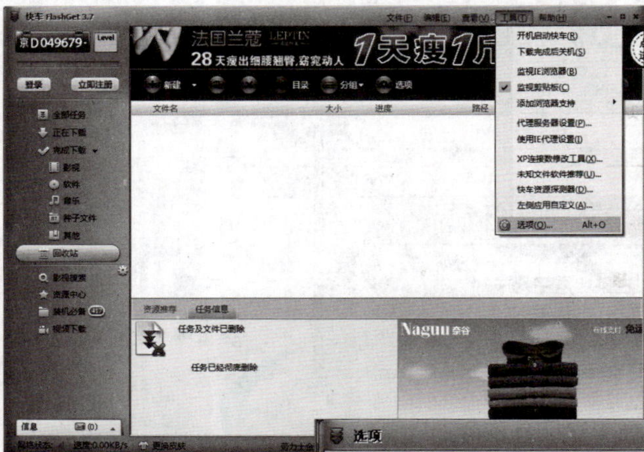

1 单击快车软件的图标，启动主程序

2 单击“工具”菜单栏下的“选项”按钮

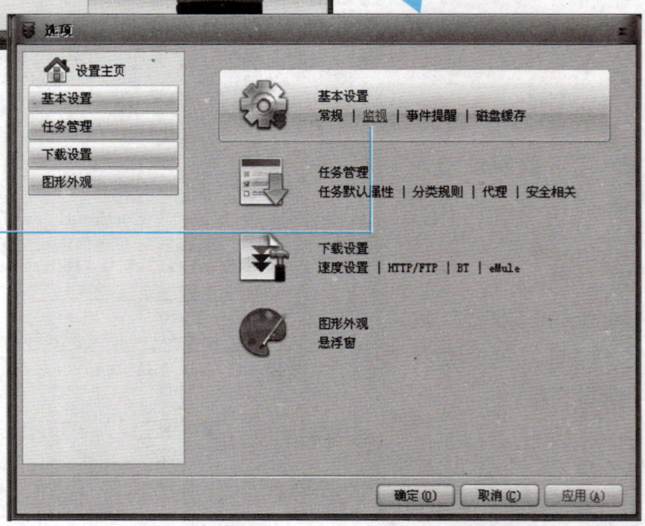

3 单击“基本设置”下的“监视”按钮

视野拓展

如果有的网站限制连接线程和等待重复时间，把文件分成1段下载即可。

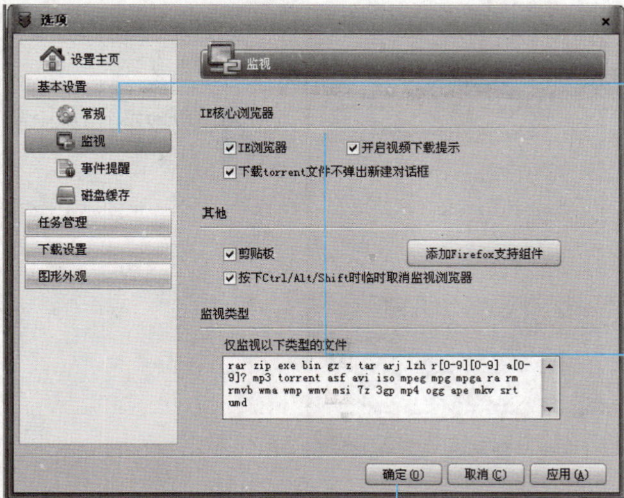

4 单击“监视”的设置项

5 单击“IE核心浏览器”选项前面的小方块之后，出现一个小黑勾

6 单击“确定”按钮。以后用户单击任何文件的下载链接之后，网际快车程序就会自动启动开始下载文件

下面介绍利用网际快车进行BT下载的方法。

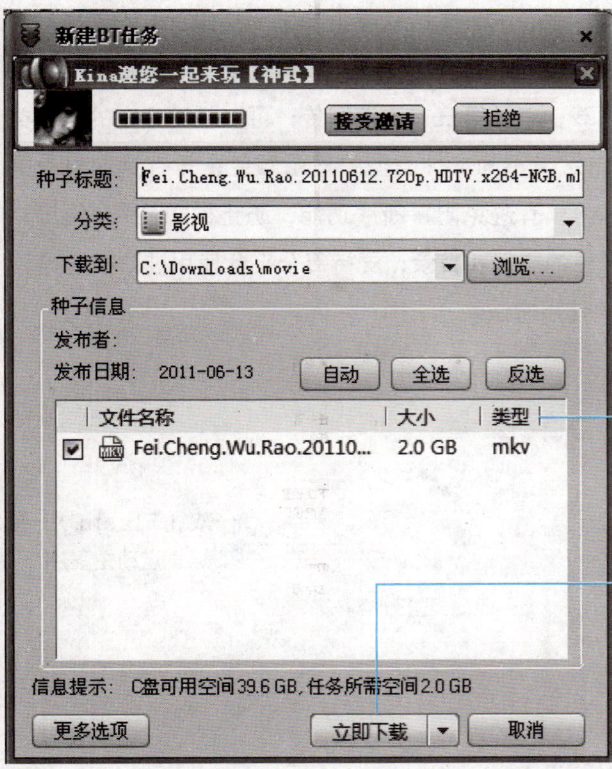

操作步骤

1 在网上找到BT种子

2 直接双击BT种子或者把BT种子拖进快车主程序界面，程序会立刻给出新建BT任务下载的提示信息

3 单击“立即下载”按钮

视野拓展

现在大部分的图库网站基本上都采用小缩略图的形式来展示图片，单击缩略图即可看到相应的图片，图片一般为.jsp格式。

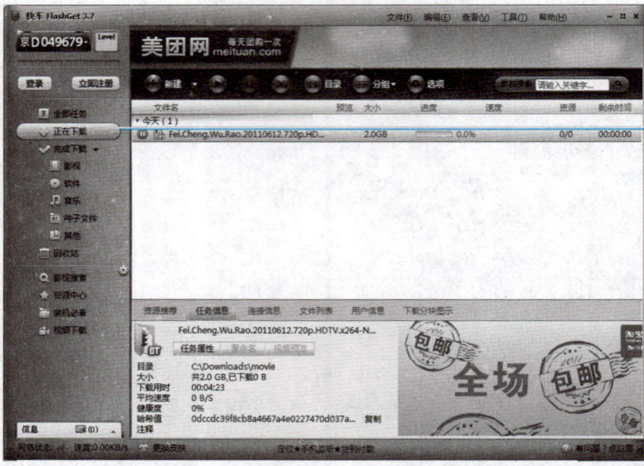

4 程序开始自动下载BT文件

6.3 FTP下载

FTP下载需要借助辅助的工具，用的工具有CuteFTP、FlashFTP、FlashFXP等。本小结重点介绍下FlashFXP工具的使用方法。

FlashFXP是一款功能强大的FXP/FTP软件，集成了其他优秀的FTP软件的优点，如和CuteFTP的目录比较，FlashFXP支持彩色文字显示；如BpFTP支持多目录选择文件，暂存目录；又如LeapFTP的界面设计。支持目录（和子目录）的文件传输，删除；支持上传，下载，以及第三方文件续传；可以跳过指定的文件类型，只传送需要的本件；可自定义不同文件类型的显示颜色；暂存远程目录列表，支持FTP代理及Socks 3&4；有避免闲置断线功能，防止被FTP平台踢出；可显示或隐藏具有“隐藏”属性的文档和目录；支持每个平台使用被动模式等。

下面就介绍下FlashFXP的使用方法。

操作步骤

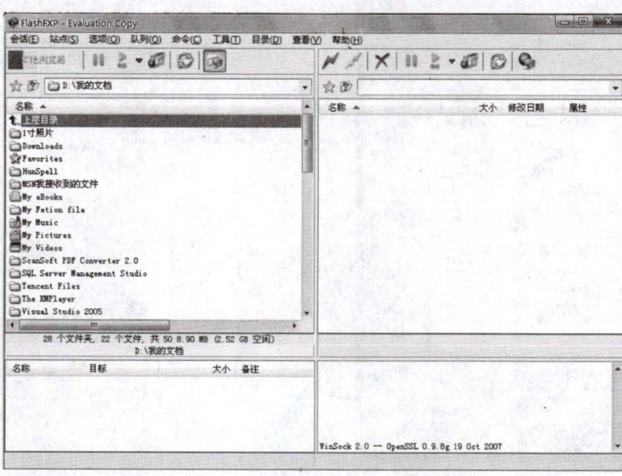

1 双击FlashFXP图标，启动主程序

视野拓展

由于BT的下载原理，刚打开的BT不一定马上能连上其他的下载者和种子，下载速度也是逐渐增加的。

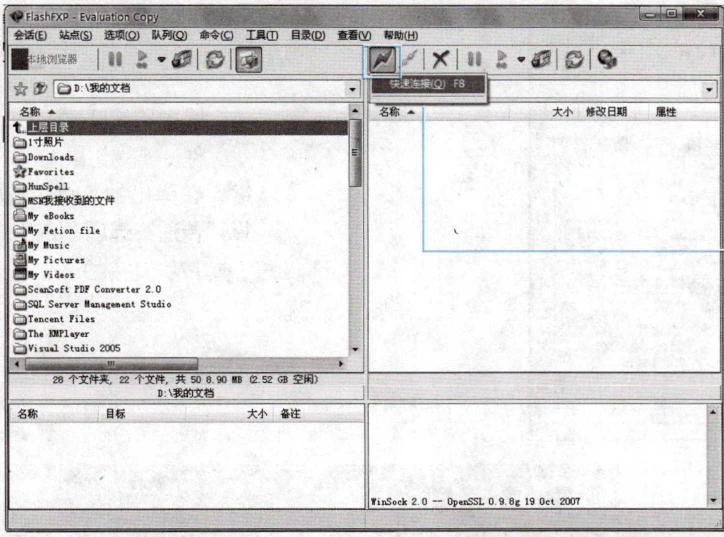

2 单击右侧顶部的闪电图标，选择“快速连接”，连接到FTP服务器

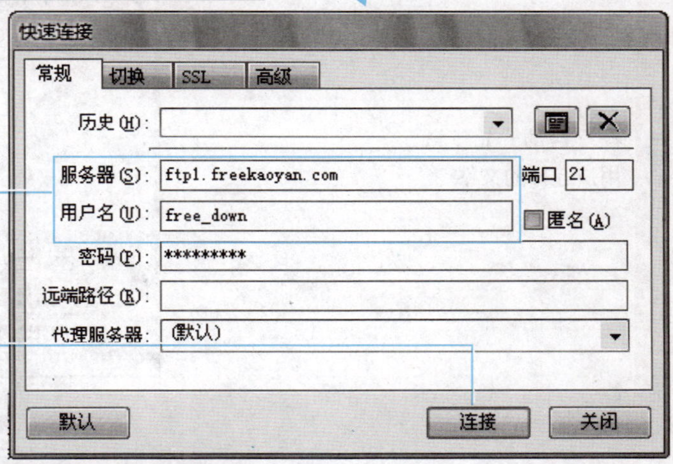

3 在“快速连接”界面，输入服务器地址、用户名和密码的信息

4 单击“连接”按钮

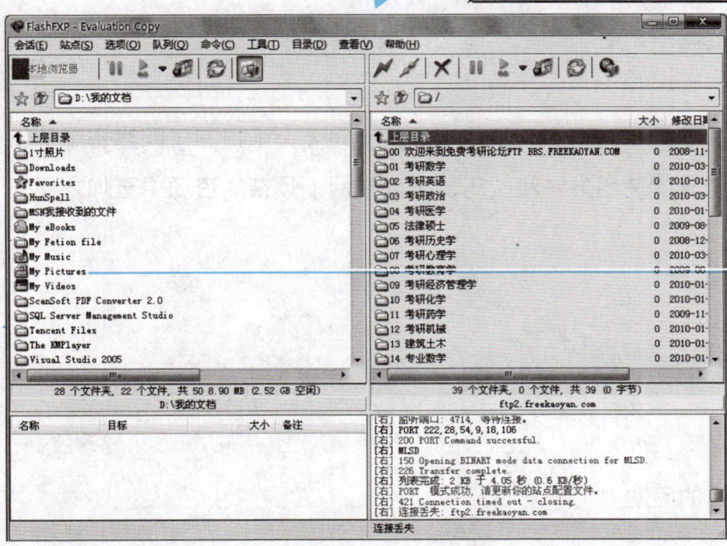

5 程序自动连接到FTP的服务器

视野拓展

迅雷7第一个正式版（版本号7.1.0.1960）于2010年10月17日正式发布。

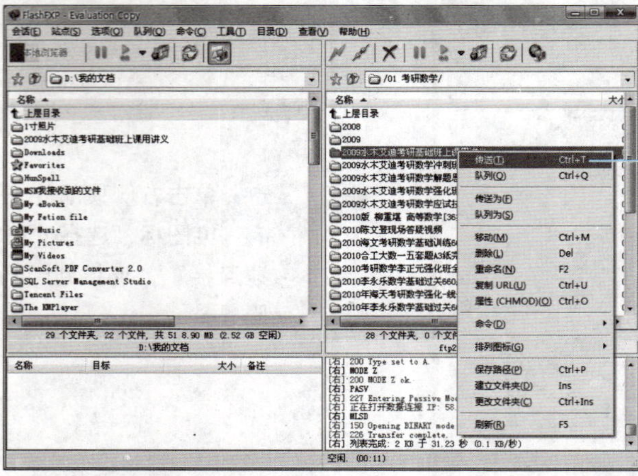

6 选中需要下载的文件，单击鼠标右键，在弹出的菜单中选择“传送”选项

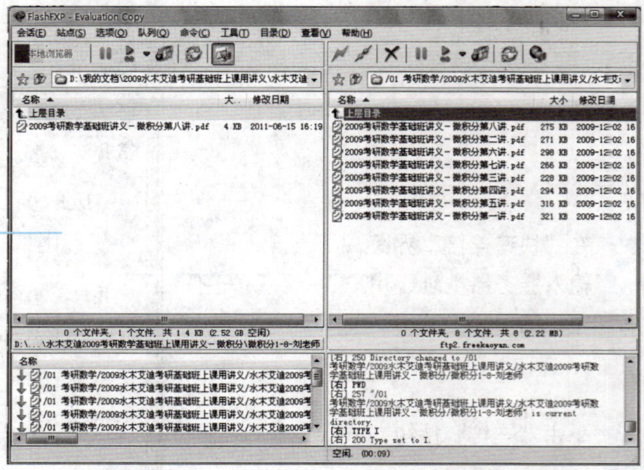

7 程序自动开始下载用户选择的文件

6.4 本章小结

上网的重要目的之一就是获取需要的信息资源，下载工具的出现大大地提高了网络资源的下载速度。熟练掌握一种或多种下载工具的使用方法和技巧，可以在网上烦杂的资源中更加方便、快捷、准确地下载有用的资源。

6.5 趁热打铁

现在用本章学到的知识解决下面的问题。

视野拓展

迅雷官方主页提供迅雷旗下所有软件的资源、服务、活动和在线观影等。

6.5.1 选择题

1.常见的网络下载方式有（　　）。

A. HTTP　　B. FTP　　C. SMTP　　D. ED2K

2. 在使用迅雷上传和下载文件的时候，按住（　　）键可以选中多个文件。

A. Shift　　B. Alt　　C. Tab　　D. Ctrl

3.（　　）是专门用来下载文件的软件。

A. Flash　　B. 迅雷　　C. Flashget　　D. 暴风影音

4. 具有资源探测功能的下载软件是（　　）。

A. BitTorrent　　B. 网际快车　　C. 迅雷　　D. Bitconet

6.5.2 实践题

1. 使用迅雷软件下载电影“建党伟业”。

2. 在Internet上搜索自己喜欢的电影，并使用BT软件进行下载。

视野拓展

迅雷手机版是一款手机高速下载客户端产品，该款软件也是中国第一款拥有手机下载领域核心技术以及知识产权的产品。

读书笔记

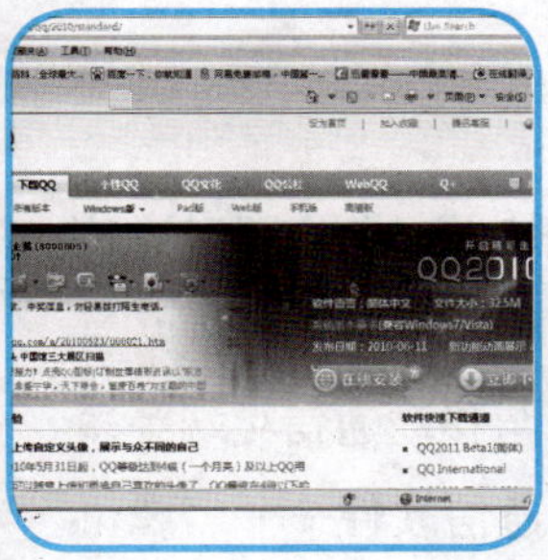

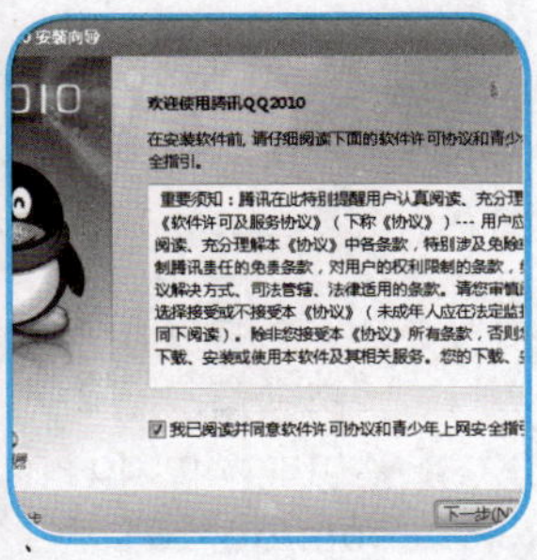

第7章 网上聊天交友

本章导读

网络聊天使天南海北的朋友打破了地域的限制，无论在任何地方的朋友都可以尽情地交流。几年以前，网上聊天仅限于用输入文字的方式来实现，而近几年，随着科技的发展、宽带的普及，以及电脑硬件配置的不断提高，出现了语音聊天和视频聊天等方式。本章将具体介绍几款目前比较常用的聊天软件以及BBS的应用。

本章学习目标

- 学会使用聊天软件
- 了解BBS

本章学习重点

- 学会使用聊天软件

7.1 常用聊天工具

现在聊天软件的功能越来越强大，品种也越来越多，包括QQ、MSN、新浪UC、阿里旺旺等。本节就介绍几款主流聊天软件的使用。

7.1.1 腾讯QQ

QQ是深圳市腾讯计算机系统有限公司开发的一款基于Internet的即时通信（IM）软件。腾讯QQ支持在线聊天、视频电话、点对点断点续传文件、共享文件、网络硬盘、自定义面板、QQ邮箱等多种功能。并可与移动通信终端等多种通信方式相连。1999年2月，腾讯正式推出第一个即时通信软件——“腾讯QQ”，QQ在线用户由1999年的2人到现在已经发展到上亿用户了，在线人数超过一亿。是目前使用最广泛的聊天软件之一。

1. 下载腾讯QQ

下载腾讯QQ的具体步骤如下所示。

操作步骤

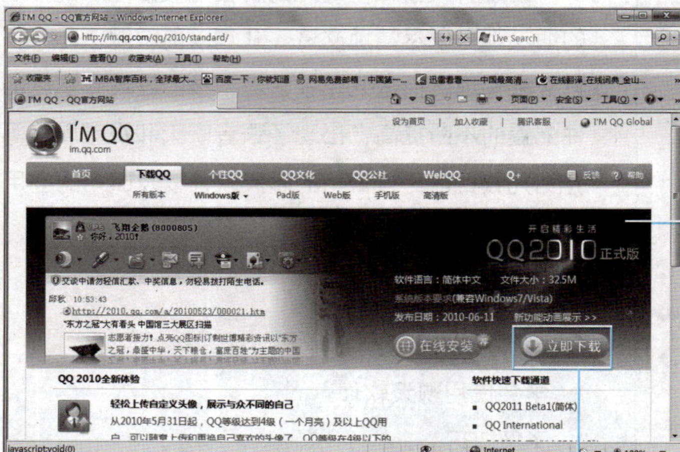

1 打开IE浏览器，在“地址栏”中输入http://im.qq.com/qq/2010/standard/，按Enter键，进入腾讯官方软件的网页

2 单击QQ2010正式版软件界面的“立即下载”按钮

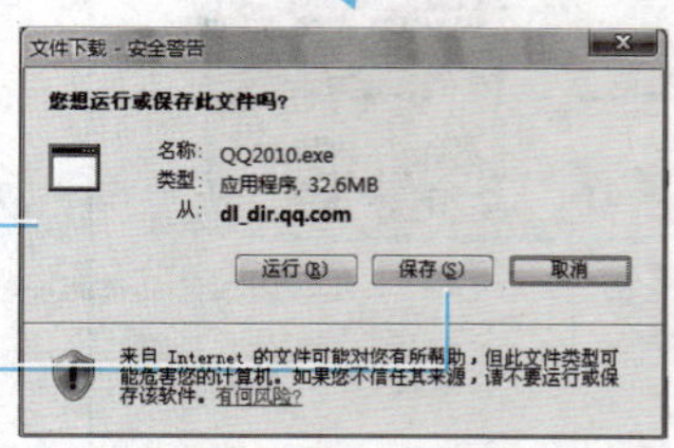

3 选择下载路径后，进入“文件下载”界面

4 单击“保存”按钮，开始下载

视野拓展

在线安装的特点是下载过程中无需安装任何插件。

2. 安装QQ软件

下面讲解安装QQ软件的操作方法。

操作步骤

1 单击安装程序

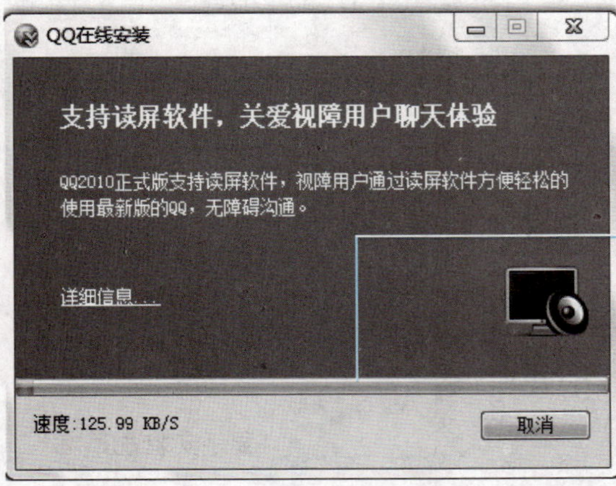

2 开始预安装

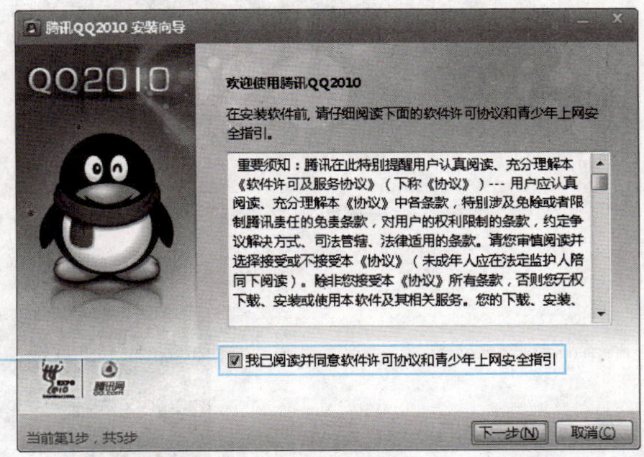

3 选择这一项，然后单击“下一步”按钮

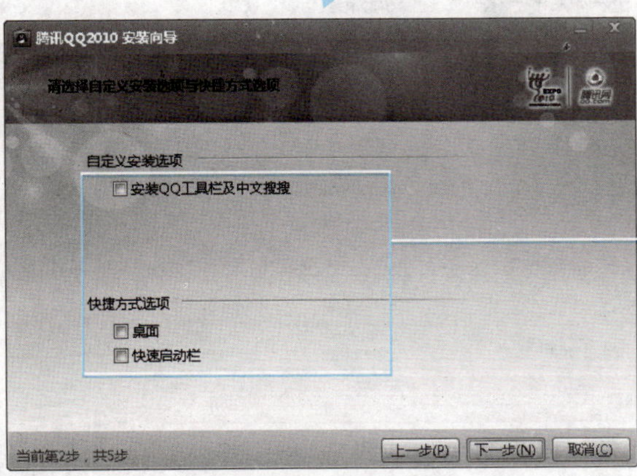

4 取消不需要的选项

视野拓展

用户拥有QQ号码之后，可以申请密码保护，使自己的账号更加安全。

5 选择安装的位置，然后单击“安装”按钮，开始安装

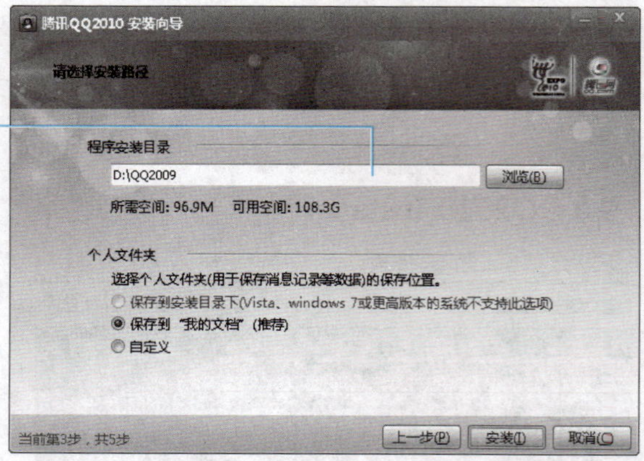

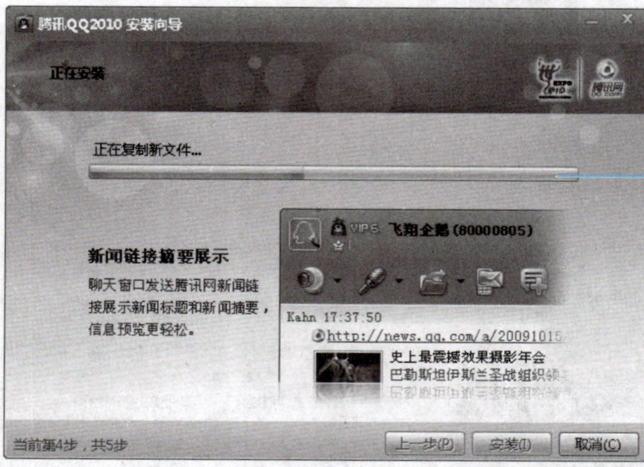

6 显示安装进度

7 只选择需要的选项，然后单击“完成”按钮，结束安装

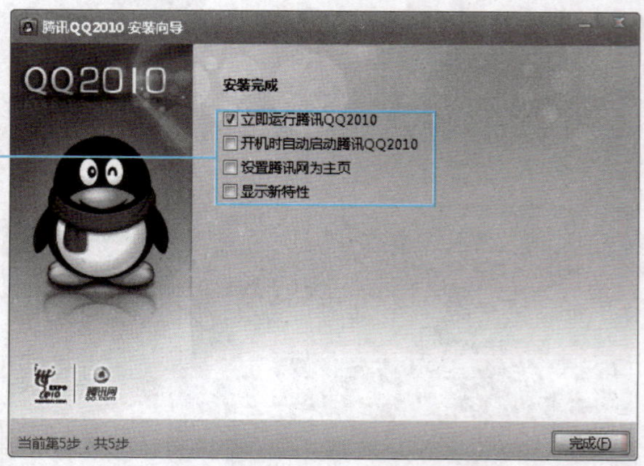

提示： 有一些默认安装的插件没有多大意义，为了节省空间可以将这些插件取消，不进行安装。

3. 免费申请QQ号

在网络上申请免费QQ号码的具体操作步骤如下所示。

视野拓展

QQ登录成功之后，会在电脑的任务栏中显示一个QQ的图标。

操作步骤

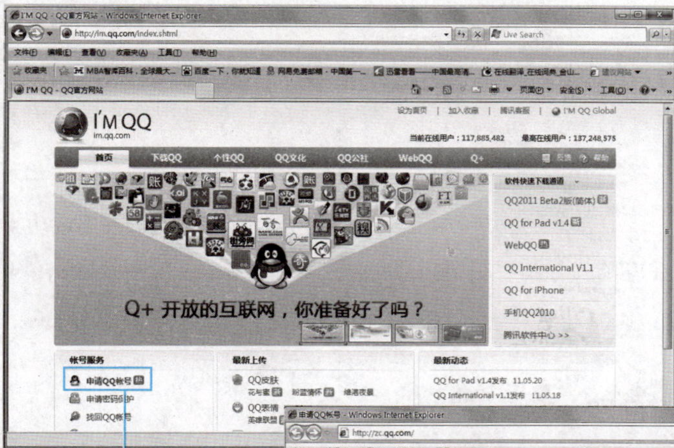

1 进入腾讯官方软件的网页

2 单击“申请QQ账号”链接

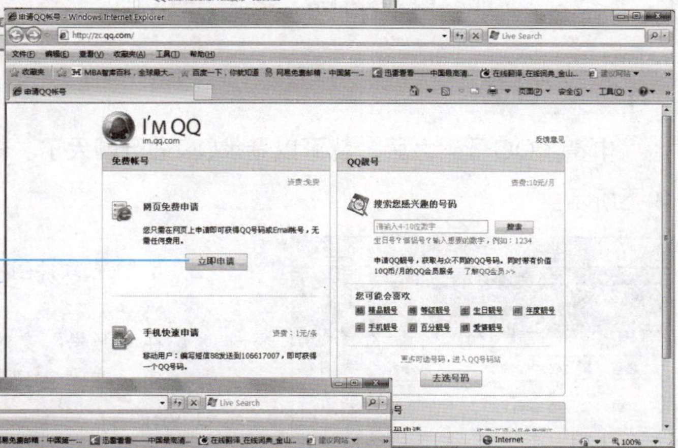

3 单击“立即申请”按钮

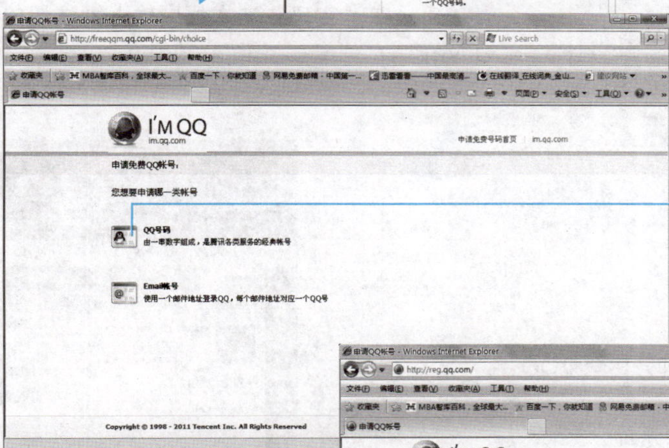

4 单击“QQ号码”链接

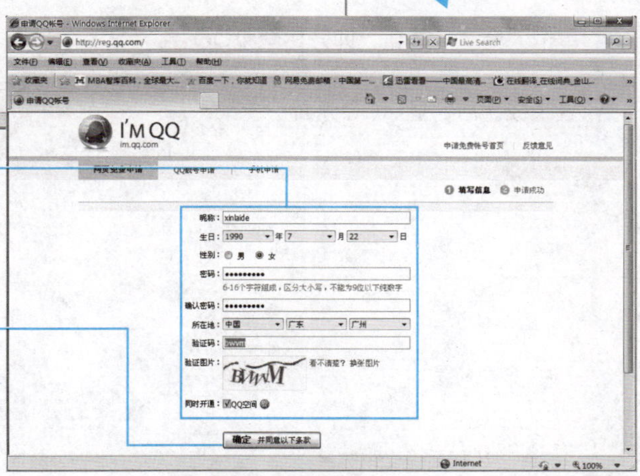

5 进入免费申请QQ号码的界面，按照提示填写信息

6 单击“确定并同意以下条款”按钮

视野拓展

在添加QQ好友的过程中，有的用户需要通过身份验证才能加为好友，当对方接受添加请求后，系统会自动返回一个消息提示。

7 QQ号码即注册成功

4. 登录QQ

申请了QQ号码之后，就可以登录QQ进行聊天了。登录QQ的具体操作步骤如下所示。

操作步骤

1 双击QQ软件图标，运行QQ软件

2 在“账号”文本框中输入刚注册的QQ号码，在“密码”文本框中输入刚注册的QQ密码

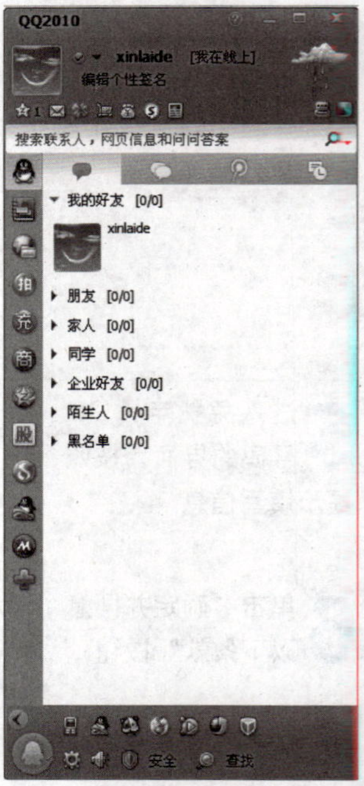

3 单击“登录”按钮，即开始登录QQ

4 登录成功后，显示QQ界面

视野拓展

MSN本身自动地建立了3个组，分别是“家人”、“朋友”和“同事”。

5. 添加好友

我们只有把要聊天的人添加为好友之后，才能与他聊天。添加好友的具体操作步骤如下所示。

操作步骤

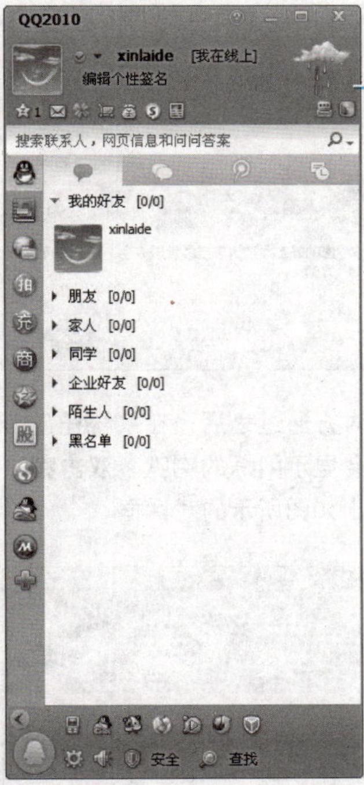

1 进入QQ界面

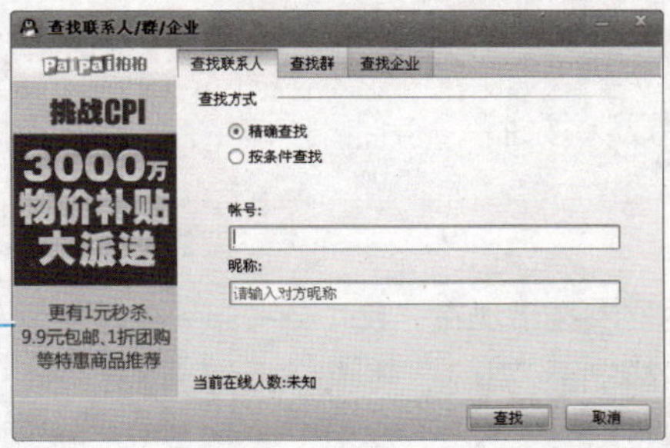

2 单击界面最底端的“查找”按钮

3 打开“查找联系人/群/企业”对话框

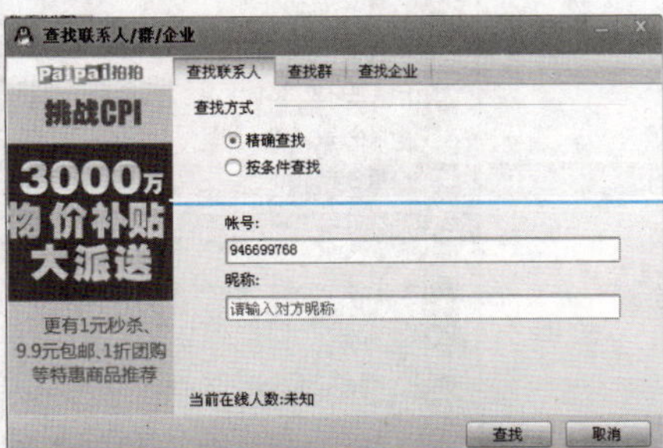

4 在该对话框中提供了多种查找和添加好友的方法，用户可以选择自己需要的选项查找好友。如果知道对方的QQ号码，则可以使用“精确查找”功能来查找好友。选中“精确查找”单选按钮，在“账号”文本框中输入对方的QQ号码

5 单击“查找”按钮

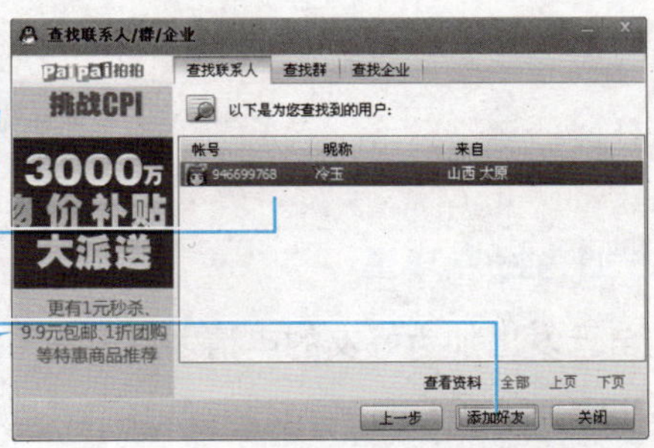

6 即可查找到设定的好友

7 单击“添加好友”按钮

视野拓展

MSN也具有传送文件和语音视频的功能，其使用方法和QQ大同小异。

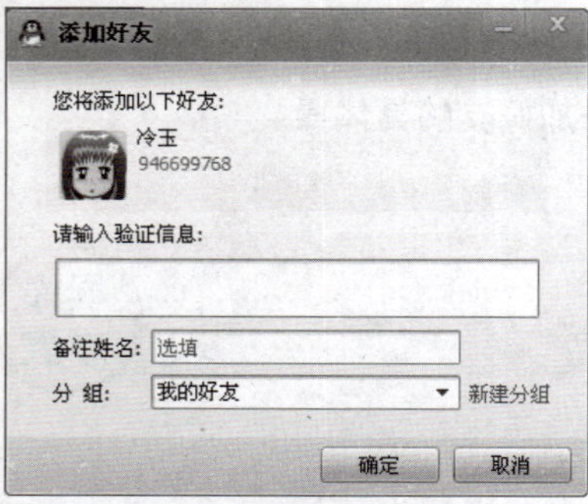

8 打开“添加好友”对话框

9 输入验证信息。如“我是飞飞”，让对方知道你是谁

10 单击“确定”按钮

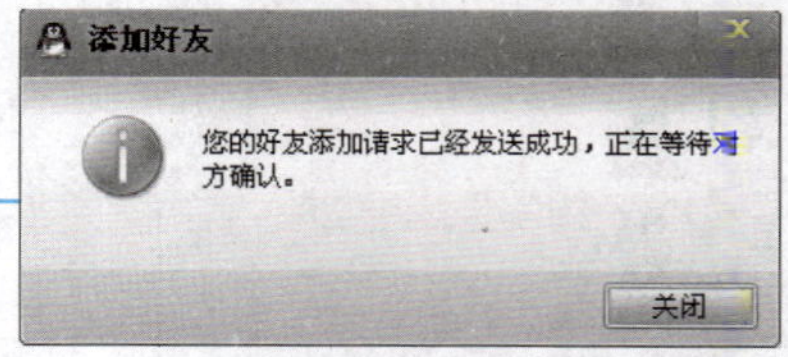

11 申请添加好友的请求会自动发送出去，等待对方通过

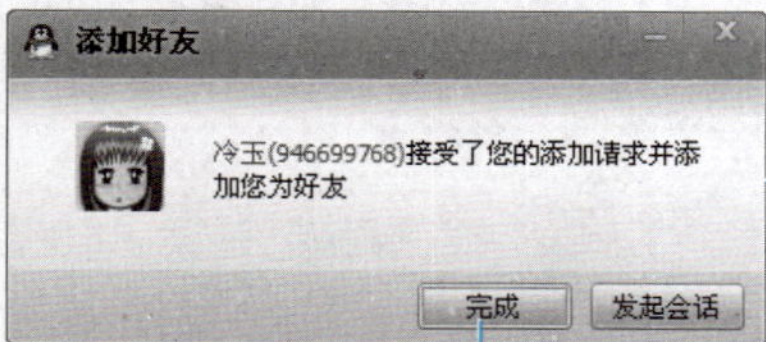

12 对方通过之后，在系统托盘中会显示闪烁的喇叭。双击喇叭图标，弹出如图所示的对话框

13 单击“完成”按钮

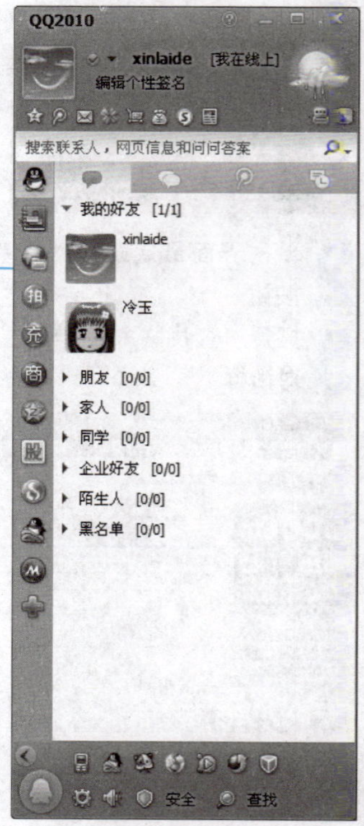

14 刚添加的网友会出现在“我的好友”栏中

6. 审核对方加为好友申请

当有好友向自己发出加为好友的申请之后，在系统托盘中会显示闪烁的喇叭，等待用户的审核。具体的操作步骤如下所示。

视野拓展

UC拥有动态更新的功能，如果UC版本低于目前服务器的版本，UC将会自动更新到最新版本。

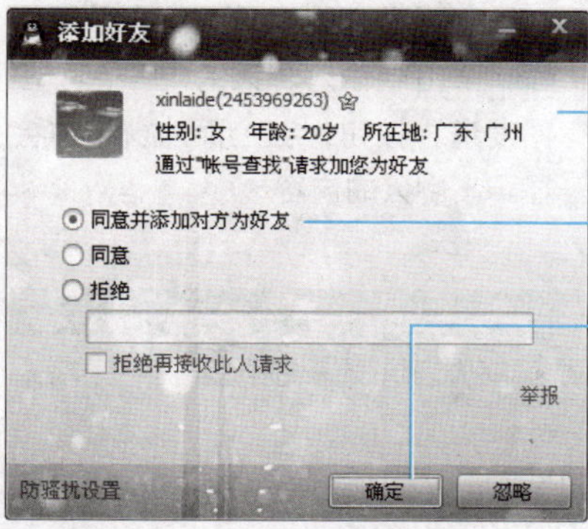

1 单击系统托盘中的小喇叭，出现如图所示的界面

2 单击“同意并添加对方为好友”单选按钮

3 单击“确定”按钮

操作步骤

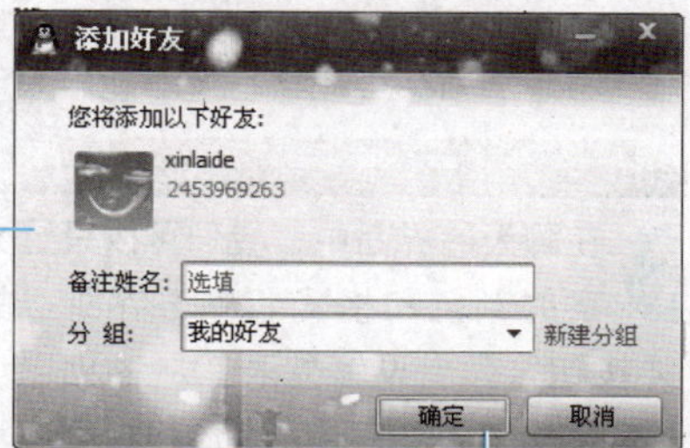

4 出现如图所示的对话框

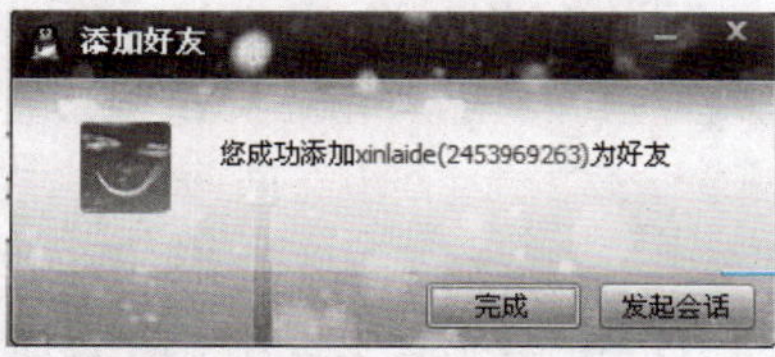

5 单击“确定”按钮

6 出现如图所示的对话框，单击“完成”按钮之后，即可完成好友的添加

7. 和好友聊天

和自己添加的好友聊天的操作步骤如下所示。

操作步骤

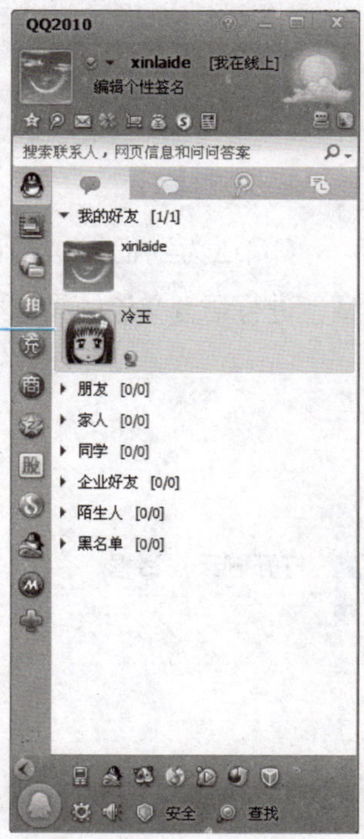

1 如果想与好友聊天，则双击好友的头像

视野拓展

1999年2月，腾讯正式推出第一个即时通讯软件——腾讯QQ，QQ在线用户由1999年的2人（指马化腾和张志东）到现在已经发展到上亿用户。

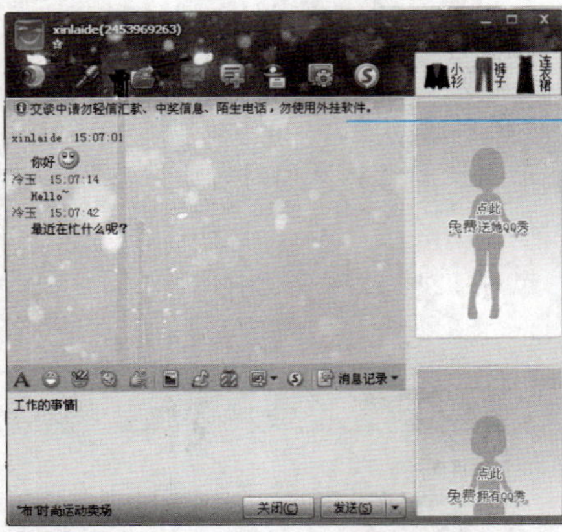

2 双击弹出聊天界面。在下面的窗格中输入聊天的内容，单击“发送”按钮，在上面的窗格中会显示出聊天的内容

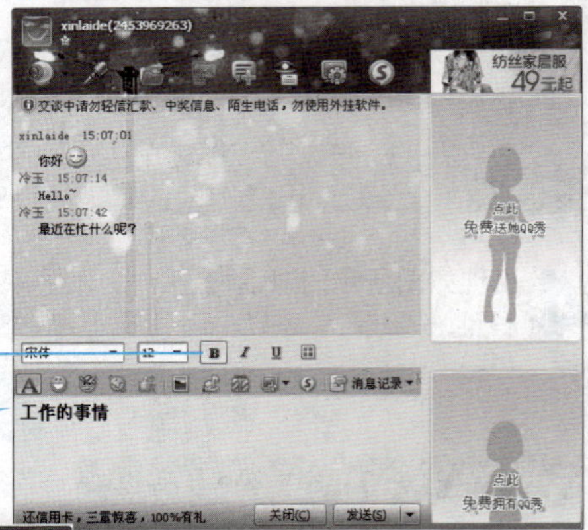

3 在聊天的界面中，我们可以设置文字的颜色和格式。单击界面上的A按钮，弹出设置列表，从中可以设置文字的字体、字号、字形和颜色

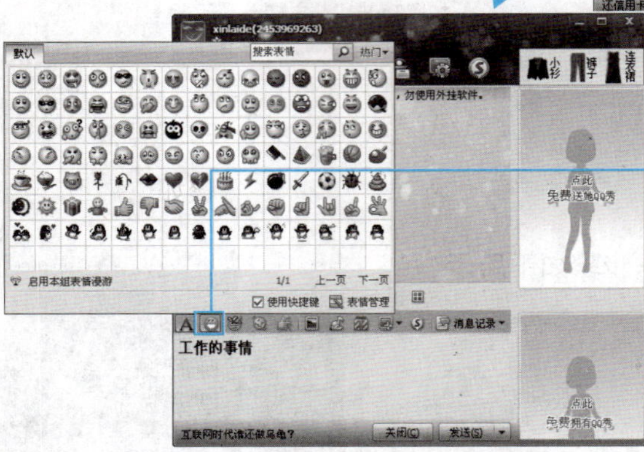

4 我们还可以给对方发送表情，单击界面上的☺按钮，弹出选择符号的列表，从中选择表情发送给对方

8. 语音聊天

QQ还为我们提供了语音聊天功能，只要有耳麦，就可以与对方在网上说话，进行语音交流的具体操作步骤如下所示。

操作步骤

1 打开聊天对话框

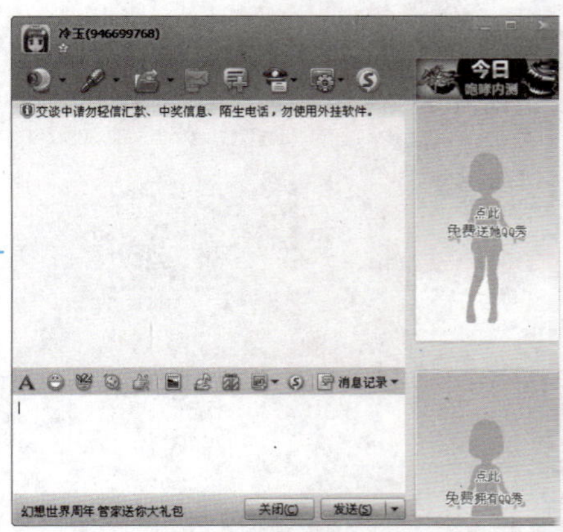

视野拓展

腾讯公司成立于1998年11月，是目前中国最大的互联网综合服务提供商之一，也是中国服务用户最多的互联网企业之一。

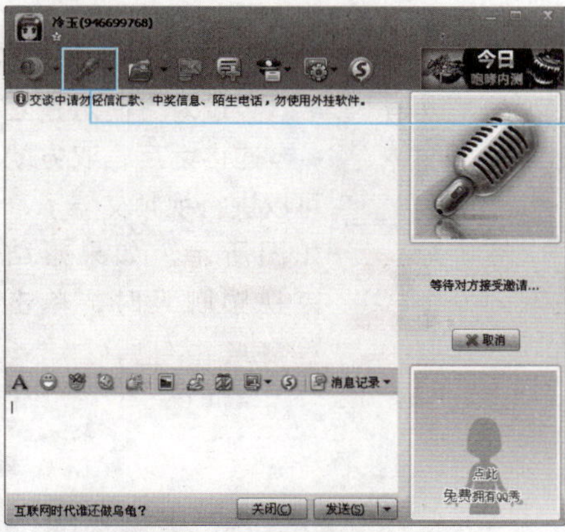

2 单击“语音聊天”按钮，此时页面的右边会出现一个话筒的图形

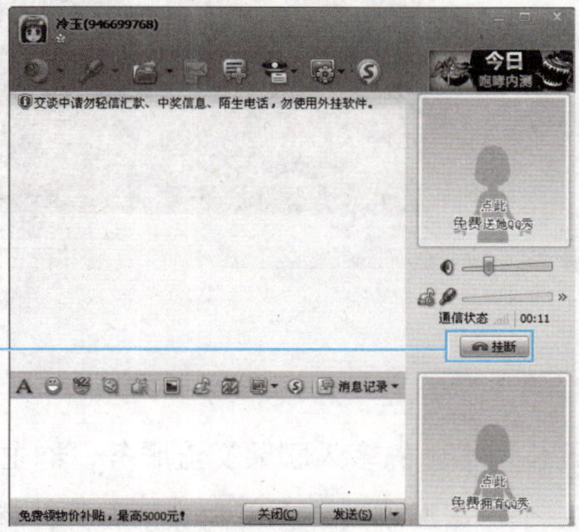

3 经过对方同意建立连接之后，双方就可以进行语音交流了，如图所示。如果想结束语音聊天时，单击 挂断 按钮即可

9. 视频聊天

除了文字和语音聊天外，我们还可以和网友视频交流，这样既可以看到对方，也可以听到对方说话，还可以随时打字交流。具体的操作步骤如下所示。

操作步骤

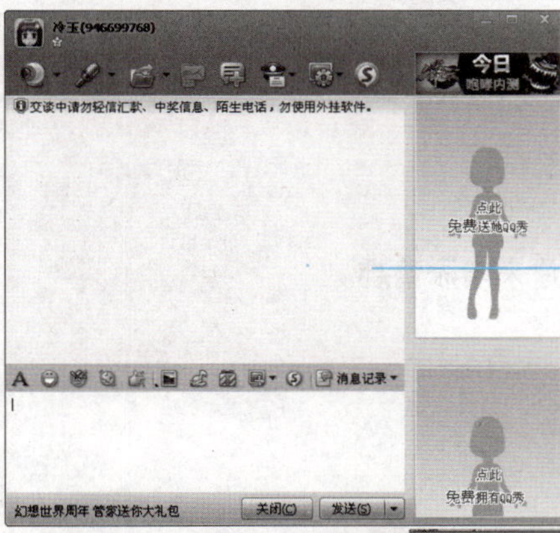

1 打开聊天对话框

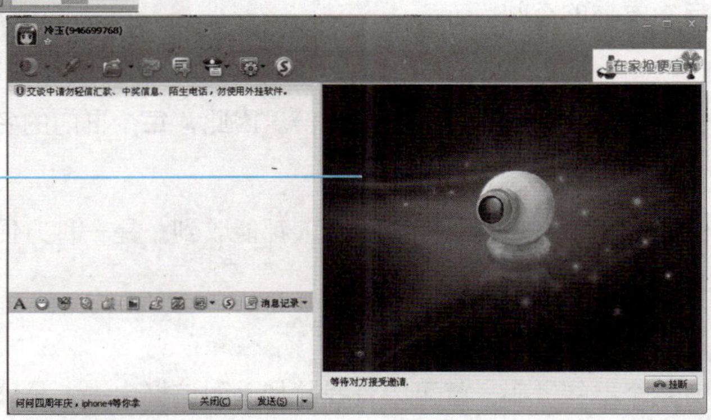

2 在该对话框中，单击“视频聊天”按钮。单击之后等待对方的同意

视野拓展

随着时间的推移，QQ所开发的附加产品越来越多，如QQ宠物、QQ音乐、QQ空间等，越来越受到QQ用户的青睐。

3 经过对方同意建立连接之后，双方就可以进行视频交流了，如图所示。如果想结束视频聊天时，单击 挂断 按钮即可

10. 加入QQ群

QQ群是腾讯公司推出的多人聊天交流服务，群主在创建群以后，可以邀请朋友或者有共同兴趣爱好的人到一个群里面聊天。在群内除了聊天，腾讯还提供了群空间服务，在群空间中，用户可以使用群BBS、相册、共享文件等多种方式进行交流。

当用户到达太阳（16级）的级别就可以创建群了，一个会员最多可以创建4个固定的群，而普通会员只能创建临时群，不能长期固定的存在。

QQ群的功能如下所示。

（1）群留言板

专属于群的留言板，属于小圈子的话题统统在这里召集。

（2）群相册

往往一张图片胜过千言万语，你可以随时发送喜欢的图片来增添情趣。

（3）群聊天

想聊什么就聊什么。QQ群聊，大家一起集思广益。

（4）群硬盘

群硬盘提供自由发挥的空间。

（5）群名片

用户拥有不同的群，每个群里有不同的身份。因此，每个群内的名片都是独特的。

（6）群邮件

到高级群里注册群邮件，用户的信息每个人都能收到。是一种方便快捷的沟通方式。

（7）查找群

方便召集天下志同道合的好友。

如果我们知道某个群的号码，就可以查找并加入到该群中去，具体操作步骤如下所示。

视野拓展

腾讯官方最新版本QQ2011 Beta4（简体）发布日期：2011-09-10。

操作步骤

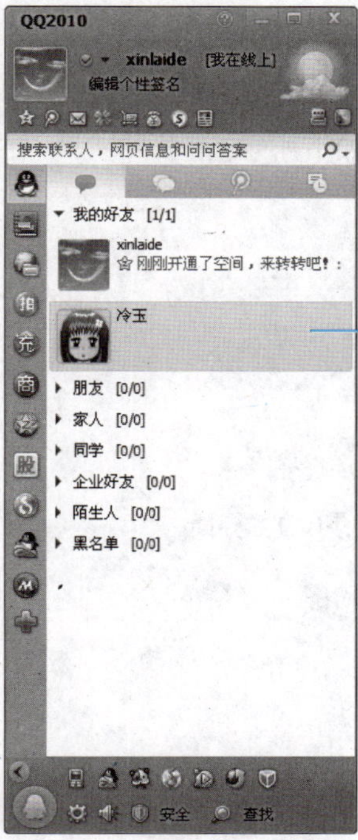

1 登录QQ主界面

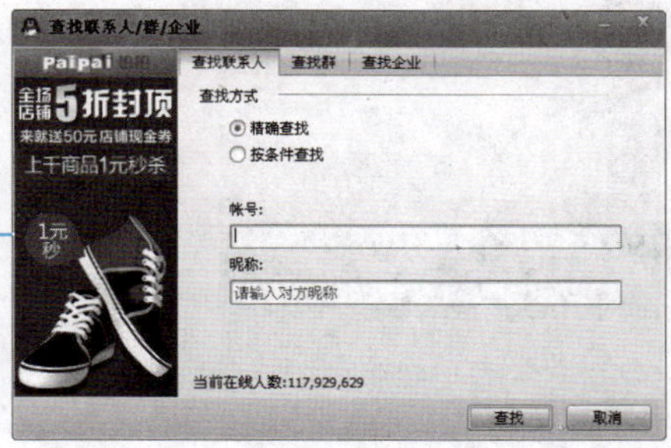

2 单击QQ主界面下方的 查找 按钮，进入“查找联系人/群/企业”的页面

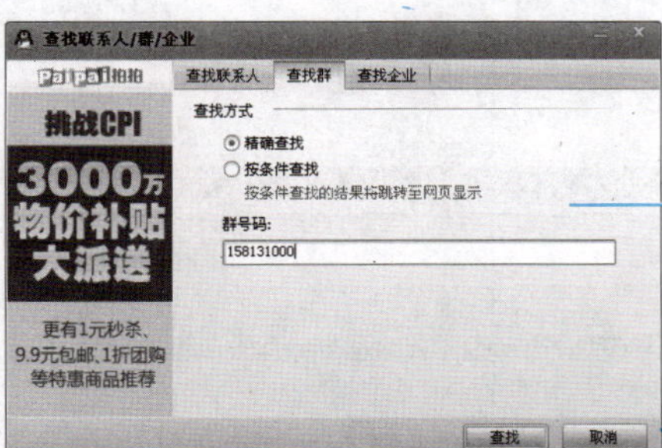

3 打开界面“查找群”选项卡，在账号的文本输入框内输入群的号码

4 单击此界面“查找”按钮，即可找到指定的群

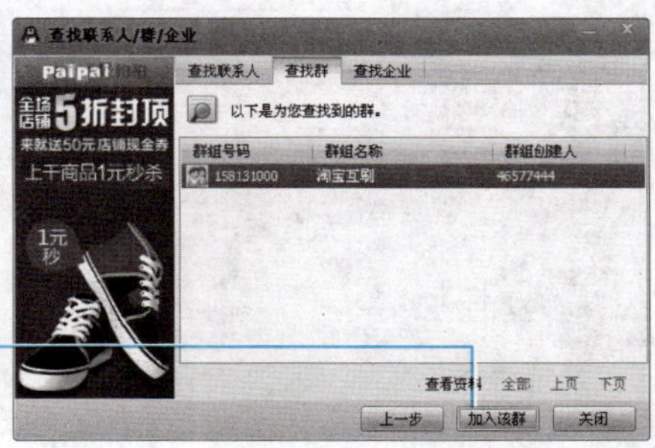

5 单击“加入该群”按钮，等待对方认证通过。通过之后，即可加入该群

视野拓展

手机QQ跟电脑QQ互联，能显示全部105个系统QQ头像，96个QQ图形表情让聊天更有乐趣。

11. 传递文件

使用QQ不仅可以聊天，还可以与好友互传文件。可以传输的文件包括图片、音频、视频、以及压缩的文件等。具体的操作步骤如下所示。

操作步骤

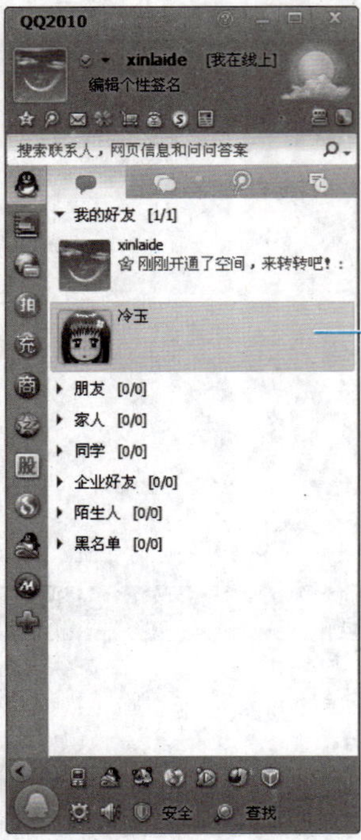

1 登录QQ主界面

2 在QQ界面上，双击需要交流的用户的头像，打开聊天对话框

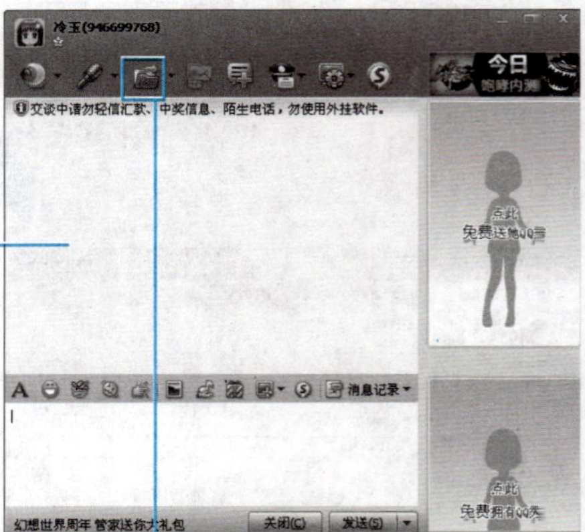

3 单击聊天对话框的按钮

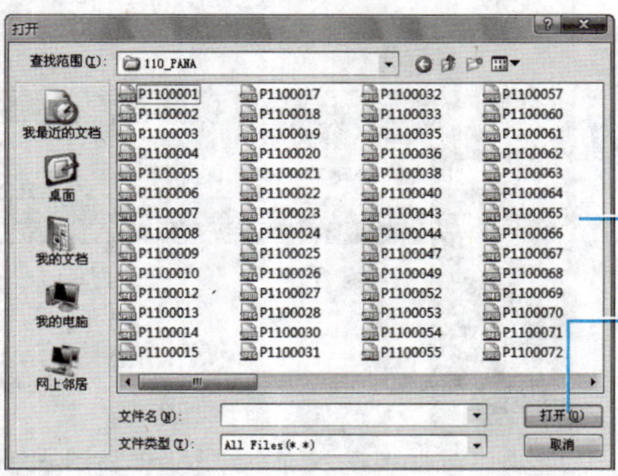

4 弹出“打开”对话框，在对话框中选择要发送的文件

5 单击“打开”按钮

视野拓展

普通QQ号码三个月内若没有登录记录将被收回，会员号码在会员过期后一个月没有登录信息将被收回。

6 等待着好友接收或者拒收，同时聊天窗口右侧会出现“发送文件请求”列表，显示了发送文件的名称、大小以及发送速度

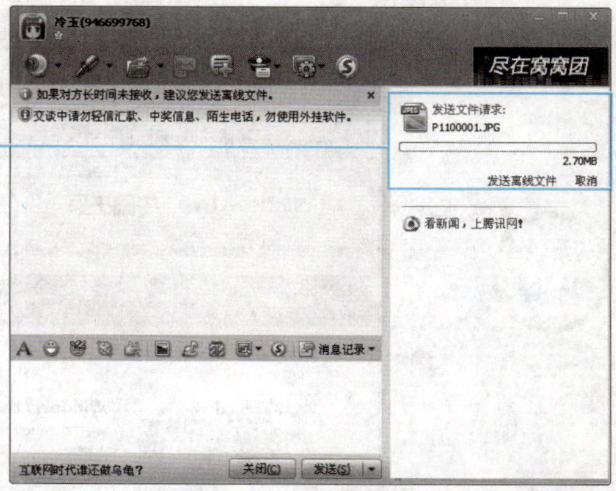

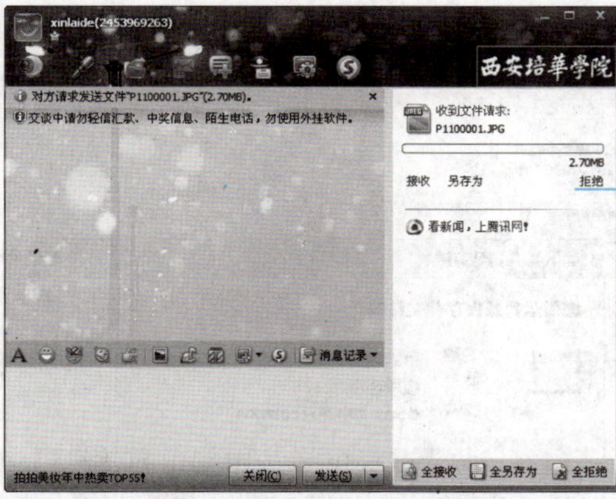

7 如果好友给我们传递文件，这时我们的聊天窗口中会显示出接收或者拒收的选项

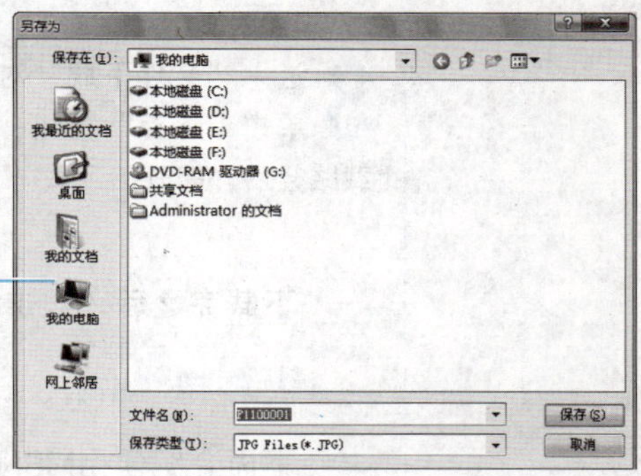

8 单击“接收”按钮，系统会把接收到的文件自动保存到QQ的安装目录中；如果单击的是“另存为”的按钮，会弹出“另存为”对话框，用户可以自己设置保存文件的路径。单击“拒绝”按钮，则不接收该文件

7.1.2 MSN

MSN全称Microsoft Service Network（微软网络服务），是微软公司推出的即时消息软件，可以与亲人、朋友、工作伙伴进行文字聊天、语音对话、视频会议等即时交流，还可以通过此软件来查看联系人是否联机。微软MSN移动互联网服务提供包括手机MSN（即时通信Messenger）、必应移动搜索、手机SNS（全球最大Windows Live在线社区）、中文资讯、手机娱乐和手机折扣等创新移动服务，满足了用户在移动互联网时代的沟通、社交、出行、娱乐等诸多需求，在国内拥有大量的用户群。

1. 下载MSN

下载MSN的具体步骤如下所示。

视野拓展

QQ空间（Qzone）是腾讯公司于2005年开发出来的一个个性空间，具有博客（Blog）的功能，自问世以来受到众多人的喜爱。

操作步骤

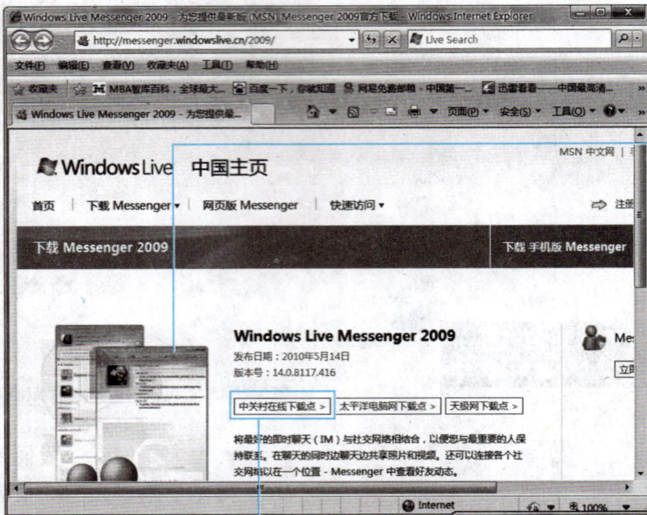

1 打开IE浏览器，在"地址栏"中输入http://messenger.windowslive.cn/2009/，按Enter键，进入MSN官方软件的网页

2 单击页面"中关村在线下载点"链接，即可实现软件的下载

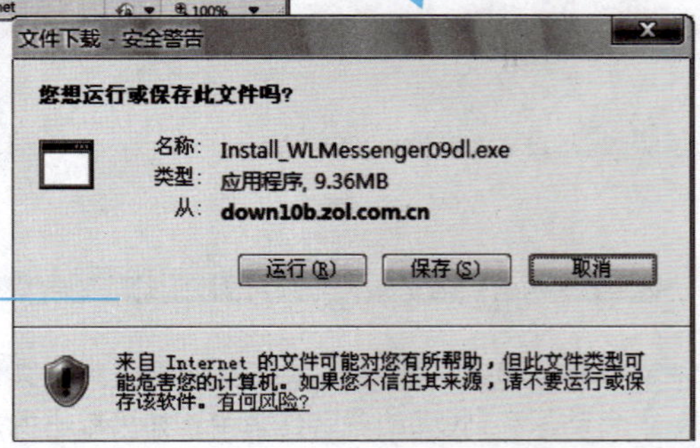

3 进入"文件下载"对话框，单击"保存"按钮，选择下载路径后，即开始下载

下载完之后，双击MSN安装程序，按照提示完成软件的安装。

2. 使用MSN

下面介绍使用MSN的具体操作。

操作步骤

Install_WLMessenger

1 单击安装图标，将会进入安装界面

2 单击"进入安装"按钮，开始安装

视野拓展

QQ邮箱是腾讯公司2002年推出，向用户提供安全、稳定、快速、便捷的电子邮件服务，目前已为超过1亿的邮箱用户提供免费和增值邮箱服务。

3 显示欢迎界面

4 选中这些有用的项目

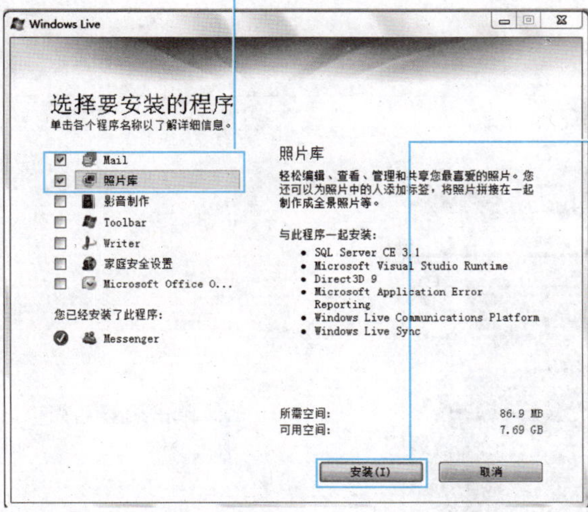

5 单击 安装(I) 按钮

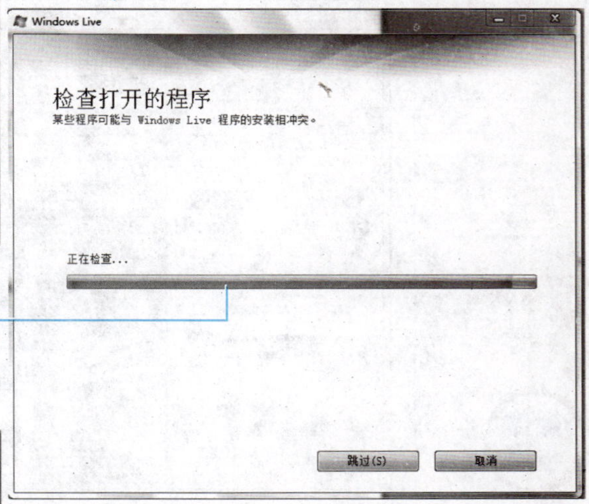

6 显示安装进度

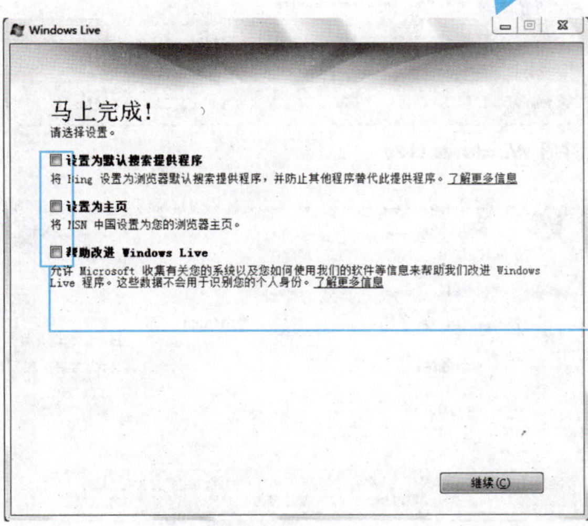

7 这些选项并不需要，所以，不要去选中它们

视野拓展

QQ音乐是中国最大的网络音乐平台，是中国互联网领域领先的正版数字音乐服务提供商，始终走在音乐潮流最前端。

8 单击“关闭”按钮，完成安装

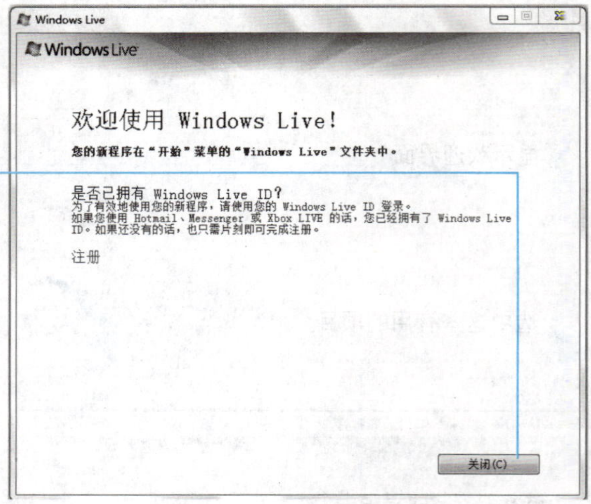

3. 注册一个ID

安装完以后，会弹出一个窗口。

1 单击注册帐号按钮

操作步骤

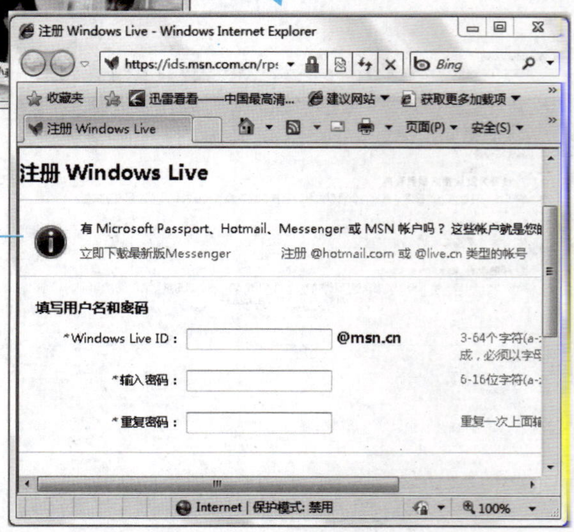

2 弹出注册页面

视野拓展

QQ旋风是腾讯公司2008年底推出的新一代互联网下载工具，下载速度更快，占用内存更少，界面更清爽简单。

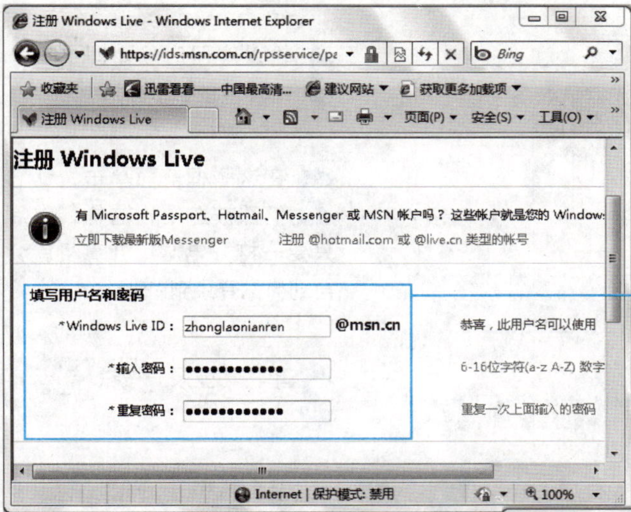

3 输入相关信息

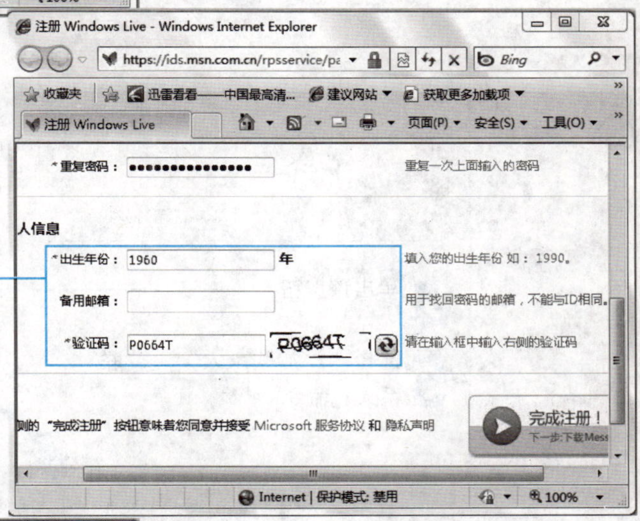

4 填写有*标记的选项。填写完后，单击页面右下角的"完成注册"按钮

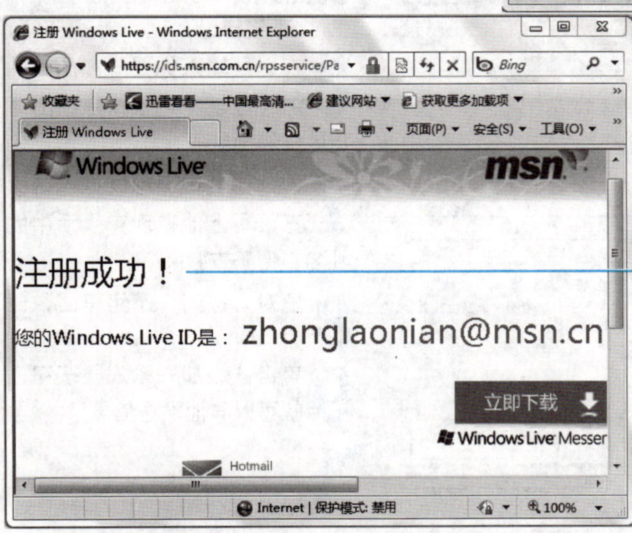

5 提示注册成功

视野拓展

QQ拼音输入法是腾讯公司自主研发的，是特别适合互联网应用的、快速敏捷的输入法产品。

4. 用MSN聊天

操作步骤

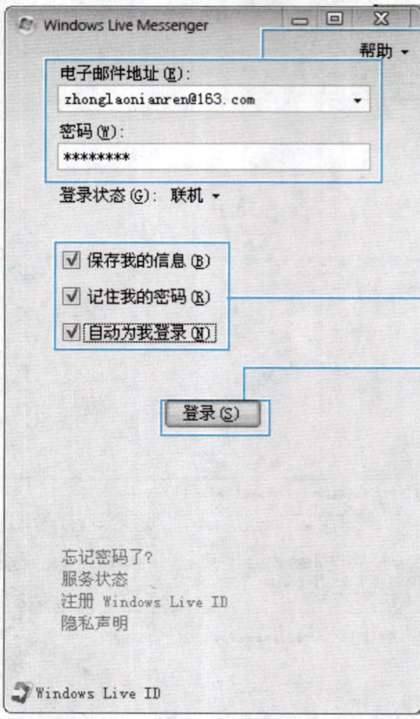

1 输入注册时候填写的电子邮件地址和密码

2 在这些框前面单击，让它们都被选中，这样，以后只要一打开电脑，计算机就会自动为你登录到MSN

3 单击“登录”按钮

4 单击该按钮

5 选择“添加联系人”→“联系人”命令

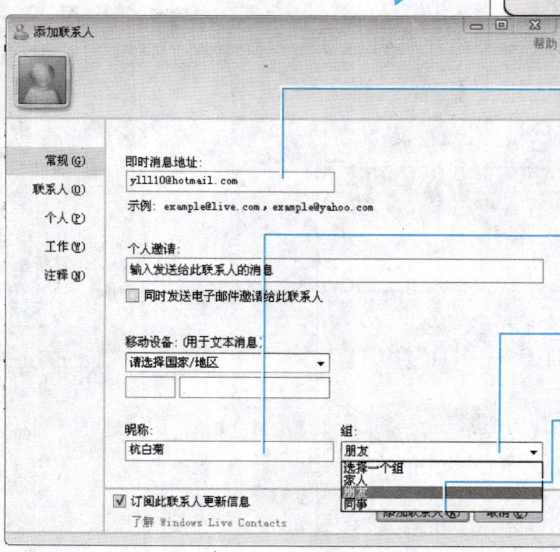

6 在这里输入你要添加的人的消息地址，也就是他注册时用的邮箱地址

7 给对方加个昵称，你也可以直接写上他在现实生活中的姓名，便于查找

8 把对方加到一个组里面，比如“朋友”组

9 单击“添加联系人”按钮，就可以向他发送信息了

视野拓展

QQ电脑管家是专门针对QQ账号密码被盗问题所提供的一款盗号木马查杀工具，它能准确扫描并有效清除盗号木马，从而保障QQ账号不被盗号木马所盗取 。

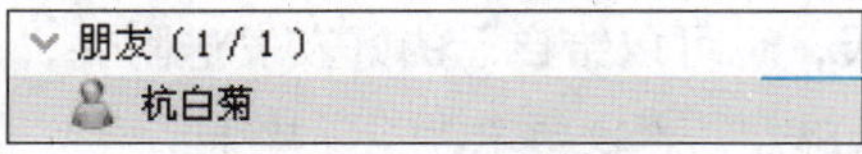

10 双击这个刚添加的朋友，就可以跟他聊天了

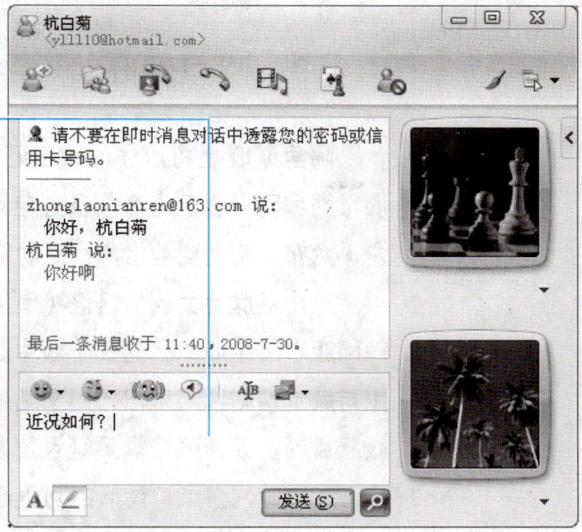

11 在这里输入文字，单击“发送”按钮

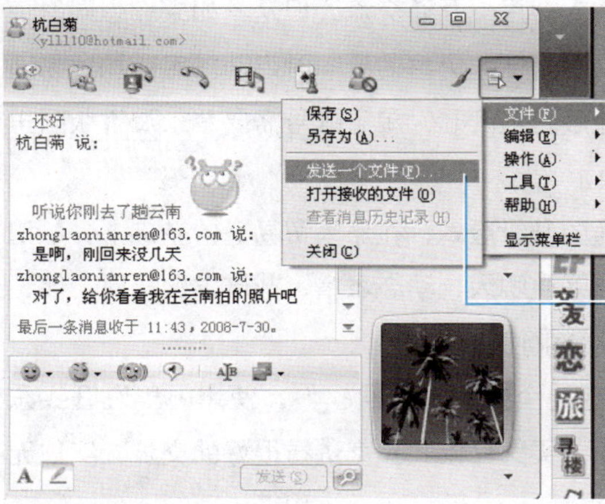

12 MSN里可以发送文件或图片等给对方。单击按钮，选择“文件”→“发送一个文件”命令

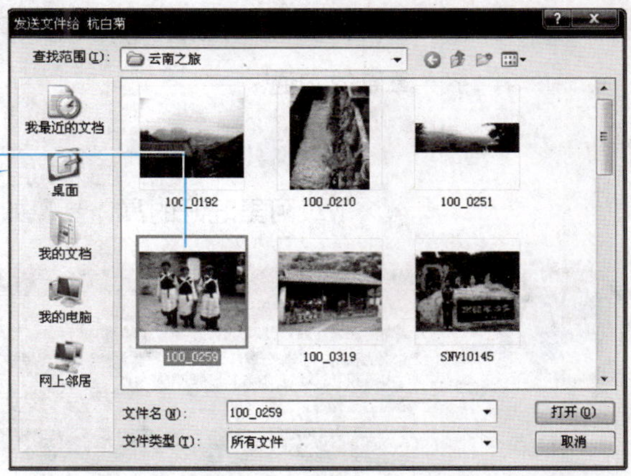

13 选择一张图片，单击“打开”按钮

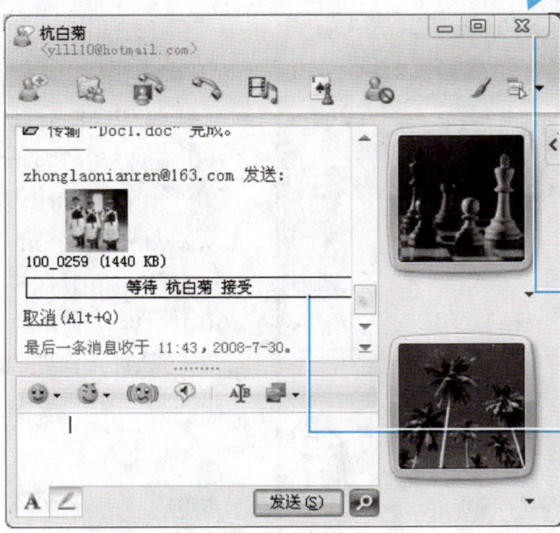

15 单击这个按钮，就可以退出聊天

14 等待对方接受，接受后，图片才开始传送

视野拓展

QQ浏览器是腾讯公司推出的新一代双核浏览器，设计了全新的界面交互和程序框架，目的是为用户打造一款快速、稳定、安全、网络化的优质浏览器。

当然，MSN还可以使用语音和视频聊天，也可以给自己的好友发送附件，这些功能的操作和QQ差别不大，由于篇幅的限制，在这里不在一一赘述。

7.1.3 阿里旺旺

阿里旺旺是将原先的淘宝旺旺与阿里巴巴贸易通整合在一起的新品牌，是淘宝网和阿里巴巴为商人量身定做的免费网上商务沟通软件，它能帮您轻松找客户，发布、管理商业信息；及时把握商机，随时洽谈生意。

这个品牌分为阿里旺旺（淘宝版）与阿里旺旺（贸易通版）、阿里旺旺（口碑网版）三个版本，这三个版本之间支持用户互通交流，但是，如果你想同时使用与淘宝网站和阿里巴巴中文站相关的功能，仍然需要同时启动淘宝版和贸易通版。目前贸易通账号需要登录贸易通版阿里旺旺，淘宝账号需要登录淘宝版阿里旺旺，口碑网登录口碑版的阿里旺旺。

阿里旺旺贸易通版是以前贸易通的升级版本，在原来贸易通的基础上，新增了群和阿里旺旺口碑版、淘宝版用户互通聊天、动态表情、截屏发图等新功能，贸易通用户可以用原来的用户名直接登录使用。

阿里旺旺是为淘宝会员量身定做的个人交易沟通软件，使用阿里旺旺买东西，在价格、质量、售后服务等方面，买家可以和买家进行很好的交流，实现无障碍的沟通。

1. 下载阿里旺旺

下载阿里旺旺的具体步骤如下所示。

操作步骤

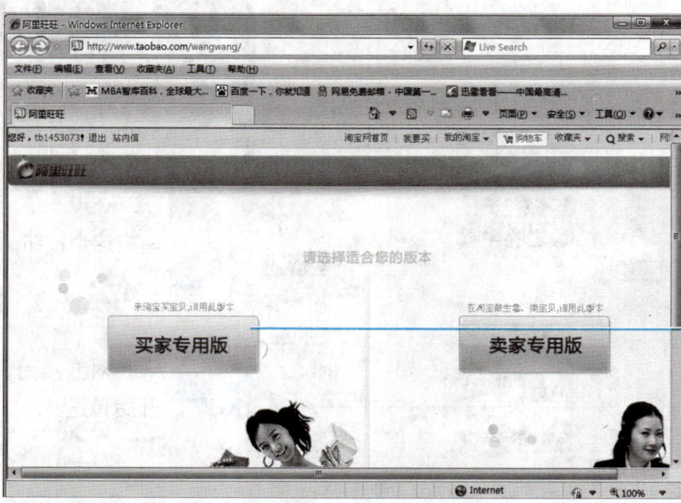

1 打开IE浏览器，在“地址栏”中输入http://www.taobao.com/wangwang/，按Enter键，进入阿里旺旺官方软件的网页

视野拓展

QQ影音是由腾讯公司最新推出的一款支持任何格式影片和音乐文件的本地播放器。

2 单击页面“买家专用版”按钮

3 进入下载界面

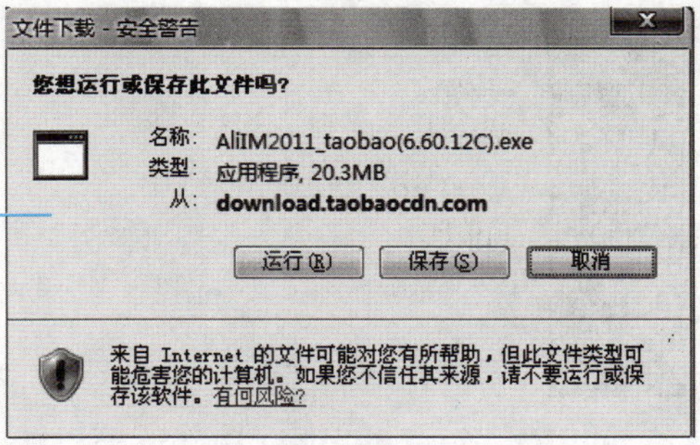

下载完之后，双击阿里旺旺安装程序，按照提示完成软件的安装。

2. 添加好友

使用阿里旺旺添加好友的操作步骤如下所示。

操作步骤

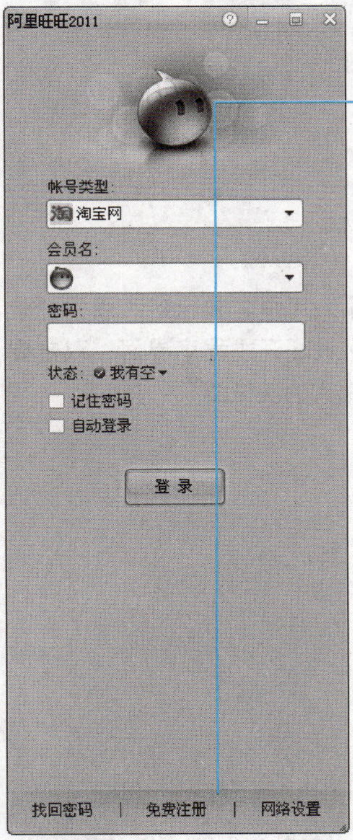

1 安装好阿里旺旺之后，双击其图标打开主程序界面。单击“免费注册”按钮，根据系统提示完成会员的注册

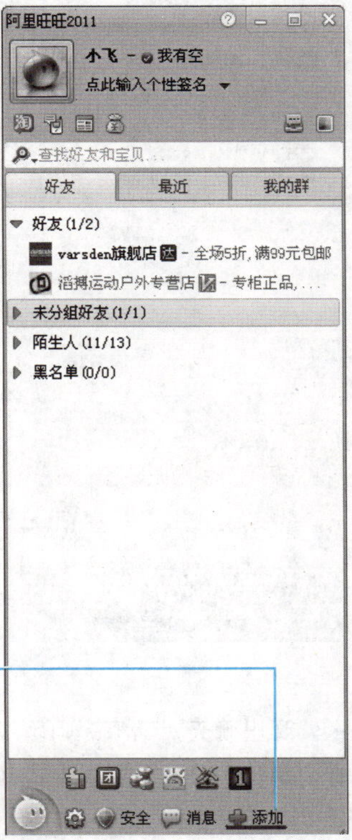

2 完成会员的注册之后，就可以登录阿里旺旺。登录之后可以单击主程序下方的添加按钮

视野拓展

手机QQ是一款安装在手机上面的免费即时通讯软件，类似于电脑上QQ的操作界面，用户可以通过手机QQ软件与好友进行聊天。

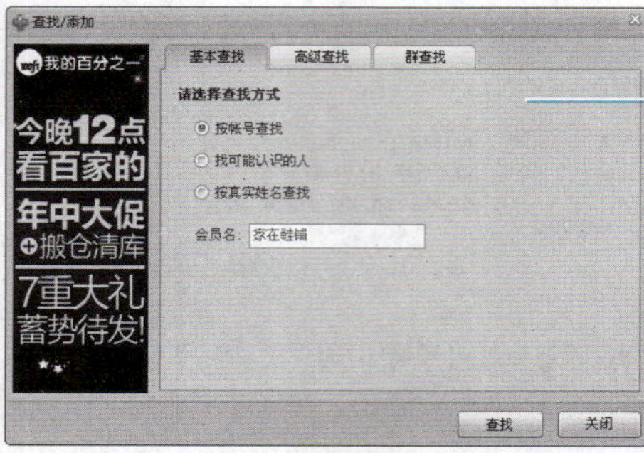

3 在会员名内输入要查找商家的会员名，即可很快查找到商家的信息

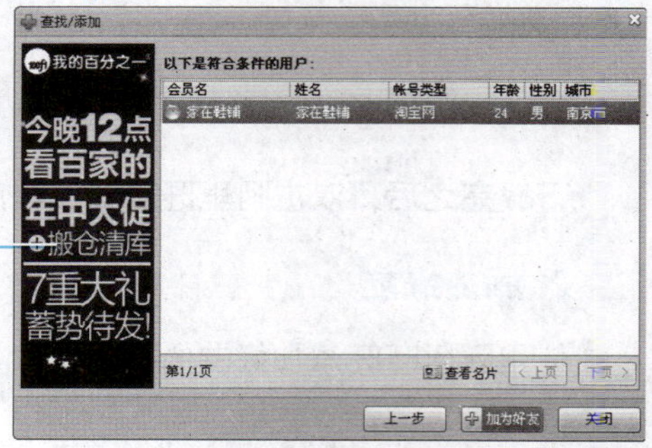

4 单击“查找”按钮之后，就可以查到买家的信息，确认之后单击“加为好友”按钮，即可实现好友的添加

3. 与卖家交流

使用阿里旺旺与卖家交流的操作步骤如下所示。

操作步骤

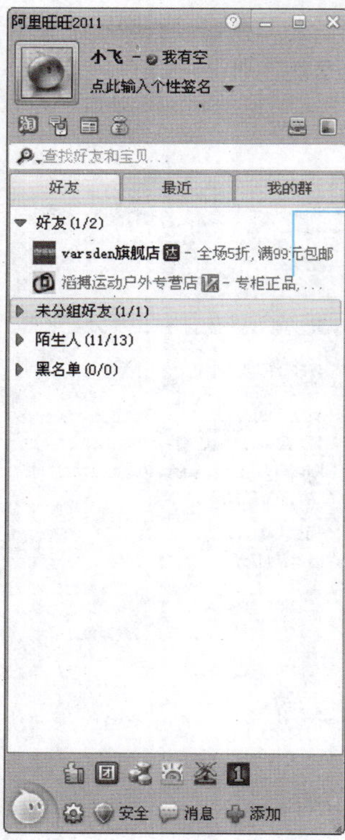

1 输入用户名和密码之后，登录阿里旺旺主程序界面，双击要交流卖家的头像

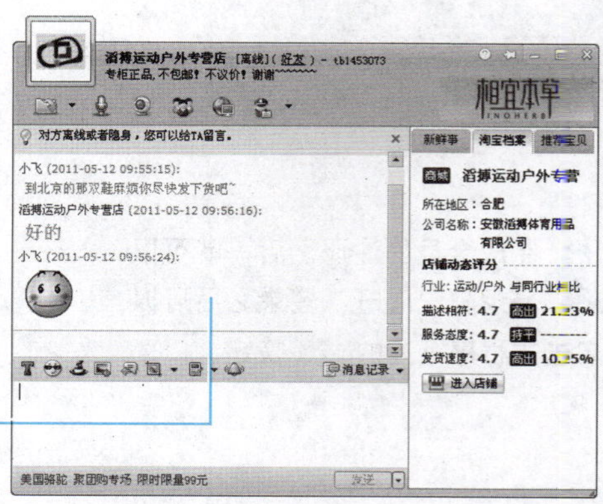

2 弹出聊天对话框。阿里旺旺的操作和QQ类似，在此就不赘述了

视野拓展

QQ for pad是腾讯公司针对平版电脑制作的QQ应用平台，目前只发布了Android版本，它集成邮箱、空间、微博、新闻等腾讯互联网业务，打造一站式互联网服务。

7.1.4 新浪UC

UC（Universal Communication）是新浪UC信息技术有限公司开发的，融合了P2P思想的下一代开放式即时通信的网络聊天工具。

新浪UC 2009II正式版是新浪在2009年9月27日最新发布的版本。新版UC改变了老UC只是一个视频聊天软件的形象，趋向于打造为实用性与便捷性并重的多功能聊天软件，在IM的发展历程上树立了一个划时代的里程碑。突破性地增加了远程演示、IM互通、500人免费群组、超大文件传输等实用功能。新浪UC2009II正式版采用了全新的界面设计，感觉更时尚大气。正式版在BETA版的基础上增加了自定义表情、传情动漫、超大网盘、聊天记录导入导出功能、自动回复、窗口抖动、资讯订阅、地图查询、好友动态提醒等多项实用功能。优化断线后窗口保护逻辑，界面自动隐藏效果，好友添加流程和聊天记录搜索功能等。

1. 下载新浪UC

下载新浪UC的具体步骤如下所示。

操作步骤

1 打开IE浏览器，在“地址栏”中输入http://uc.sina.com.cn/，按Enter键，进入新浪UC官方软件的网页

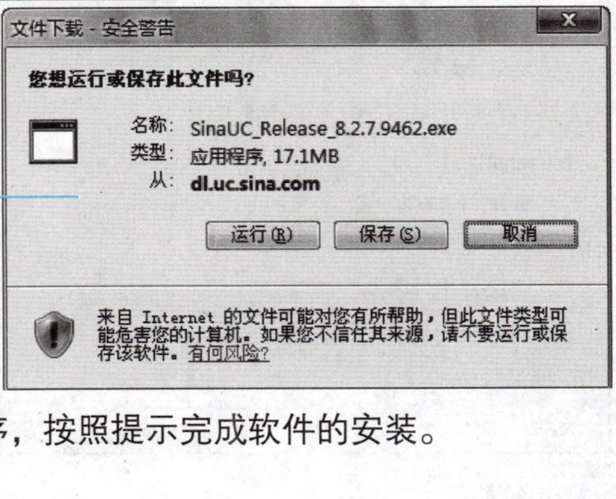

2 单击页面“立即下载”按钮，即可实现软件的下载

下载完之后，双击新浪UC安装程序，按照提示完成软件的安装。

视野拓展

MSN是一个出自微软的即时通讯工具，和腾讯QQ、新浪UC、YY、百度hi、Lava快信是同一个类别的工具。

2. 使用新浪UC

下面介绍下新浪UC的操作步骤。

操作步骤

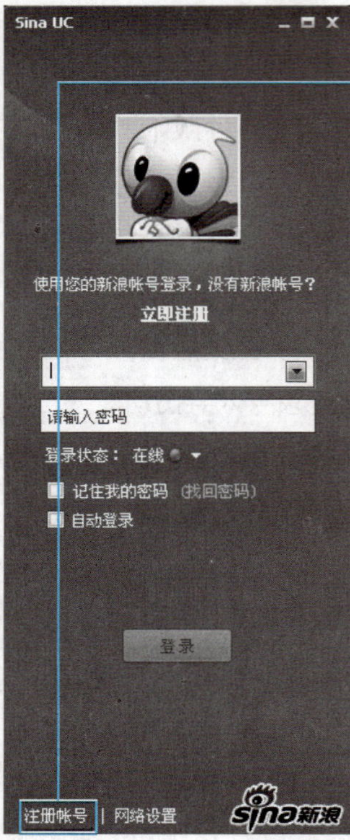

1 安装完成之后，双击新浪UC桌面图标，打开主程序面板。使用新浪UC之前，需要先申请UC号码，方法十分简单，单击主程序界面上的“注册账号”按钮，然后根据提示一步步操作即可

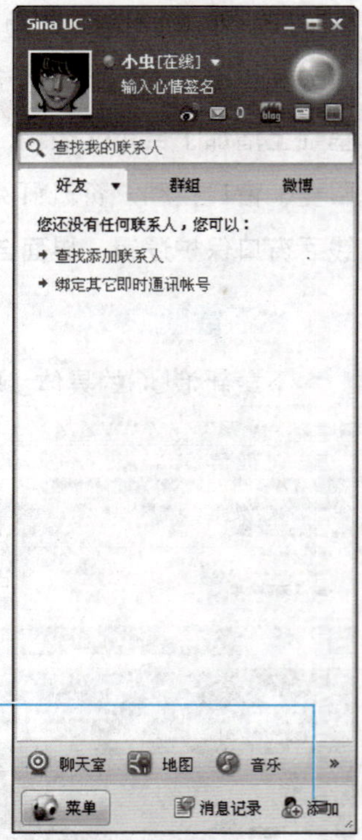

2 注册账号之后，输入登录名和密码即可登录新浪UC。单击主程序界面下方的添加按钮，进行好友的添加

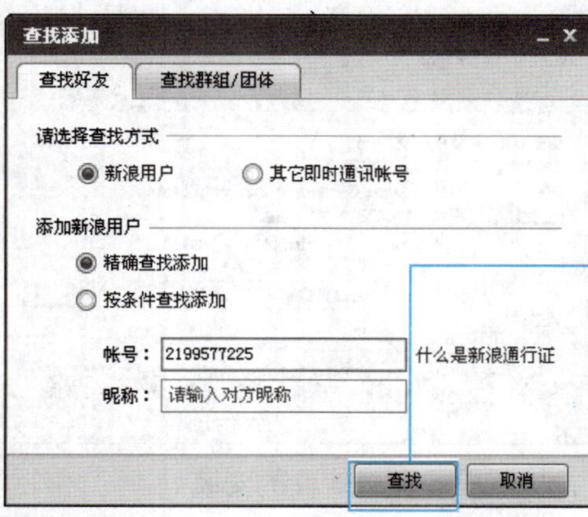

3 单击“添加”按钮之后，打开“查找添加”界面。在账号文本输入框内输入好友的账号，单击“查找”按钮

视野拓展

MSN已在国内通讯工具市场上稳稳占据老二的位置，仅次于腾讯QQ。

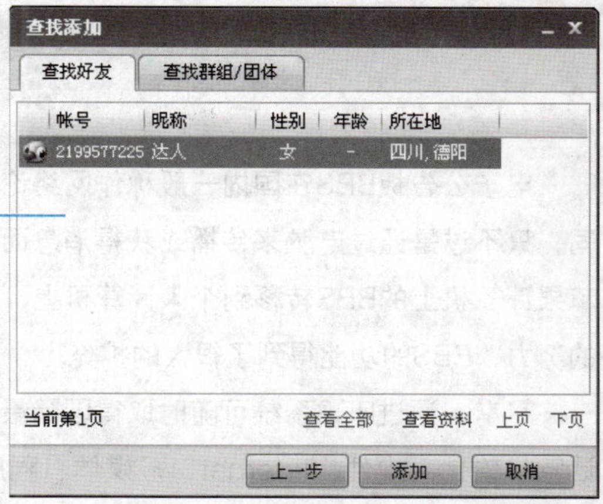

4 即可搜索到要添加好友的信息。确定之后单击“添加”按钮

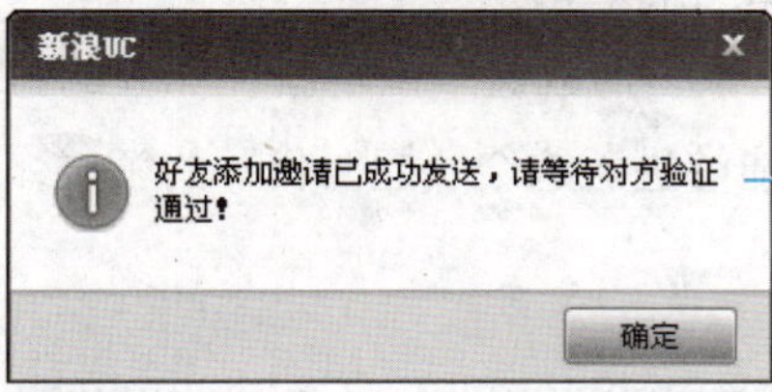

5 添加好友的请求系统会自动发出

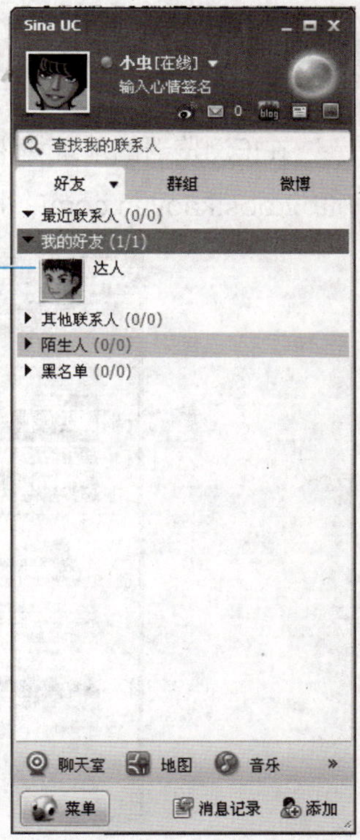

6 成功添加之后，好友的头像就会显示在自己的好友列表中

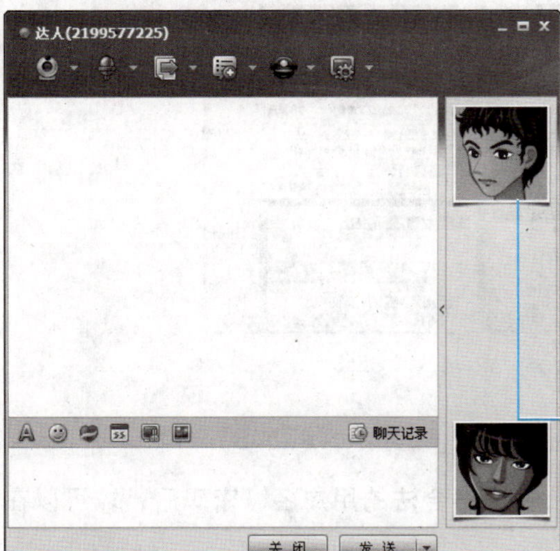

7 双击要聊天好友的头像，打开聊天界面之后，即可输入信息进行聊天

视野拓展

微软已经发布了两种MSN客户端：MSN Messenger（也叫“.NET Messenger”）和Windows Messenger。

7.2 了解BBS

电子公告板BBS在国内一般称作网络论坛，早期的BBS与一般街头和校园内的公告板性质相同，只不过是通过电脑来传播或获得消息而已。一直到个人计算机开始普及之后，有些人尝试将苹果计算机上的BBS转移到个人计算机上，BBS才开始渐渐普及开来。近些年来，由于爱好者们的努力，BBS的功能得到了很大的扩充。

目前，通过BBS系统可随时取得国际最新的软件及信息，也可以通过BBS系统来和别人讨论计算机软件、硬件、Internet、多媒体、程序设计以及医学等各种有趣的话题，更可以利用BES系统来刊登一些“征友”、“廉价转让”及“公司产品”等启事，而且这个园地就在你我的身旁。只要你拥有1台计算机、1只调制解调器和1条电话线，就能够进入这个“超时代”的领域，进而去感受它无比的威力。

7.2.1 登录BBS

在IE浏览器的地址栏中输入BBS网址，按Enter键即可连接到BBS。例如，在IE地址栏中输入http://bbs.kaoyan.com/，打开考研论坛。

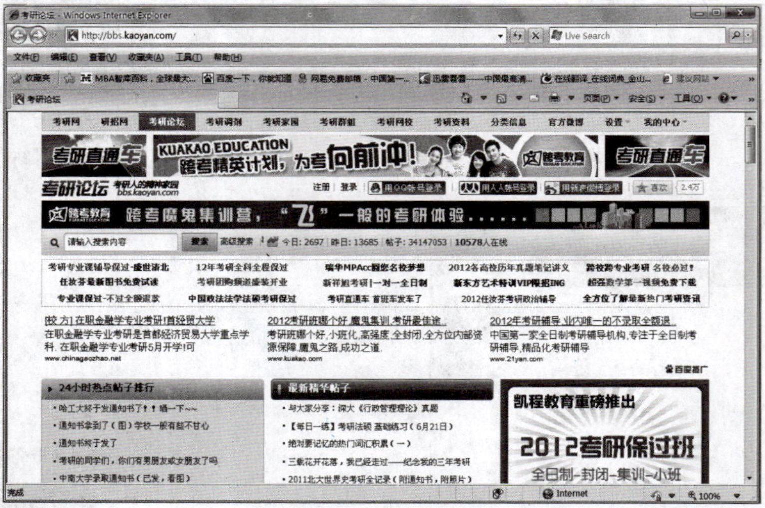

7.2.2 BBS注册

一般情况下，很多BBS站都要求用户进行注册，在获得合法的用户名、密码后，才可以在BBS站内发表帖子、回复帖子等。

视野拓展

1995年8月24日，美国MSN网络在线服务正式开张。

下面，以在考研论坛上注册为例，介绍具体的操作步骤。

操作步骤

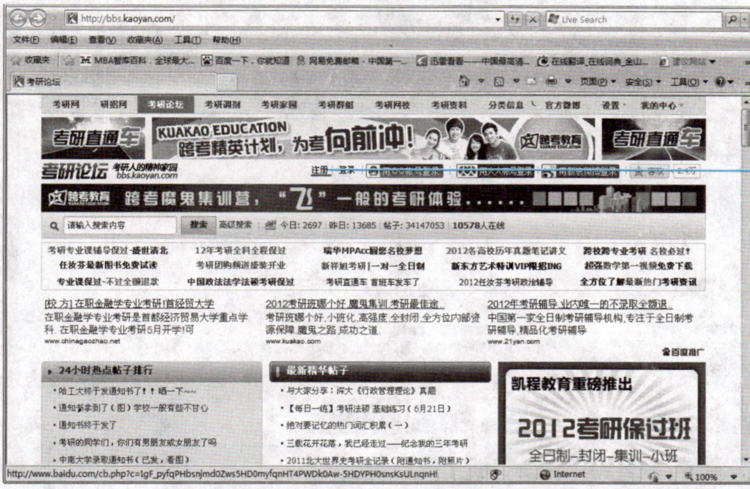

1 在考研论坛的主页上单击“注册”链接，打开注册的窗口

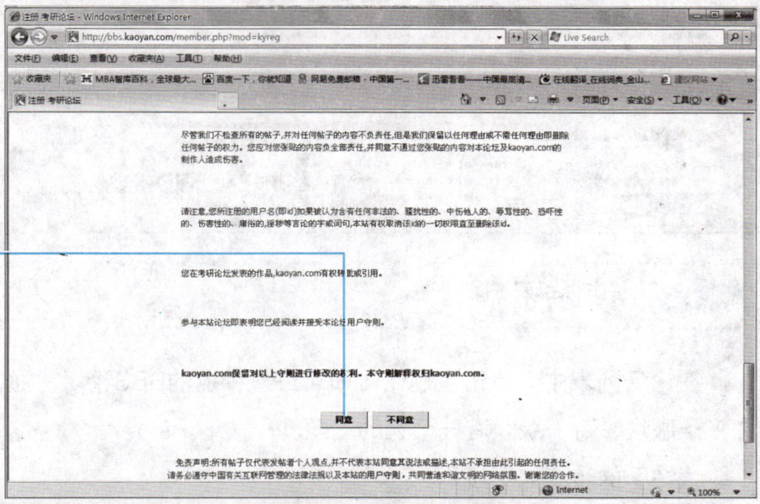

2 进入协议窗口，阅读完后单击“同意”按钮

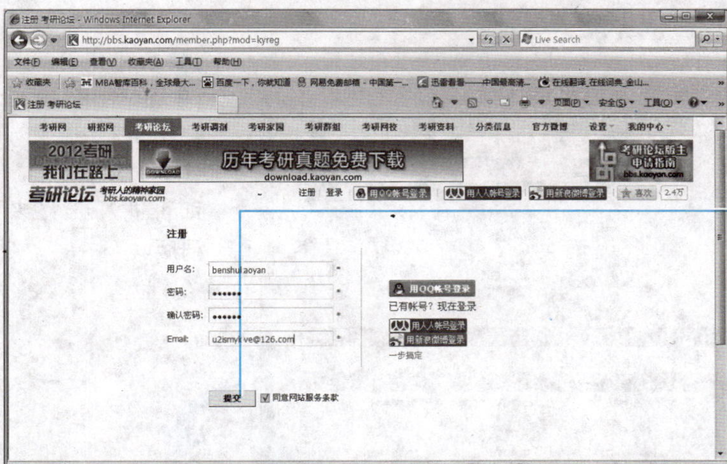

3 在注册界面填写好信息之后，单击“提交”按钮

视野拓展

论坛的推广要讲究方式、方法，这样才可以更好地增加论坛的访问量。

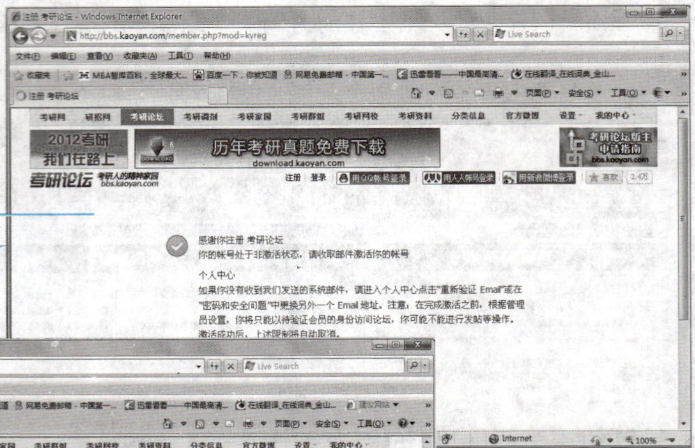

4 自动弹出注册成功的界面

5 返回主页之后，可以看到自己的注册名。此时，用户可以自由发帖和回帖了

7.2.3 读帖子

在论坛列表中，单击主题论坛即可进入相应的BBS论坛。通常一个论坛分为许多子版块，每一版块有一个大的主题。

读帖子的步骤如下所示。

操作步骤

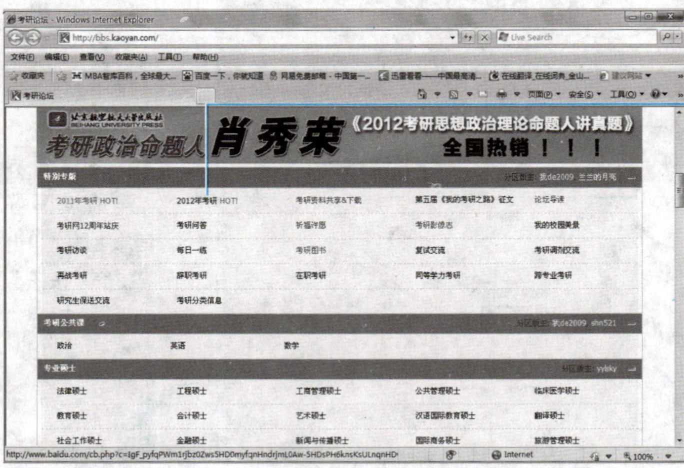

1 在考研论坛的特别专版主题单击“2012考研”的文字链接，即可进入2012考研版块

视野拓展

UC即时通讯服务于2002年正式推出，通过该服务，用户可以在互联网和移动通信网络上实时发送文本信息、图像和声音。

2 找到感兴趣的主题，单击进入一个列表。列表中每一个文字链接就是一个帖子。在此，我们单击“2012版问题专贴”的帖子

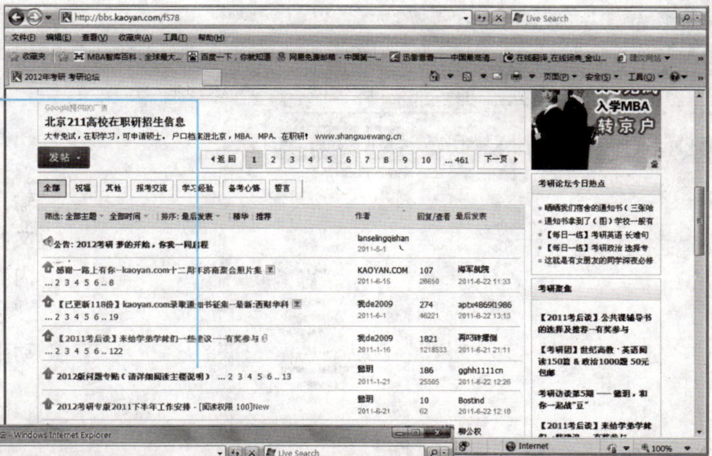

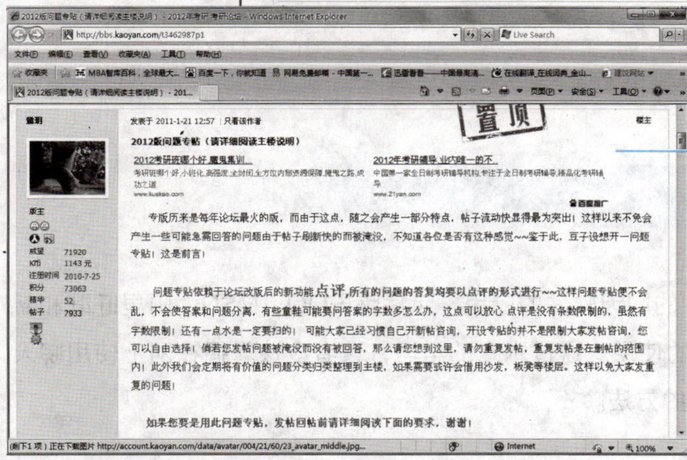

3 进入阅读界面

7.2.4 写帖子

发帖的操作步骤如下所示。

操作步骤

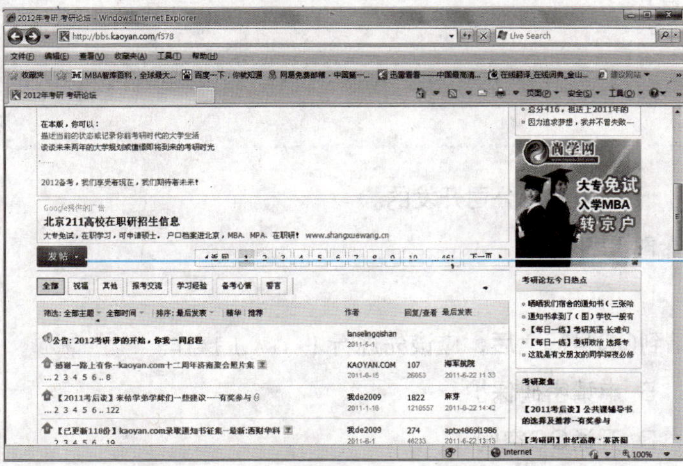

1 在主题论坛中，单击“发帖”按钮

最初的BBS系统是报文处理系统，系统的唯一目的是在用户之间提供电子报文。

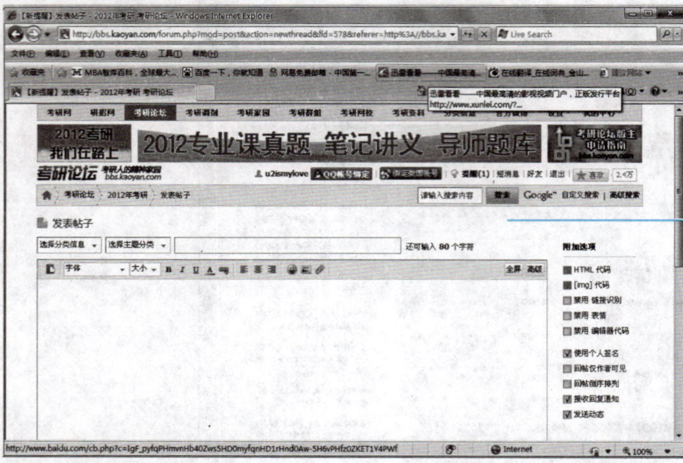

2 会出现如图所显示的页面。在表单中输入帖子的主题，在正文框内输入帖子的具体内容，然后单击下面的“发表帖子”，文章自动张贴到论坛中去

7.3 本章小结

本章主要讲述了几款目前比较常用的聊天软件的应用，包括腾讯QQ、MSN、阿里旺旺和新浪UC，还介绍了电子公告牌——BBS的使用。通过本章的学习，读者应该掌握在网上使用聊天工具与网友聊天，以及登录并使用BBS的方法。

7.4 趁热打铁

现在用本章学到的知识解决下面的问题。

7.4.1 选择题

1. 在下面所列的聊天软件中，（　　）是由腾讯公司开发的。

A. QQ　　B. MSN

C. UC　　D. ICQ

2. 为了保证QQ号码的安全，在申请到QQ号码之后，应该先进行（　　）操作。

A. 登录QQ寻找好友　　B. 申请密码保护

C. 开始聊天　　D. 开通QQ空间

视野拓展

BBS（论坛）一般由站长（创始人，超级管理员，Administrator）创建，并设立各级管理人员对论坛进行管理，包括论坛管理员、超级版主和版主。

3. MSN的用户账户是由（　　）组成的。

A. 一串数字　　B. 英文字母

C. 电子邮件地址　　D. 数字和字母组成

4. 下列聊天软件中，（　　）主用倾向于电子商务。

A. QQ　　B. 新浪UC

C. 网易泡泡　　D. 淘宝旺旺

5. 下列选项中，（　　）不是用于聊天的工具。

A. QQ　　B. MSN

C. 雅虎通　　D. BBS

7.4.2 实践题

1. 使用腾讯QQ软件添加自己的好友并与其进行聊天。

2. 在MSN上添加联系人并与其聊天。

视野拓展

BBS按不同的主题、分主题分成很多个布告栏，布告栏设立的依据是大多数BBS使用者的要求和喜好，使用者可以阅读他人关于某个主题的最新看法。

读书笔记

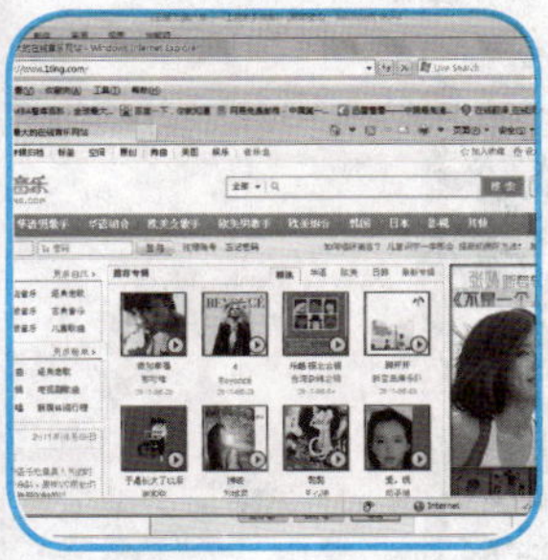

第8章

网络视听娱乐

本章导读

互联网被称为继报纸、广播、电视三大传统媒体之后的“第四媒体”。基于互联网的网络媒体集三大传统媒体的诸多优势为一体，是跨媒体的数字化媒体。如今，网络媒体已经越来越受到人们的青睐，在网络上不但可以收听网络广播，而且还能听音乐、看电视和电影等。

本章学习目标

- 了解常用的视听软件
- 学会使用各种网络媒体

本章学习重点

- 学会使用各种网络媒体

8.1 网络视听软件

在用户观看电影和聆听音乐的之前，首先介绍一些进行网络视听的基本知识，为用户享受丰富多彩的网络资源扫清障碍。

8.1.1 常用的视听软件

在用户收听音乐、观看电影之前，电脑中必须安装播放视频和音频文件的播放工具。目前常见的视听工具有QQ影音、KMPlayer、射手影音播放器、Windows Media Player等。

1. Windows Media Player

Windows Media Player是微软公司出品的一款免费的播放器，是Microsoft Windows的一个组件，简称WMP，支持通过插件增强功能。在Windows 7及以后的版本，支持更换界面花色。Windows Media Player默认界面如下图所示。

2. 射手影音播放器

射手影音播放器是由射手网创建与维护的开源播放器项目。

射手影音播放器内核基于MPC、MPC-HC与ffmpeg。同时加入更多真正符合中国用户习惯的功能，旨在改进华人的数字影视观赏体验，建立和维护一个真正属于中文用户的开源播放器。如下图所示是该播放器的界面。

视野拓展

流媒体就是应用流技术在网络上传输的多媒体文件。

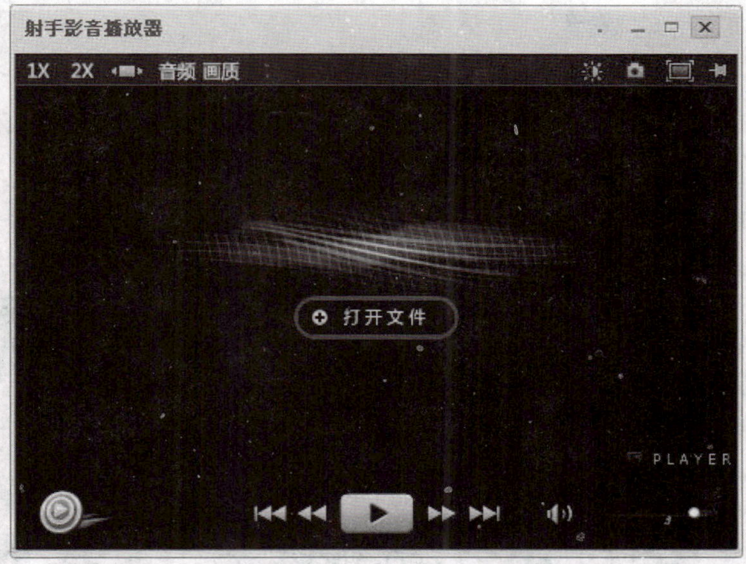

3. KMPlayer

KMPlayer简称 KMP，早期名叫WaSaVi。作者姜龙喜，历时七年自主开发的朝鲜语多媒体图形视窗工程免费项目。KMPlayer是一套将网络上所能见得到的解码程式（Codec）全部收集于一身的影音播放软件；此外，KMPlayer还具有播放DVD与VCD、汇入多种格式的外挂字幕档、使用普及率最高的WinAMP音效外挂、支持超多种影片效果调整选项等功能，其播放界面如下图所示。

视野拓展

有些电影网站中的影片需要注册以后才可以观看，注册的方法也比较简单，只需要按照注册的提示一步步操作即可。

小提示： 所谓流媒体是指采用流式传输的方式在Internet播放的媒体格式。流媒体又叫流式媒体，它是指商家用一个视频传送服务器把节目当成数据包发出，传送到网络上。它可以把连续的影像和声音信息经过压缩处理后放到网站服务器上，让用户一边下载一边观看、收听，而不用将整个影音文件下载到电脑后才可以观看。

4. QQ影音

QQ影音是由腾讯公司最新推出的一款支持任何格式影片和音乐文件的本地播放器。QQ影音首创轻量级多播放内核技术，深入挖掘和发挥新一代显卡的硬件加速能力，软件追求更小、更快、更流畅的视听享受。其播放界面如下图所示。

8.1.2 常见的影音播放格式简介

很多视频数据要求通过Internet来进行实时传输，但是视频文件的体积往往比较大，而现有的网络带宽却又太“狭窄”，千军万马要过独木桥，其结果当然可想而知。客观因素限制了视频数据的实时传输播放，于是一种新型的流式视频格式应运而生了。这种流式视频采用一种“边传边播”的方法，即先从服务器上下载一部分视频文件，形成视频流缓冲区后实时播放，同时继续下载，为接下来的播放做好准备。这种“边传边播”的方法避免了用户必须等待整个文件从Internet上全部下载完毕才能观看的缺点。到目前为止，Internet上使用较多的流式视频和音频格式主要是以下几种。

1. RM（Real Media）格式

RM格式是RealNetworks公司开发的一种新型流式视频文件格式，它麾下共有三员大将：RealAudio、RealVideo和RealFlash。RealAudio用来传输接近

视野拓展

除了PPlive外，还有很多网络电视播放软件，比如PPStreem等都是不错的选择。它们的安装和使用都非常简单。

CD音质的音频数据，RealVideo用来传输连续视频数据，而RealFlash则是RealNetworks公司与Macromedia公司新近合作推出的一种高压缩比的动画格式。RealMedia可以根据网络数据传输速率的不同制定了不同的压缩比率，从而实现在低速率的广域网上进行影像数据的实时传输和播放。这里我们主要介绍RealVideo，它除了可以以普通的视频文件形式播放之外，还可以与RealServer服务器相配合，首先由RealEncoder负责将已有的视频文件实时转换成RealMedia格式，再由RealServer负责广播RealMedia视频文件。在数据传输过程中可以边下载边由RealPlayer播放视频影像，而不必像大多数视频文件那样，必须先下载然后才能播放。目前，Internet上已有不少网站利用RealVideo技术进行重大事件的实况转播。

2. MOV文件格式（QuickTime）

MOV也可以作为一种流文件格式。QuickTime能够通过Internet提供实时的数字化信息流、工作流与文件回放功能，为了适应这一网络多媒体应用，QuickTime为多种流行的浏览器软件提供了相应的QuickTim Viewer插件，能够在浏览器中实现多媒体数据的实时回放。该插件的“快速启动（Fast Start）”功能，使用户几乎能在发出请求的同时便收看到第一帧视频画面，而且，该插件可以在视频数据下载的同时就开始播放视频图像，用户不需要等到全部下载完毕就能进行欣赏。此外，QuickTime还提供了自动速率选择功能，当用户通过调用插件来播放QuickTime多媒体文件时，能够自己选择不同的连接速率下载并播放影像。当然，不同的速率对应着不同的图像质量。此外，QuickTime还采用了一种称为QuickTime VR的虚拟现实（VR，Virtual Reality）技术，用户只需通过鼠标或键盘，就可以观察某一地点周围360° 的景象，或者从空间任何角度观察某一物体。

3. ASF（Advanced Streaming format）格式

Microsoft公司推出的Advanced Streaming format （ASF，高级流格式），也是一个在Internet上实时传播多媒体的技术标准，Microsoft公司希望用ASF取代QuickTime之类的技术标准。ASF的主要优点包括：本地或网络回放、可扩充的媒体类型、部件下载、以及扩展性等。ASF应用的主要部件是NetShow服务器和NetShow播放器。由独立的编码器将媒体信息编译成ASF流，然后发送到NetShow服务器，再由NetShow服务器将ASF流发送给网络上的所有NetShow播放器，从而实现单路广播或多路广播。这和Real系统实时转播的原理是大同小异。

4. MP3

MP3全称是动态影像专家压缩标准音频层面3（Moving Picture Experts Group Audio Layer III），是在1991年由位于德国埃尔朗根的研究组织Fraunhofer-Gesellschaft的一组工程师发明和标准化的。是当今较流行的一种数字音频编码和有损压缩格式，它大幅度地降低音频数据量，而对于大多数用户来说重放的音质与最初的不压缩音频相比没有明显的下降。

视野拓展

在线电视可根据终端分为3种形式，即PC平台、TV（机顶盒）平台和手机平台（移动网络）。

5. WMA

WMA（Windows Media Audio），它是微软公司推出的与MP3格式齐名的一种新的音频格式。由于WMA在压缩比和音质方面都超过了MP3，更是远胜于RA（Real Audio），即使在较低的采样频率下也能产生较好的音质。一般使用Windows Media Audio编码格式的文件以WMA作为扩展名，一些使用Windows Media Audio格式编码其所有内容的纯音频ASF文件也使用WMA作为扩展名。

8.2 在线听歌

很多人都喜欢一边网上冲浪，一边听着音乐。音乐是人们生活中不可缺少的元素，也是Internet娱乐生活的重要组成部分。Internet中拥有着丰富的音乐资源，人们可以充分利用Internet来享受音乐盛宴。

8.2.1 常用的音乐网站

通过访问专业网站，用户不仅可以欣赏到优美的音乐，而且还可以及时掌握最新的乐坛动态。下面就介绍下几个著名的音乐网站。

1. 百度MP3

百度MP3（http://mp3.baidu.com）（如下图所示）是一个搜索引擎，主要提供用户搜索歌曲，是全球最大的中文MP3搜索引擎。在百度MP3，可以便捷地找到最新、最热的歌曲，更有丰富、权威的音乐排行榜，指引华语音乐的流行方向。音乐掌门人是强大的音乐分享平台，用户可以发布个性专辑，分享自己喜爱的歌曲等。

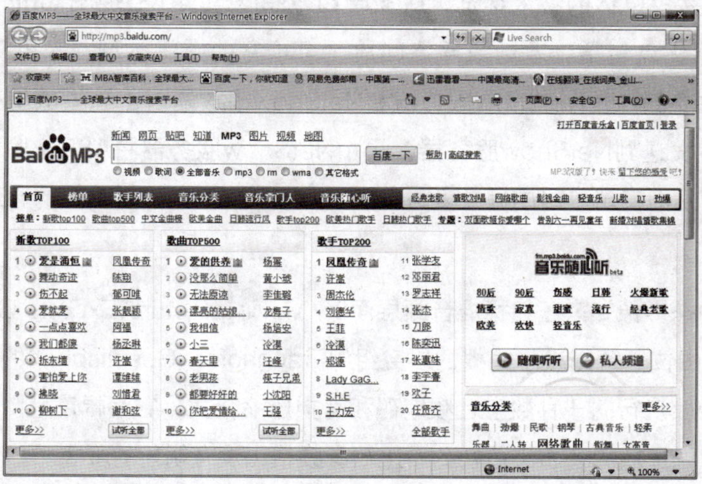

视野拓展

在线电视是通过计算机互联网或者其他数码设备联网在线同步播放电视节目音视频信号。

2. 一听音乐网

一听音乐网（http: www.1ting.com）是中国最大的在线音乐网站，集正版音乐、原创歌曲平台、网络电台为一体，拥有丰富的正版音乐库、原创歌曲展示平台（可乐频道）和精彩纷呈的电台节目（一听音乐台）。其界面如下图所示。

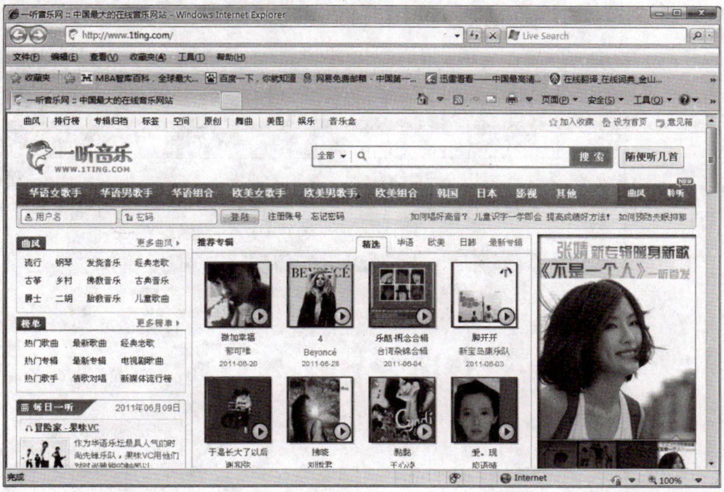

3. QQ音乐

QQ音乐（http://music.qq.com/）是中国最大的网络音乐平台，是中国互联网领域领先的正版数字音乐服务提供商，是腾讯公司推出的一款免费音乐播放器，向广大用户提供方便流畅的在线音乐和丰富多彩的音乐社区服务，海量乐库在线试听、卡拉OK歌词模式、最流行新歌在线首发、手机铃声下载、超好用音乐管理，绿钻用户还可享受高品质音乐试听、正版音乐下载、免费空间背景音乐设置、MV观看等特权。QQ音乐界面如下图所示。

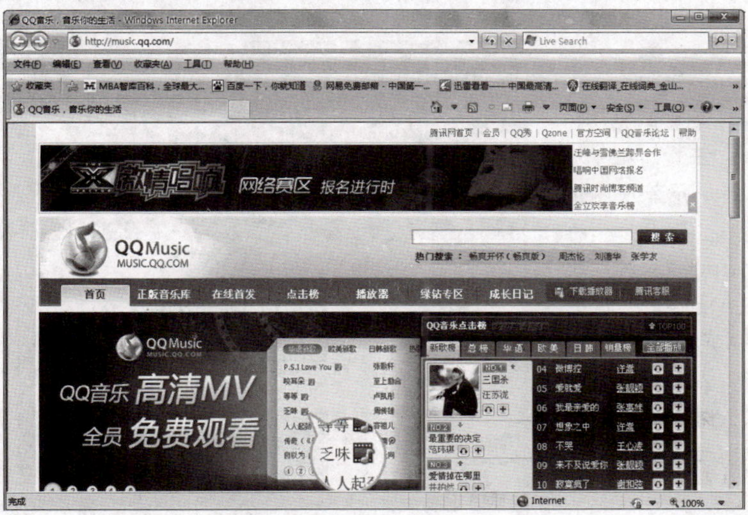

视野拓展

网络电视的基本形态有视频数字化、传输IP化、播放流媒体化。

4. 搜狗音乐盒

搜狗音乐盒（http://mp3.sogou.com/）（见下图所示）是搜狐公司推出的一款音乐媒体播放软件，基于搜狗网络音乐盒，依托搜狗强大的搜索技术、先进的P2P下载技术，搜狗音乐盒（桌面版）是一款集音乐搜索、下载和播放为一体的音乐播放器：功能强大、使用方便、完全免费、100%纯净。

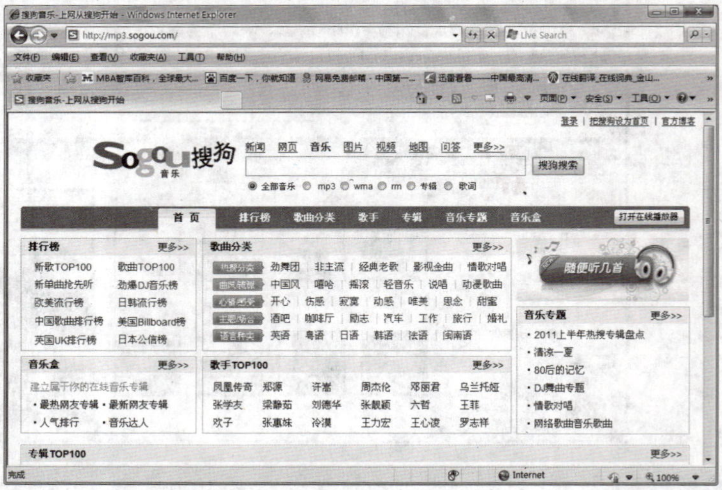

8.2.2 在线听音乐方法

上面介绍了几个著名的音乐网站，相信大家已经对这些网站有了一定的了解。下面就以在一听音乐网上收听电影《满城尽带黄金甲》中的周杰伦的歌曲《菊花台》为例，来介绍如何在线欣赏音乐。具体操作步骤如下。

操作步骤

1 启动浏览器，在地址栏中输入一听音乐网的地址“www.1ting.com”，然后按Enter键，打开一听音乐网的主页。单击网页中“华语男歌手”的文字链接

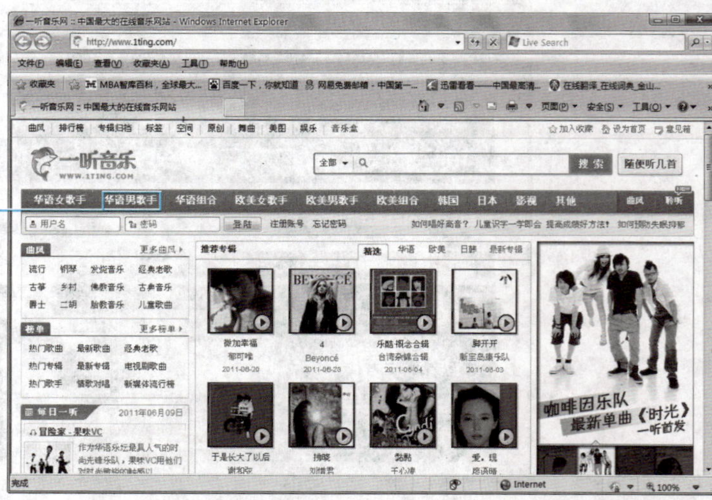

视野拓展

网络电视目前还处于推广阶段。虽然电视机的分辨率低、体积大（不适宜近距离收看），但电视用户还是大大多于PC用户。

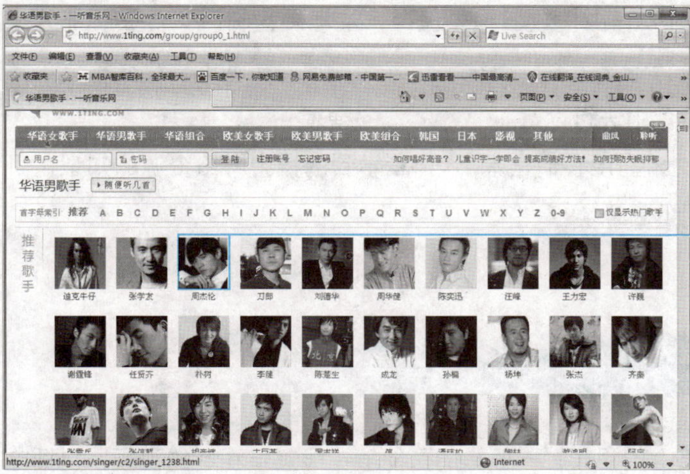

2 打开华语男歌手细致分类列表网页，找到“周杰伦”的文字链接，单击

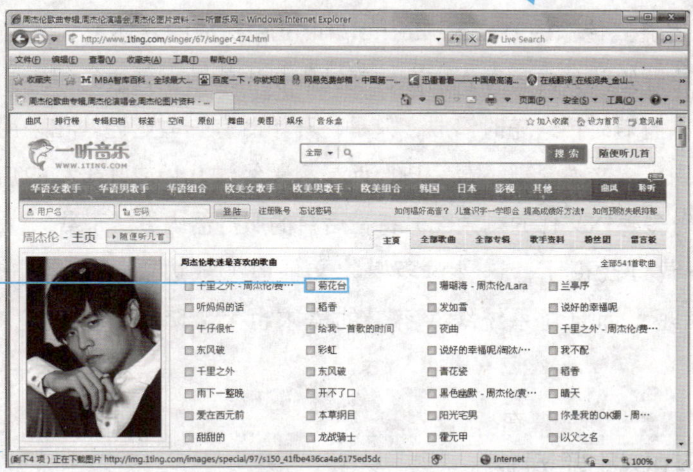

3 单击“菊花台”文字链接

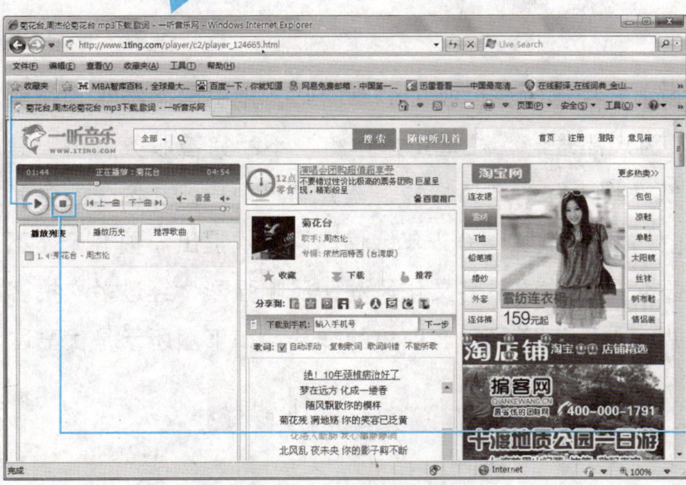

4 进入新的页面之后，缓冲数秒之后，就可以开始试听这首歌

5 单击此按钮可以暂停播放

小提示： 网上看视频或听歌的时候，缓冲就是在你看电影时提前把下一时段内容准备好，目的是可以更流畅地观看或者试听。缓冲的速度取决于CPU和内存大小，内存越大速度越快。

视野拓展

通过PC机收看在线电视是当前网络电视收视的主要方式，因为互联网和计算机之间的关系最为紧密。

缓冲是指在播放网络影音文件的时候，由播放器预先保存于本地硬盘临时文件夹一部分文件，以使播放更流畅。如果播放不流畅，一是与网速有关，另外与播放器缓冲的大小有关。读者可以在播放器的“工具”→“选项”命令中进行设置。

以上的查找方法其实并不是最优的，利用我们在本书第4章学到的搜索网络资源的知识，可以帮助我们更好、更快地找到我们想听的音乐。

8.3 在线看视频

在线视频，顾名思义，就是在网络上的视频，一般指的是能够在线直接观看的视频，包括电影、电视剧、综艺、动漫、小视频等。

在线视频采用流式传输的方式在Internet/Intranet播放的媒体格式，流媒体在播放前并不下载整个文件，只将开始部分内容存入内存，在计算机中对数据包进行缓存并使媒体数据正确地输出。流媒体的数据流随时传送随时播放，只是在开始时有一些延迟。在采用流式传输方式的系统中，用户不必等到整个文件全部下载完毕，而是只需经过几秒或几十秒的启动延时即可在计算机上进行播放。此时多媒体文件的剩余部分将在后台的服务器内继续下载。

与单纯的下载方式相比，这种对多媒体文件边下载边播放的流式传输方式不仅使启动延时大幅度地缩短，而且对系统缓存容量的需求也大大降低，极大地减少了用户用在等待的时间。

8.3.1 常用的视频网站

1. 优酷网

优酷网（http://www.youku.com/）是中国领先的视频分享网站，是中国网络视频行业的第一品牌。优酷网以 “快者为王”为产品理念，注重用户体验，不断完善服务策略，其卓尔不群的“快速播放，快速发布，快速搜索”的产品特性，充分满足用户日益增长的多元化互动需求，使之成为中国视频网站中的领军势力。2007年，优酷网首次提出“拍客无处不在”，倡导“谁都可以做拍客”，引发全民狂拍的拍客文化风潮，反响强烈，经过多次拍客视频主题接力、拍客训练营，优酷网现已成为互联网拍客聚集的阵营。如下图所示是优酷网的首页界面。

视野拓展

在线广播不一定要有线接收的，比如笔记本电脑无线上网，移动电话网络就属于无线传输；台式电脑多属于有线传输。

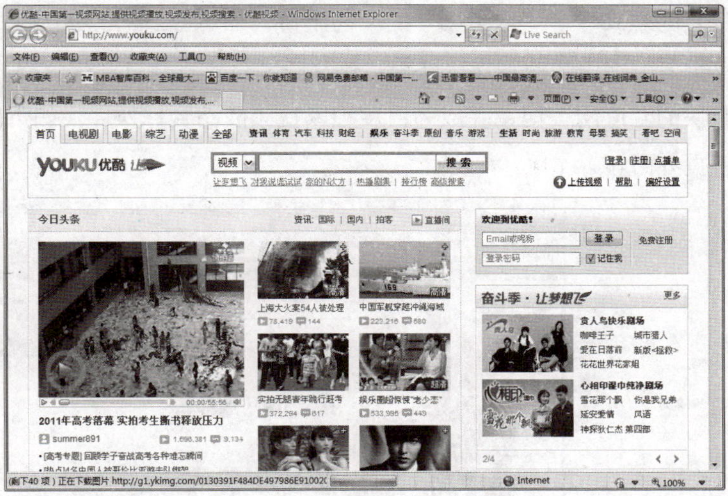

2. 土豆网

土豆网（http://www.tudou.com/）是中国最早和最大的视频分享平台，用户可以通过其平台轻松发布、浏览和分享视频作品。土豆网于2005年4月15日正式上线，很快成为世界上最大的视频分享网站之一。现在每天土豆网的视频播放量最高超过1亿次，每天独立用户数超过1500万。这其中既包括网友自行制作的视频节目，比如播客和用户原创视频，也包括来自内容提供商的视频节目，比如电影、电视剧和娱乐综艺节目等。如下图所示是土豆网的首页界面。

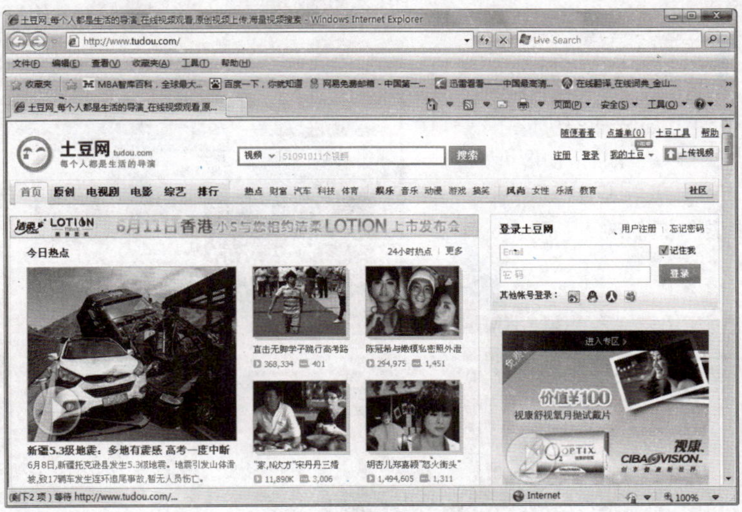

3. 酷6网

酷6网（http://www.ku6.com/）成立于2006年4月，是基于用户产生内容（UGC）基础上的视频网站，是唯一跟上传视频用户进行广告分成的UGC视频网站。从公司成立，酷6网就建立了一种革命性的商业理念，即用户参与广告制作和传播的模式（UGA），在视频原创作者和广告客

视野拓展

在线电视与传统电视的最大区别就是：传统电视是模拟载波信号传输音视频信号，而现在的在线广播是数字信号传输音视频数字信号再解码播放。

户之间建立一个“双透明”的交易平台，酷6通过运营这个平台来实现自己的商业价值。携中国原创视频联盟，得互联网行业所瞩目，被业界评为全球上升速度最快的互联网公司，并成为百度独家视频战略合作伙伴。如下图所示是酷6网的首页界面。

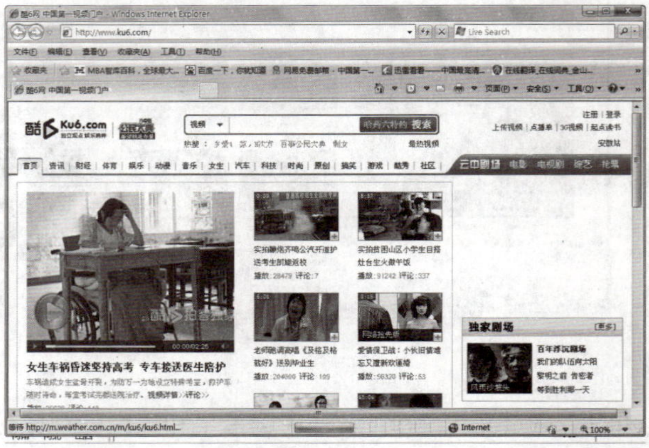

8.3.2 在线看视频方法

本节给读者介绍如何在线观看电视剧“三国演义”，具体步骤如下。

操作步骤

1 启动浏览器，在地址栏中输入优酷网的地址www.youku.com，按Enter键，打开优酷网的主页，在网页单击“电视剧”文字链接

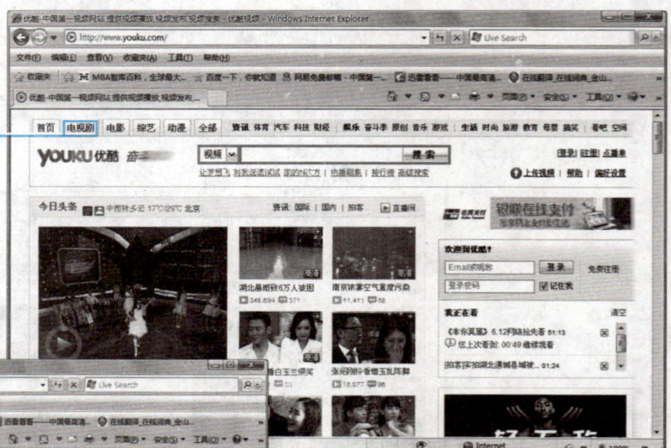

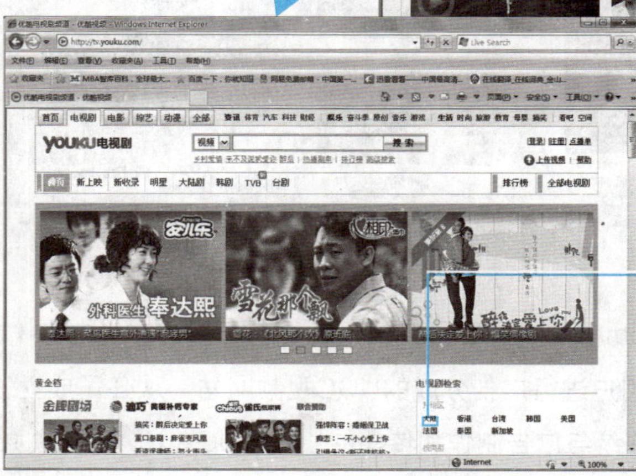

2 在新的页面电视剧检索部分找到“大陆”的文字链接并单击

视野拓展

在线电视是通过数字信号的传输，被计算机等数字设备接收（比如笔记本电脑、台式电脑、能上网的移动电话等数字设备）。

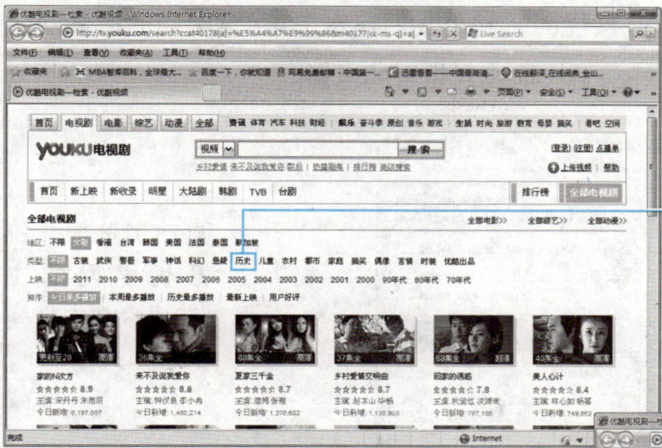

3 在全部电视剧的类型行找到“历史”文字链接并单击

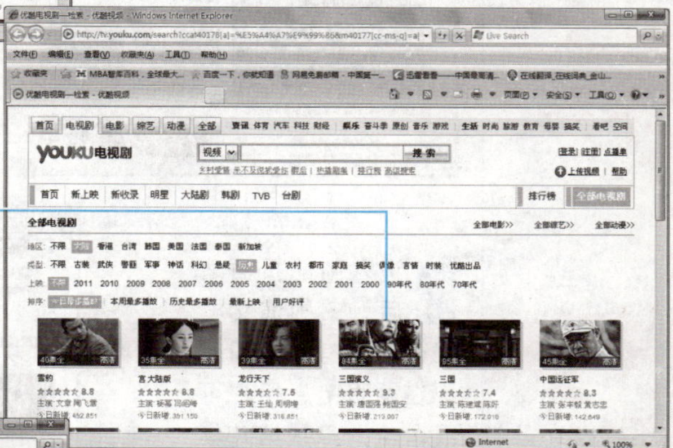

4 进入新的页面就可以看到“三国演义”的图片和文字链接，单击文字链接

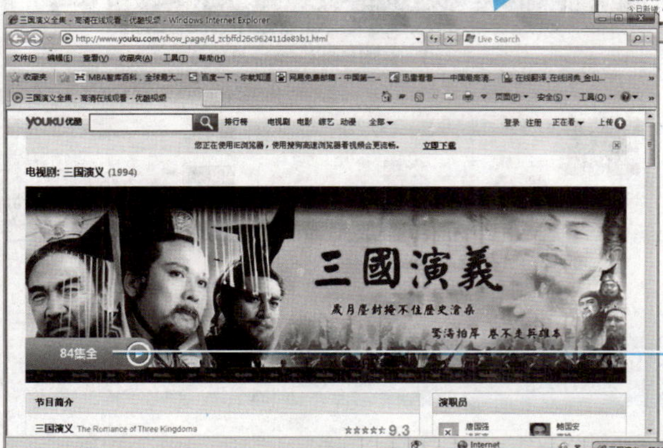

5 在弹出的网页中单击“84集全”文字链接

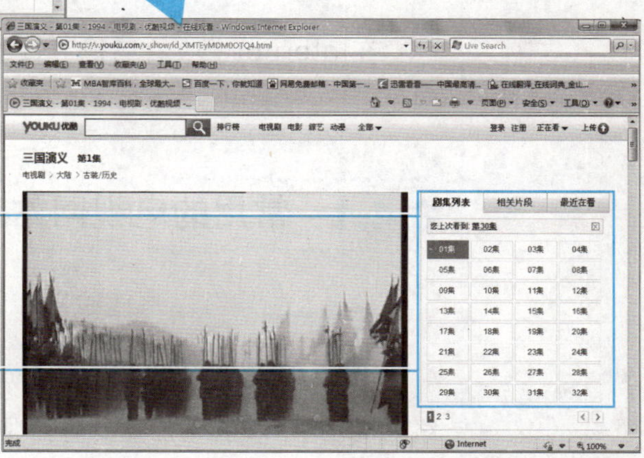

6 电视开始播放后，在画面右侧有一个“剧集列表”

7 在此可以自由选择自己想看的剧集

视野拓展

在线广播与传统广播的最大区别就是传统广播是模拟信号传输，而现在的在线广播是数字信号传输。

以上的查找方法其实并不是最优的，利用我们在本书第4章学到的搜索网络资源的知识，可以帮助我们更好、更快地找到想看的电影。

操作步骤

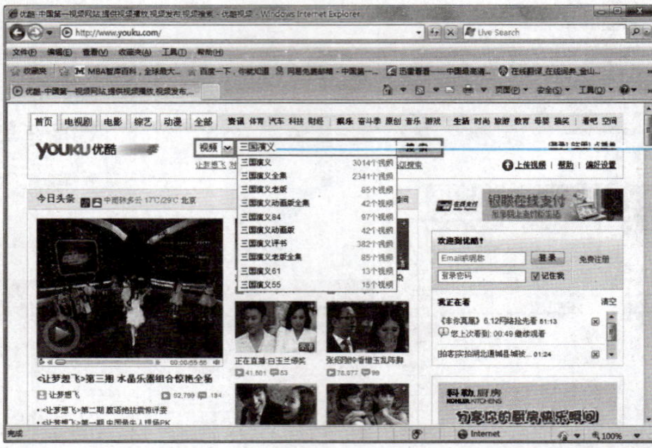

1 启动浏览器，打开优酷网的主页，在搜索文本框输入“三国演义”。

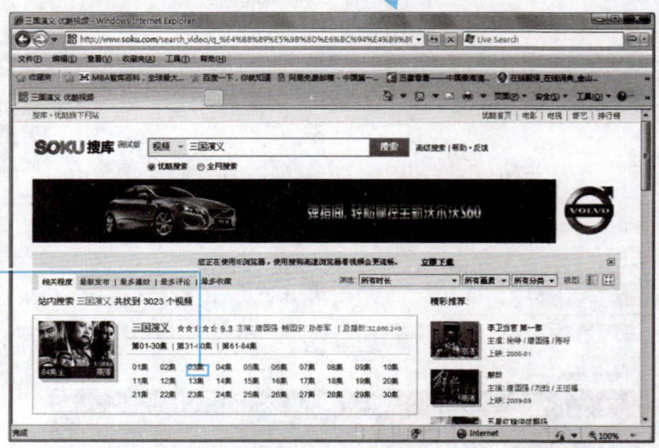

2 进入新的页面之后，三国演义电视剧的所有链接即呈现在网页上，用户可以自由选择从第几集开始收看。比如单击此处“03集”的文字链接，即可从第三集开始收看三国演义

8.4 在线看电视

在Internet中收看电视节目的操作并不复杂，下面简单介绍常用的电视网站。

8.4.1 常用的电视网站

1. PPTV

PPTV网络电视（http://www.pptv.com/）是PPLive旗下产品，一款P2P网络电视软件，支持对海量高清影视内容的“直播+点播”功能。可在线观看“电

视野拓展

在线广播是通过计算机互联网或者其他数码设备联网在线同步播放广播。

影、电视剧、动漫、综艺、体育直播、游戏竞技、财经资讯”等丰富视频娱乐节目。P2P传输，越多人看越流畅、完全免费，是广受网友推崇的上网装机必备软件。其界面如下图所示。

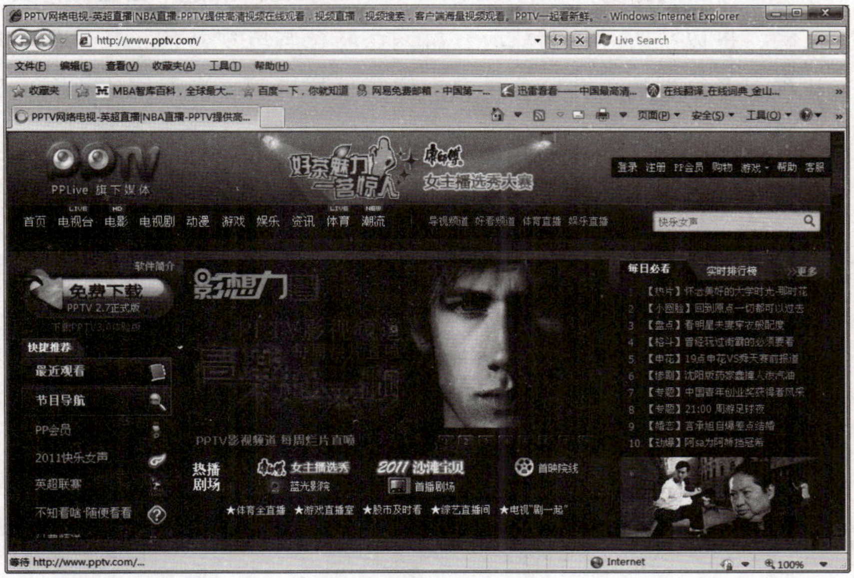

2. PPS网络电视

PPS网络电视（http://www.pps.tv/）是全球第一家集P2P直播、点播于一身的网络电视软件。PPS网络电视能够在线收看电影、电视剧、体育直播、游戏竞技、动漫、综艺、新闻、财经资讯…… 播放流畅、完全免费，PPS网络电视是目前网民喜爱的装机必备软件之一，其界面如下图所示。

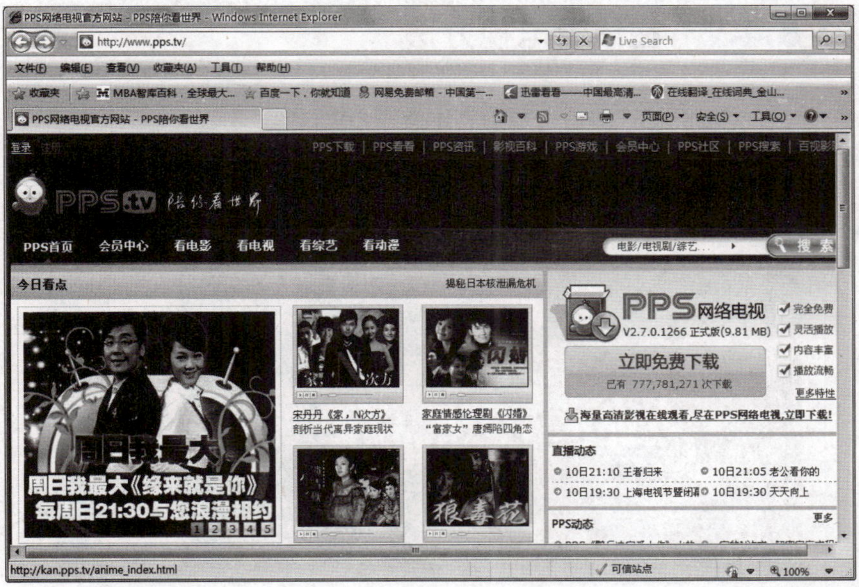

视野拓展

在线广播是通过数字信号的传输，被计算机等数字设备接收。

3. 中国网络电视台

中国网络电视台（http://www.cntv.cn/）是中国国家网络电视播出机构，是以视听互动为核心、融网络特色与电视特色于一体的全球化、多语种、多终端的公共服务平台。充分发挥电视平台和网络平台的双平台的优势，对国际国内重大政治、经济、社会、文化、体育等活动和事件以网络视听的形式进行快速、真实的报道和传播；同时着力为全球用户提供包括视频直播、点播、上传、搜索、分享等在内的，方便快捷的“全功能”服务，成为深受用户喜爱的公共信息娱乐网络视频平台。如下图所示为中国网络电视台简体中文首页。

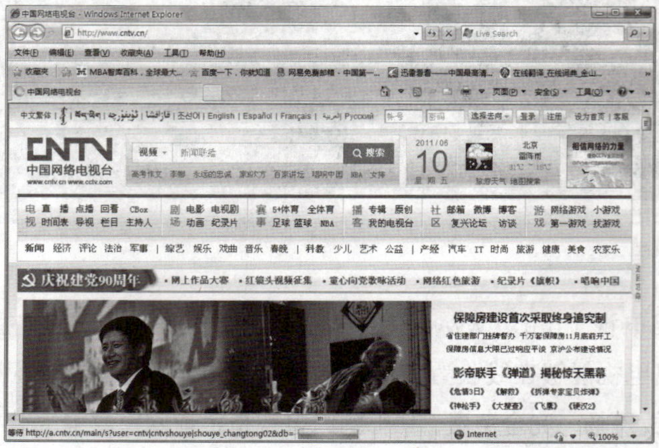

8.4.2 在线看电视方法

下面介绍在线看电视的具体操作步骤。

操作步骤

1 启动浏览器，在地址栏中输入PPTV的网址http://www.pptv.com/，按Enter键，打开PPTV网络电视的主页

2 单击屏幕左上方的“电视台”文字链接

视野拓展

连续的图像变化每秒超过24帧（frame）画面以上时，根据视觉暂留原理，人眼无法辨别单幅的静态画面，看上去是平滑连续的视觉效果，这样连续的画面叫做视频。

3 进入收看界面。在网页的左边就是可以收看的电视频道，用户可以根据自己的喜好选择电视台。本书选择收看“东方卫视－新闻联播”频道为例，单击其文字链接，即可进入东方卫视频道收看其播放的节目

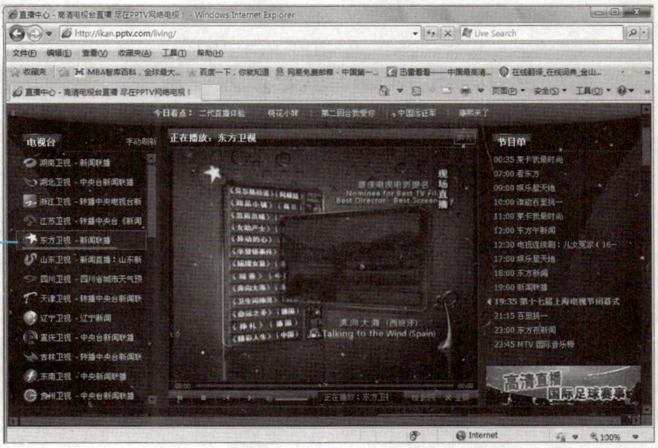

8.5 在线收听广播

目前，许多电台都在Internet上提供了在线广播的服务，用户可以直接通过电脑收听广播电视节目。

8.5.1 常用的广播网站

1. 广播台

广播台（www.gbtai.com）是国内最大、最全的一个以网络广播电台播放为主的导航网站。它涵盖了国内32个省市自治区以及港澳台地区、东南亚及欧美主要华语广播电台的在线播放。自2006年上线以来，其提供的广播电台在线收听不断更新丰富，到目前为止已经可以提供近1000家电台的收听。是国内最早关注广播电台在线收听应用探索的实践者之一。其网站界面如下图所示。

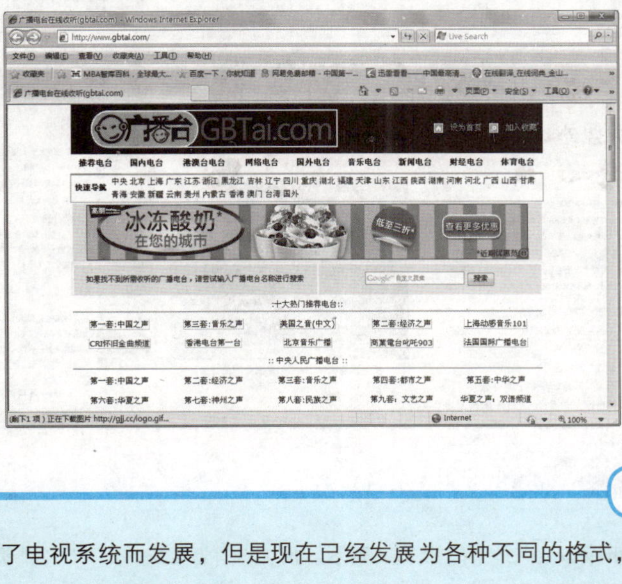

视野拓展

视频技术最早是为了电视系统而发展，但是现在已经发展为各种不同的格式，以便消费者将视频记录下来。

2. 电台世界

电台世界（FIFM.CN ）是最大、最全广播电台在线收听网站，收集了国内、港澳、国外几千多个广播电台，网罗财经、娱乐、社会新闻，外语电台、流行歌曲、摇滚乐、爵士乐、民乐、交响乐等各个方面的广播电台。其界面如下面所示。

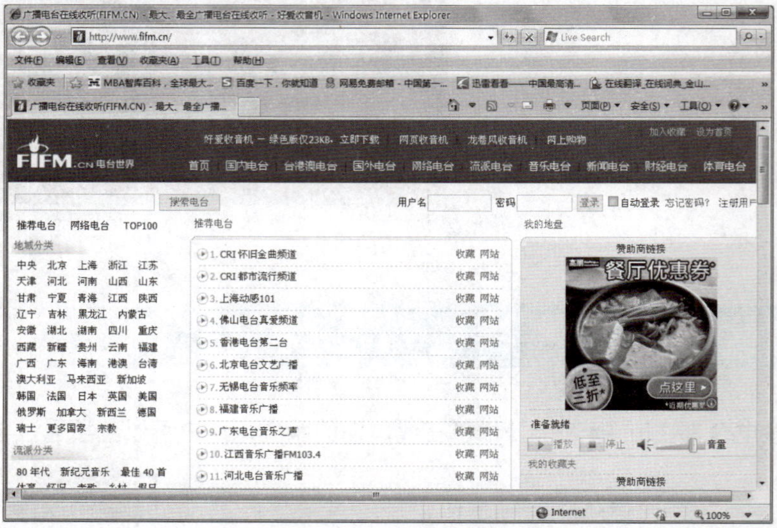

3. 中国国际广播电台

中国国际广播电台（CRI）创办于1941年12月3日，是中国向全世界广播的国家广播电台。其宗旨是 “ 向世界介绍中国，向中国介绍世界，向世界报道世界，增进中国人民与世界人民之间的了解和友谊 ” 。2009年7月16日，中国国际广播电台移动国际在线在北京启动。其网站界面如下图所示。

视野拓展

3D视频的分辨率以voxel（体素）来表示。例如一个512×512×512体素的分辨率，用于简单的3D视频，可以被包括部分PDA在内的电脑设备播放。

8.5.2 在线收听广播方法

下面介绍下在线收听光广播的操作步骤。

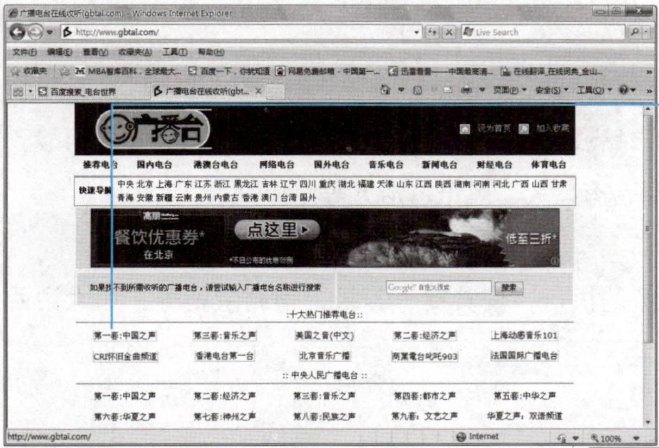

1 启动浏览器，在地址栏中输入广播台的地址www.gbtai.com，按Enter键，打开广播台的主页，收听第一套“中国之声”。单击“第一套：中国之声”文字链接

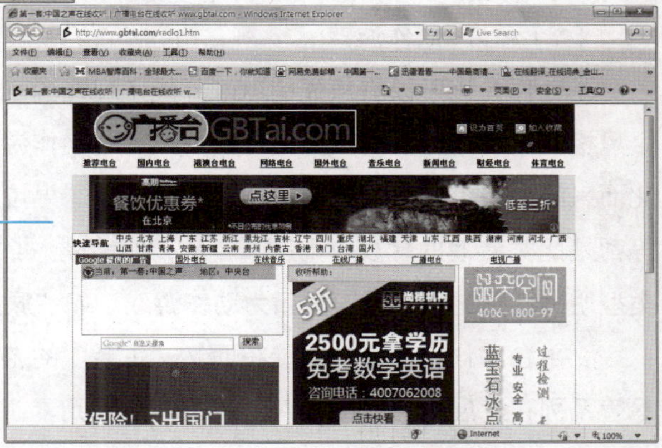

2 进入新的页面之后，即可根据自己兴趣开始收听中国之声的节目

8.6 网上游戏

Internet是人们娱乐与休闲的好去处，近几年来，随着因特网的日益完善，网络游戏也得到了飞速发展，各种新游戏层出不穷。上网玩游戏已经成为了一种现代时尚，更成为许多人心目中的一种重要的娱乐休闲手段。

8.6.1 网络游戏的定义及分类

网络游戏，英文名称为Online Game，又称“在线游戏”，简称“网游”。指以互联网为传输媒介，以游戏运营商服务器和用户计算机为处理终端，以游戏客户端软件为信息交互窗口，旨在实现娱乐、休闲、交流和取得虚拟成就的具有可持续性的、个体性的、多人在线游戏。

视野拓展

目前经常见的视频格式无非就是两大类：影像格式（Video）和流媒体格式（Stream Video）。

1. 从种类方面分类

（1）棋牌类休闲网络游戏

即登录网络服务商提供的游戏平台后，进行双人或多人对弈，如纸牌、象棋等，提供此类游戏的公司主要有腾讯、联众、新浪等。

（2）网络对战类游戏

即玩家通过安装市场上销售的支持局域网对战功能游戏，通过网络中间服务器，实现对战，如CS、星际争霸、魔兽争霸等，主要的网络平台有盛大、腾讯、浩方等。

（3）角色扮演类大型网上游戏

即RPG类，通过扮演某一角色，通过任务的执行，使其提升等级，得到宝物等，如大话西游、传奇等，提供此类游戏的平台主要有盛大等。

2. 从游戏模式方面分类

（1）ACT=动作游戏

①动作：之所以将原先的ACT分成了现在的三个类型，是因为ACT作为类型大项，已经有几个风格，内容体验差别很大。重新分类后的动作游戏，泛指从传统清版或卷轴动作游戏发展和变化而来的，以打斗、过关为主的游戏类型，“鬼泣”、“战神”、“无双”系列、“红侠乔伊”等都是此类游戏的代表。而NDS、WII平台上一些新颖的体感游戏或迷你游戏合集，在没有其他类型明确特征的情况下，也归为动作游戏，如“疯兔危机”、“瓦里奥制造”等。

②平台动作：这是一个传统而又“古老”的游戏类型，其中最著名的当属“马里奥”系列，尽管系列在发展的过程中融入了越来越多的元素，但核心内容一直没有改变。所谓“平台”概念较难理解，大家可以把平台游戏的场景看成是一个巨大的盆景或是模型，里面有若干个高低大小不同的版块，玩家可以跳跃在这些版块或平台间。其他平台动作游戏的代表有“古惑狼”、“索尼克”、“超级猴球”等。

③动作射击：也许有人曾为“魂斗罗”这样的游戏属于ACT还是STG而争论不休。现在，我们把所有以射击为主要攻击手段的动作游戏单独归为一类。虽然不是很精确，但“操作可以看到全貌的人或机器人开枪杀敌”算是一种比较好理解的说法。动作射击游戏的代表作有“合金弹头”、“装甲核心”等，同时也包括“战争机器”这样的第三人称（越肩视点）射击游戏。

（2）AVG=冒险游戏

①文字冒险：文字冒险游戏主要以文字、对白形式表现剧情，而玩家则通过选择不同的分支选项来影响故事发展甚至改变结局，所以此类游戏大都预设了多种结局。文字冒险游戏多以恐怖、惊悚、推理、恋爱为题材，其中也包括“音响小说”这种特殊的互动形式。大家熟悉的文字

视野拓展

AVI格式调用方便、图像质量好，但缺点就是文件容量过于庞大。

冒险游戏包括“恐怖惊魂夜”、“Fate/STAY NIGHT”、“逆转裁判”等。

②动作冒险：动作冒险游戏多表现探险、寻宝、生存（原文此处为逃生）等内容，需要对角色进行操作，且对操作技巧有一定要求，部分游戏的操作难度甚至不亚于动作或动作射击游戏。但动作冒险类游戏有一个共同点，那就是解谜或动作解谜的比重很大，动手动脑、观察思考才能顺利通关，“古墓丽影”、“生化危机”、“寂静岭”、“大神”等都是动作冒险游戏中的代表。

（3）PUZ=益智游戏

PUZ原来指用于培养和开发儿童智力的拼图游戏，之后概念得到扩展，引申为各类益智休闲游戏。“俄罗斯方块”是其中最为经典的作品，“宝石方块”、“旋转泡泡球”、“LUMINES”等也是深受大家喜爱的益智游戏。本次分类会将益智游戏的范围进一步扩充，“脑白金”、“找碴博物馆”等原本归于ETC类型的健脑类游戏，也一并归为益智游戏类型。其他归为益智类的还有少量以智力问答为核心内容的游戏。

（4）FTG=格斗游戏

格斗又成“对战格斗”，尽管也有2D和3D格斗之分，但其概念与特征一直没有太多的变化，正统的FTG有体力槽、操作和出招方式、角色处于同一轴线以及讲究对抗与平衡相对统一的特点，因此不再拆分。“街头霸王”、“格斗之王”、“VR战士”、“铁拳”等都是玩家十分熟悉的格斗游戏。注意，像“任天堂全明星大乱斗”和一些动漫改编的乱斗游戏不具备格斗游戏的传统特征，因此均归为动作类游戏。

（5）MSC=音乐游戏

音乐游戏是一种音乐节奏、指令编排和操作反馈之间彼此互动的游戏类型。该类型出现时间较晚，最早曾被认为是“方块游戏”的变种，但随着Konami把这一类型做大做强。音乐游戏在街机和家用机时常都曾有不俗的表现，“劲舞革命”（DDR）更是引发过社会现象。现在比较活跃的音乐游戏有“太鼓之达人”、“DJMAX”、“应援团”等，而销量火爆的“吉他英雄”系列也让音乐游戏重新得到了玩家和市场的重视。

（6）SPG=体育游戏

体育游戏相对比较好理解，但需要特别说明的是，这一类型中所包含的体育项目基本上都是以人类自身能力进行的项目，即便是借助于器械，也是以自身力量为动力的。这些体育项目中有各种球类运动、田径、体操、滑雪、极限运动、拳击、摔跤等，如“胜利十一人”、“托尼·霍克滑板”、“拳击之夜”等，但不包括脑力对抗的棋牌游戏，也不包括驾驶车辆的竞速游戏。另外，“WiiSports”、“Wii Fit”等以体育项目为主的体感游戏也归入体育游戏类型。

（7）SLG=战略游戏

①策略：模拟和策略本是两个从内容到特点完全不同的类型概念，却都归为SLG，这显然不

视野拓展

REAL VIDEO（RA、RAM）格式可以在用 56Kbps Modem拨号上网的条件实现不间断的视频播放，可是其图像质量比VCD差些。

太科学。策略游戏也称“战略游戏”，玩家在游戏中扮演的不是单一的人物，而是一方势力，运用规则和策略与电脑或其他玩家展开较量，以取多种形式的胜利，如攻城拔寨、开拓疆土、统一全国或者称霸整个游戏世界。因此，策略游戏以历史题材居多，战斗一般采用回合制。“三国志”、“信长的野望”、“大战略”这些策略游戏系列大家应该不会感到陌生。

②模拟育成：将模拟游戏分成两类，主要是想对游戏中需要培养的对象加以区分。在模拟育成游戏中，玩家培养的对象主要是人或生物，也可以是机器人或者机械生命体，其游戏目的就是让培养对象不同方面的能力得到提升，根据能力差异可以达成不容的目标或结局。“模拟人生”、“偶像大师”、“美少女梦工场”、“任天狗”都属于模拟育成游戏的范畴。

③模拟经营：模拟经营游戏一般是以企业、城市等非生命体为培养对象，玩家扮演的是投资者或决策者的角色，主要目的是在经营过程中获取利润，并不断扩大规模。代表作有“模拟城市”、“主题公园”、“A列车”等。

④即时战略：即时战略应该算是SLG的一个分支，与策略游戏原属同宗，在基本构成上比较相近，但系统区别比较大。游戏中的一切都是实时发生的，这就要求玩家在操作技巧和战局指挥上均具备一定的能力。由于即时战略游戏在世界范围内迅速风靡，使之发展成为一个相对独立的游戏类型，代表作有“魔兽争霸”、“星际争霸”、“帝国时代”等。

（8）STG=射击游戏

①射击：STG曾经是一个庞大的类型，与ACT一样经历过一些发展方向的大变革，因此这里也进行了必要的区分。中文化游戏类型中的射击游戏，主要是指传统卷轴式射击游戏，如“沙罗曼蛇”、“1945”、“斑鸠”等名作。但由于现在此类游戏的新作越来越少，倒是下载游戏有不少像“几何战争”这样的射击佳作，所以我们把一些空战射击题材的游戏，如“皇牌空战”、“星际火狐”等也归为射击游戏。

②光枪射击：光枪射击是一种需要特殊光枪外设才能达到最好游戏效果的体感游戏，与一般射击游戏概念上有比较大的出入。玩光枪射击游戏时一般看不到所使用的角色，但与主视点射击游戏不同的是，玩家不需要控制角色的移动，游戏镜头会以固定的速度和轨道推进，所以也有“轨道游戏”的别称。“死亡之屋”、“化解危机”、“沉默的狙击手”都是光枪射击游戏中的佳作。

（9）RPG=角色扮演

RPG一般是指由玩家扮演游戏中的一个或数个角色，有完整的故事情节，强调剧情发展和个人体验。具有升级和技能成长要素的游戏。由于RPG和ACT一样是个大类型，所以目前也有4种主流分支。此次分类中的角色扮演仅指战斗系统采用回合制或半即时制，合理利用角色能力和技能克敌制胜的RPG，“勇者斗恶龙”、“最终幻想”、“仙剑奇侠传”等。

视野拓展

WMV的主要优点在于：可扩充的媒体类型、本地或网络回放、可伸缩的媒体类型、流的优先级化、多语言支持、扩展性等。

8.6.2 著名的游戏网站

1. 17173网站

2001年3月初，网络游戏在中国刚刚起步的时候，17173应运而生，取名谐音“一起一起上”，为17173日后领军中文网游媒体提供了先天优势。2003年11月，搜狐全资收购17173，使17173完成了从一个网游资讯平台到中文网游第一门户的巨大跨越。

17173是一家服务于游戏玩家和游戏企业的领先在线媒体及增值资讯服务提供商，是玩家获得游戏资讯、交流沟通的首选网站，也是游戏供应商最信任的宣传平台。17173的注册用户超过5000万，日浏览量超过7500万次，是中国及全球华人游戏玩家中最受推崇的游戏门户网站。 目前17173拥有超过500个游戏专区，是17173的核心内容，也是国内最大最全的游戏专区，它同新闻中心、游戏论坛、游戏博客、视听中心、游戏百科、Flash小游戏、网页游戏、单机站、下载站等内容一起，为中国的游戏产业提供着最专业、最权威、最丰富的新闻资讯，同时积分商城和用户中心的强势联手也为17173用户提供了贴心便捷的增值服务。另外，17173建立了广泛的频道合作关系网，在17173上发布的网络游戏新闻会在超过70个大型网站上看到，在17173上制作网络游戏专区等于在70多个网站做专区。其网站界面如下图所示。

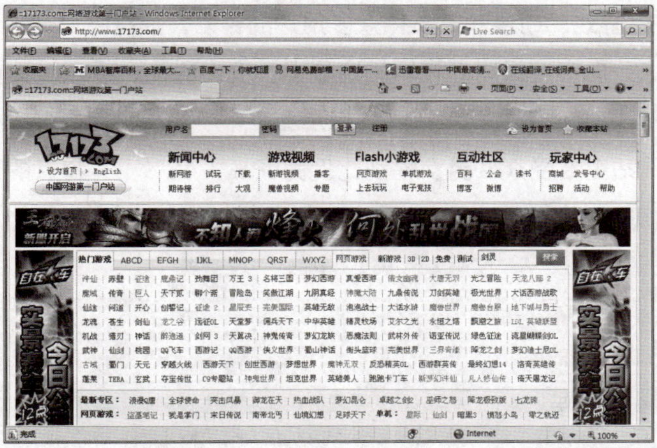

2. 4399游戏

4399定位在中小学与白领阶层，主要以休闲类Flash小游戏为主，整个网站也是做得非常的简洁。从小游戏的留言可以看得出，中小学生占到4399的83%。Flash动画游戏近几年开始在中国都非常火爆，而4399专做Flash游戏，流量是中国同类网站的TOP1。“没有大游戏的绚丽场景和华丽造型，小游戏所有的仅仅是搞笑的情节，可爱的画面，通过简单的鼠标和键盘，使您放松心情，减轻压力，因此小并不是缺点，而关键在于速度，游戏本身的速度。以速制胜，这就是小游戏。”这也是Flash游戏的含义。网站首页界面如下图所示。

视野拓展

目前各在线视频网站均采用Flv视频格式，如新浪播客、优酷、土豆、酷6、YouTuBe等，无一例外。

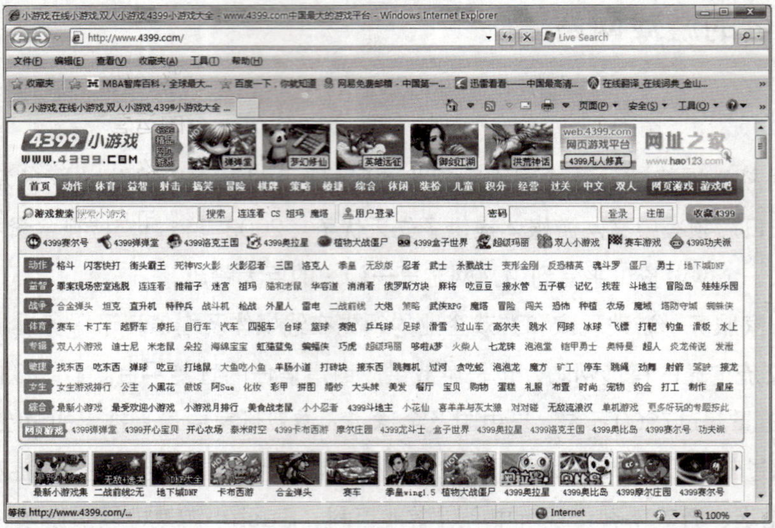

3. 7K7K游戏

7K7K是国内最专业的休闲游戏网站之一。网站始建之初主要由网民上传并搜集互联网上广泛的小游戏资源，是国内老牌小游戏网站，拥有大批粉丝人群。7K7K网站设计简单，游戏分类清晰。首页无任何动态广告，倡导“绿色游戏”理念，网站响应速度快，一直以优秀的整体形象、数量庞大的精品小游戏、动漫作品赢得众多用户的钟爱，拥有超过60%以上的用户是通过朋友介绍方式访问7K7K，忠实度很高。在网站定位上，突出时尚、娱乐、休闲、绿色理念。更适合现代年轻人群的时尚快捷生活方式。在网站用户上，中小学生占比10%，白领用户及近似人群占比5%以上，成为网站主要受众。男女性别比例为58%：42%。有特点的用户结构，亦吸引了众多广告主的关注。网站首页界面如下图所示。

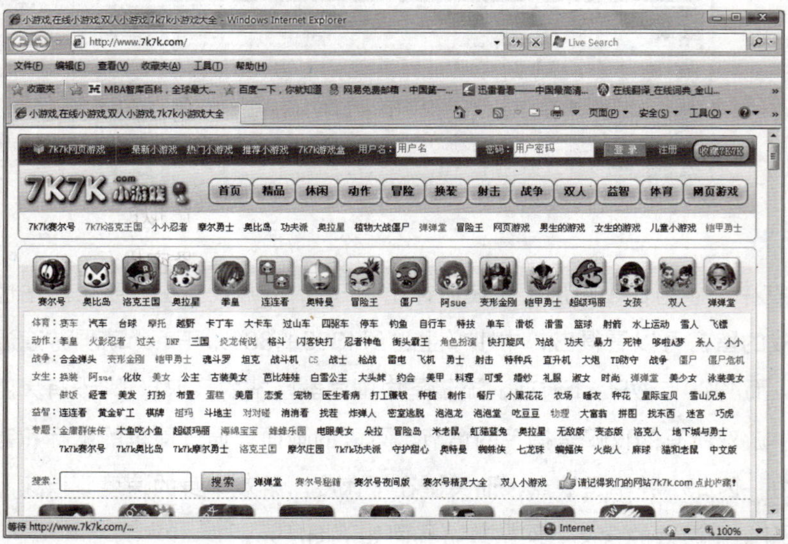

视野拓展

在功能设计上，QQ影音播放界面中设置有方便实用的打开文件按钮，界面属简易风格，并在操作方式上做了比较周全的考虑，可兼容暴风影音和其他软件。

4. 多玩游戏

多玩游戏网是涵盖客户端游戏、网页游戏、TV游戏、单机游戏、小游戏的综合性游戏媒体网站。旗下业务还包括YY语音软件，玩家公会，以及多款网页游戏的运营。多玩游戏网是由前网易总编辑李学凌先生创办目前正在迅猛发展期，网站以简单的页面风格、全面的游戏资料、高水准的编辑为重要组成部分，已成为游戏玩家首要选择的游戏资讯专业门户之一。网站首页界面如下图所示。

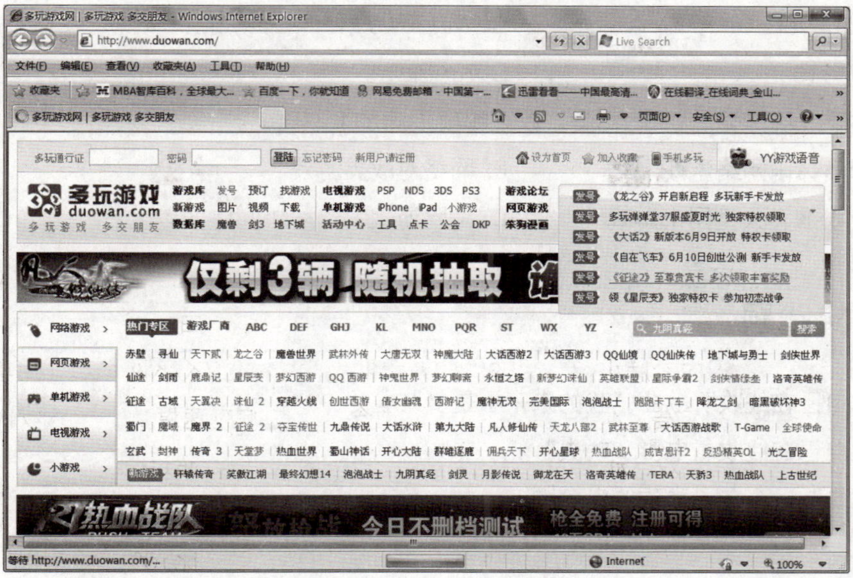

8.7 本章小结

本章主要讲解了网上视听娱乐的方法和技巧，介绍了在线听歌、在线视频、在线电视、网络游戏等主要内容。

网络已经深入到人们生活与工作的各个层面中，在网络这个虚拟的世界中，可以尽情地享受网络带来的各种娱乐方式，网络与人们的日常工作和生活将更加紧密地联系在一起。

8.8 趁热打铁

现在用本章学到的知识解决下面的问题。

视野拓展

目前韩国官方已经在Kmplayer里自带了中文字库，只要用户是中文系统，软件就会自动识别，十分方便。

8.8.1 选择题

1. 目前网络上流行的音频格式是（　　）。

A. ASF　　B. MP3

C. RM　　D. RMVB

2. 微软在操作系统中整合了（　　）播放器。

A. RealPlayer　　B. Windows Media Player

C. 暴风影音　　D. KmPlayer

3. 网络游戏从种类上划分为3类，以下哪项不满足（　　）。

A. 棋牌类休闲网络游戏　　B. 网络对战类游戏

C. 角色扮演类大型网上游戏　　D. 冒险游戏

8.8.2 实践题

1. 尝试自己在线收听歌曲“我的未来不是梦”。
2. 尝试自己在线收看电影“功夫”。
3. 尝试收听一个自己喜欢的电台频道。

视野拓展

标清电视频号分辨率为720/704/640×480（NTSC）或768/720×576（PAL/SECAM）。

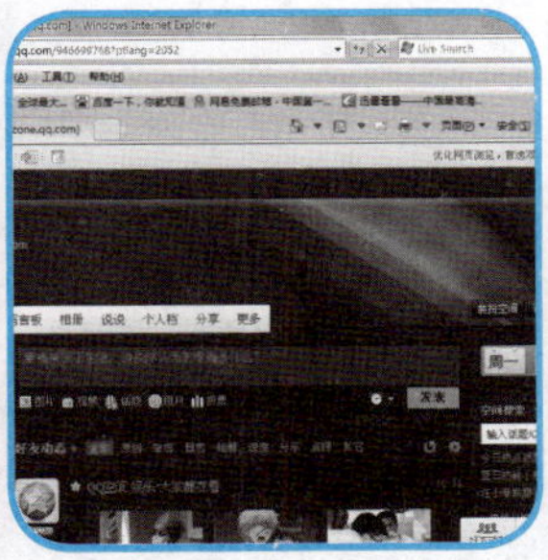

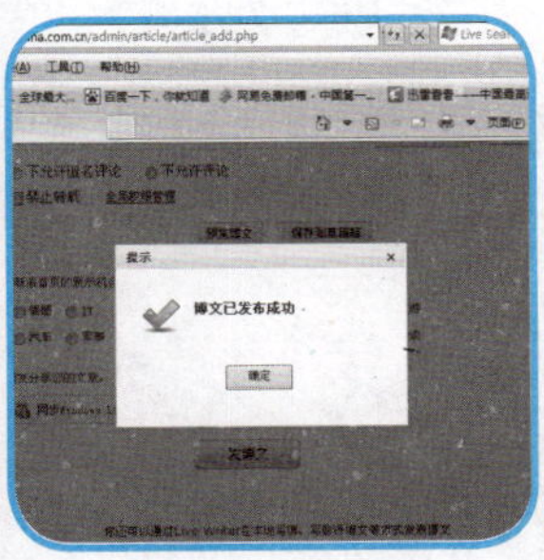

第9章 博客与微博

本章导读

博客与微博都是Internet日渐普及、全民参与这种大环境下的产物。博客提供了一种方便快捷的网络个人信息发布方式，可以将个人工作经验、学习生活体会和思想历程进行记录和发表，与众人分享；微博是以140字左右的文字更新信息，并实现及时分享的个人信息发布方式。最早也是最著名的微博是美国的Twitter，根据相关公开数据，截至2010年1月份，该产品在全球已经拥有7500万注册用户。2009年8月份中国最大的门户网站新浪网推出“新浪微博”内测版，成为门户网站中第一家提供微博服务的网站，微博正式进入中文上网主流人群视野。

本章学习目标

- 了解常用的博客，并且学会使用其中的一种
- 了解常用的微博，并且学会使用其中的一种

本章学习重点

- 学会博客和微博的使用

9.1 建立属于自己的网站——博客

博客的出现，为人们展示自我提供了一个广阔的平台，使人与人之间的交流沟通变得更加方便，它将个人的思想、心得、学习生活的体验发布出来，与众人分享。博客正在日益影响和改变着我们的生活。

9.1.1 什么是Blog

博客（Blog），又可译为网络日志、部落格或部落阁等，是一种通常由个人管理、不定期张贴新的文章的网站。博客上的文章通常根据张贴时间，以倒序方式由新到旧排列。许多博客专注在特定的课题上提供评论或新闻，其他则被作为比较个人的日记。一个典型的博客结合了文字、图像、其他博客或网站的链接、其他与主题相关的媒体。能够让读者以互动的方式留下意见，是许多博客的重要要素。大部分的博客内容以文字为主，仍有一些博客专注在艺术、摄影、视频、音乐、播客等各种主题。博客是社会媒体网络的一部分。

9.1.2 常用Blog简介

目前国内提供Blog服务的网站数不胜数，下面介绍几个常用的博客网站。

1. QQ空间

QQ空间（Qzone）是腾讯公司于2005年开发出来的一个个性空间，具有博客的功能，自问世以来受到众多人的喜爱。在QQ空间上可以书写日记，上传自己的图片，听音乐，写心情。通过多种方式展现自己。除此之外，用户还可以根据自己的喜爱设定空间的背景、小挂件等，从而使每个空间都有自己的特色。当然，QQ空间还为精通网页的用户还提供了高级的功能：可以通过编写各种各样的代码来打造自己的空间。QQ空间界面如右图所示。

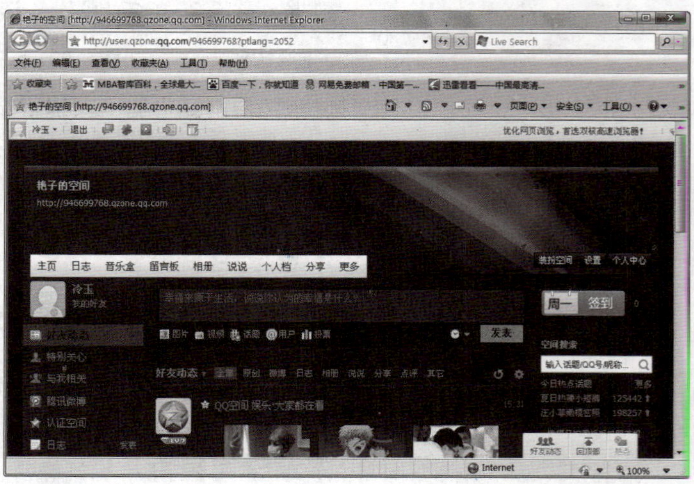

视野拓展

现在的博客主要分为日记博客、知识博客、新闻博客、技术博客等。

2. 新浪博客

新浪博客，中国门户网站之一新浪网的网络日志频道。新浪网博客频道是全国最主流，人气颇高的博客频道之一。拥有娱乐明星博客、知性的名人博客、动人的情感博客，自我的草根博客等。新浪在全球范围内注册用户超过2.5亿，日浏览量超过8亿次，是中国大陆及全球华人社群中最受推崇的互联网品牌。新浪博客界面如下图所示。

3. 搜狐博客

搜狐博客是快速稳定的门户平台，提供最专业的Blog托管服务，免费注册，成为博客，建立自己的个人门户。

4. 网易博客

网易博客是网易为用户提供个人表达和交流的网络工具。在这里，用户可以通过日志、相片等多种方式记录个人感想和观点，还可以共享网络收藏完全展现自我。通过排版选择用户喜欢的风格、版式，添加个性模块，更可全方位满足用户个性化的需要。网易博客于2006年9月1日正式上线。

9.1.3 注册Blog

网上有不少提供Blog托管服务的网站，提供了多种多样的模板、免费的存放空间、容易操作的后台管理。

下面以新浪博客的注册为例来介绍如何注册Blog。

视野拓展

Blog = Web log = 部落格 = 网络日志= 网志=网络日记本。

操作步骤

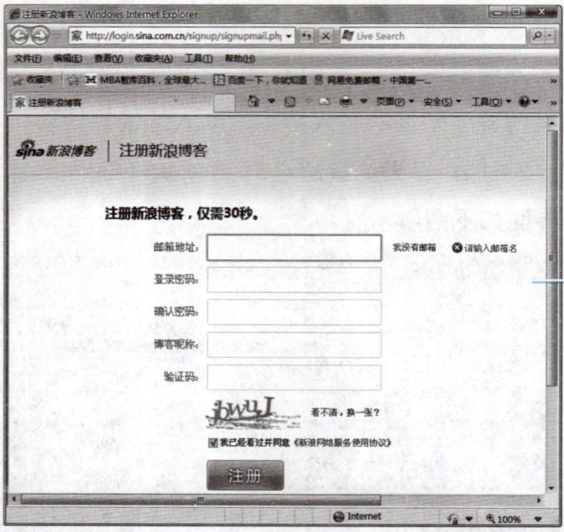

1 打开IE浏览器，在地址栏中输入注册新浪博客的网址http://login.sina.com.cn/signup/signupmail.php?entry=blog，按Enter键，打开新浪博客注册主页

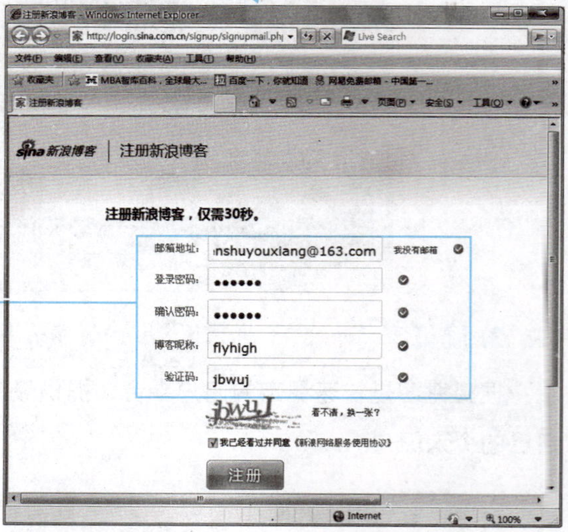

2 按照注册博客所需要填写的信息提示，完成注册信息的填写，然后单击“注册”按钮

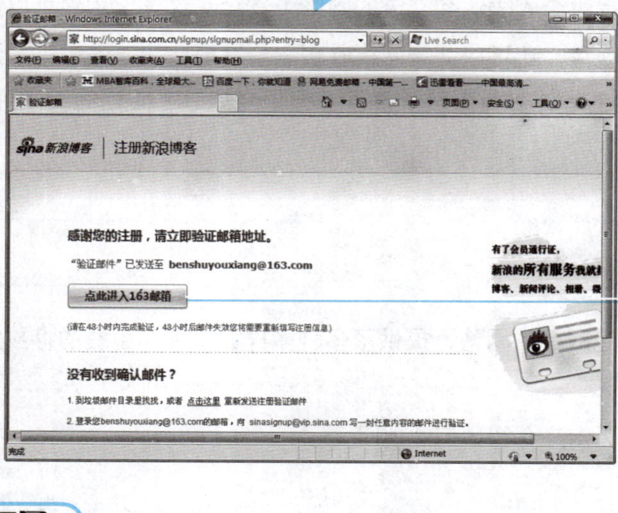

3 系统提示验证邮箱地址，登录自己邮箱进行验证。单击“点此进入163邮箱”按钮

视野拓展

Blogger = 写Blog的人=博主。

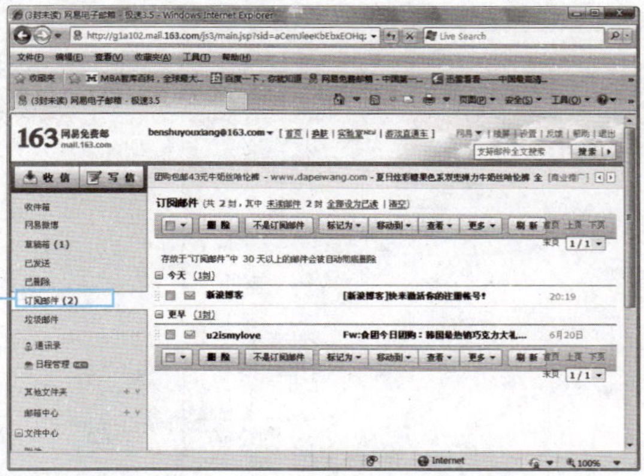

4 进入邮箱，单击“订阅邮件”，找到新浪博客发送的验证邮件，单击

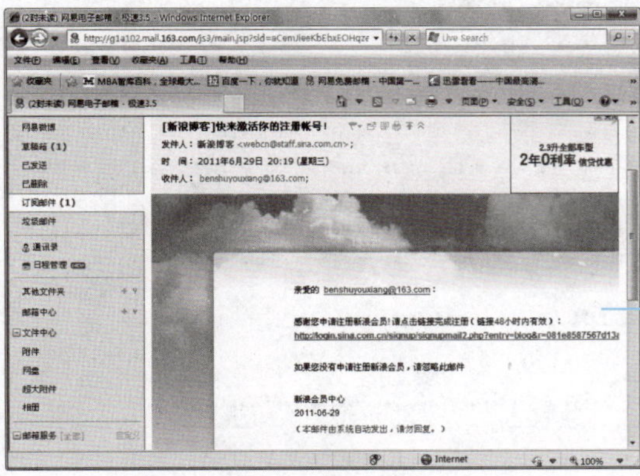

5 打开验证信息的邮件之后，单击邮件给出的链接，正式完成博客的注册工作

9.1.4 撰写Blog

注册完成之后，即可登录到自己的博客。

1. 撰写博文

撰写博文的操作步骤如下所示。

操作步骤

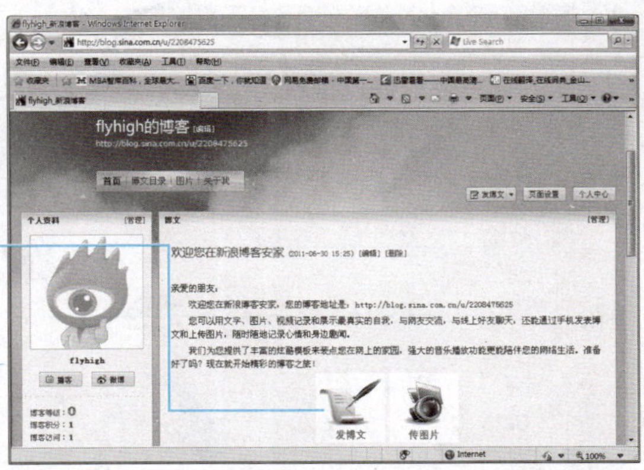

1 打开IE浏览器，找到新浪博客登录的主页。在文本输入框内输入登录名和密码，按Enter键，即可登录自己的博客。单击“发博文”链接

视野拓展

“博客”一词是从英文单词Blog音译（不是翻译）而来。Blog是Weblog的简称，而Weblog则是由Web和Log两个英文单词组合而成。

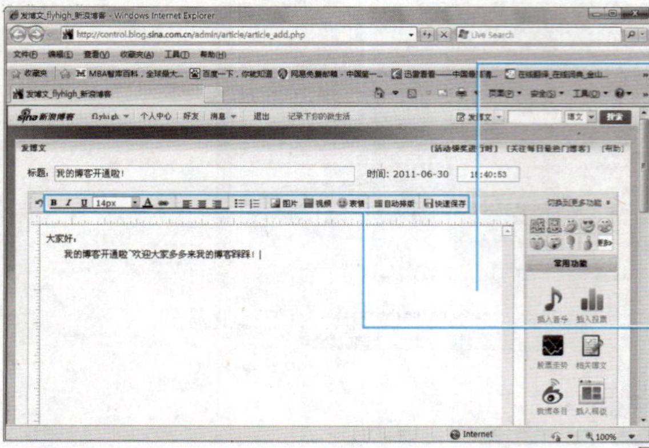

2 进入发博文页面，就可以撰写博客，把自己的快乐、经历和大家一起分享

3 这些都是对博文进行设置的选项，通过它们可以对文字段落进行修饰，还能穿插图片

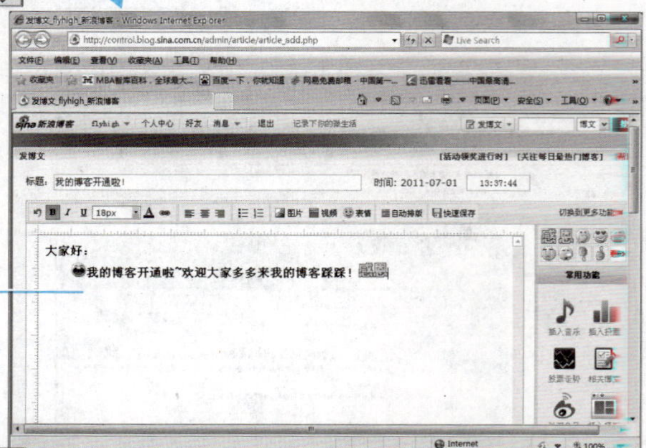

4 通过文字设置和添加表情之后，第一篇博文就撰写完毕

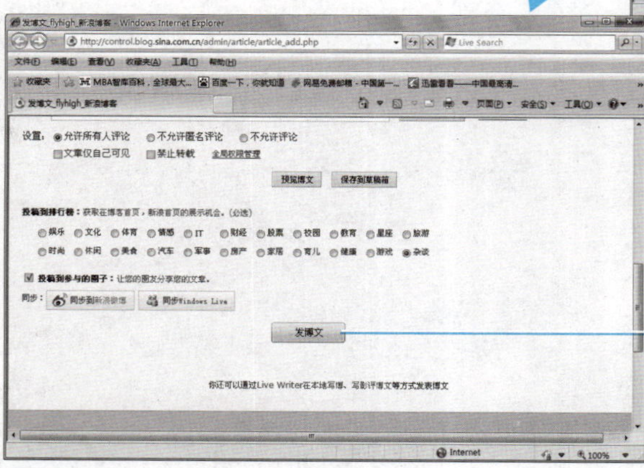

5 确定无误之后，单击“发博文”按钮

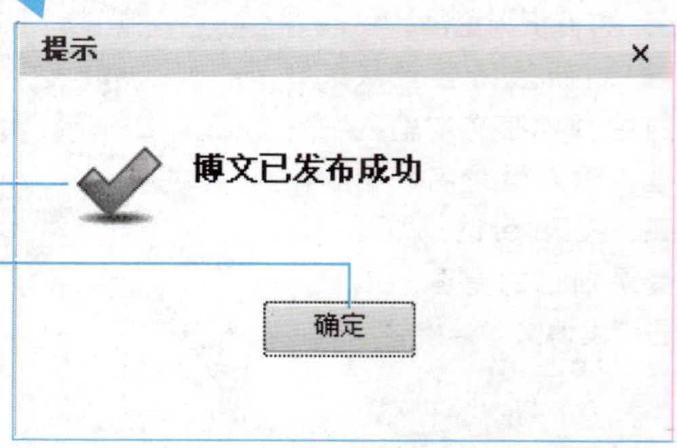

6 弹出发布成功的信息提示

7 单击“确认”按钮

视野拓展

一个Blog其实就是一个网页，它通常是由简短且经常更新的帖子所构成，这些张贴的文章都按照年份和日期倒序排列。

8 返回到首页，单击“博文目录”链接，我们可以浏览刚才发布的博文

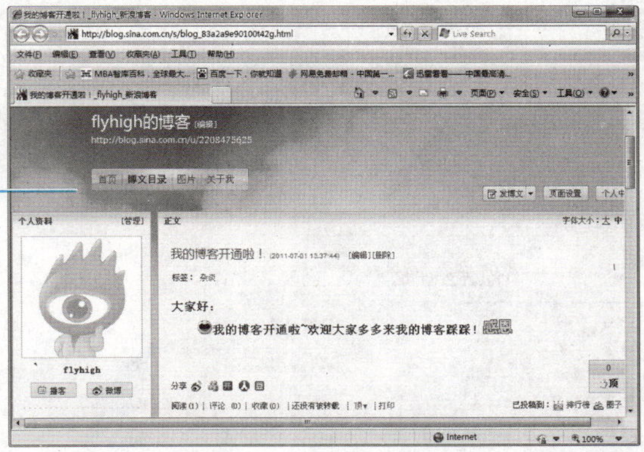

2. 上传博客照片

在首页单击“图片”链接，进入上传图片界面。

操作步骤

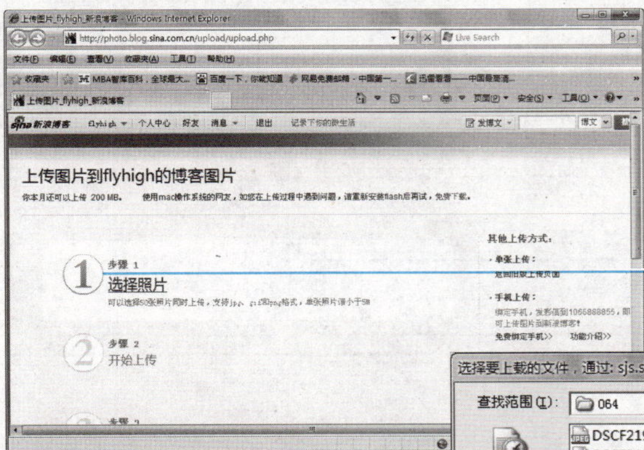

1 单击“选择图片”链接

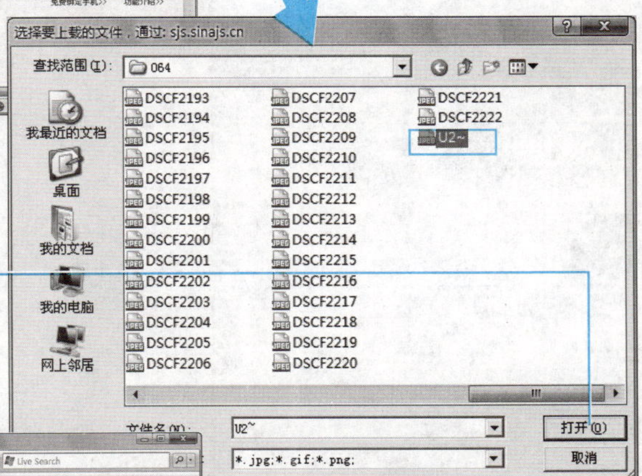

2 弹出“选择要上载的文件”对话框，选择一个要上传的图片文件，单击“打开”按钮

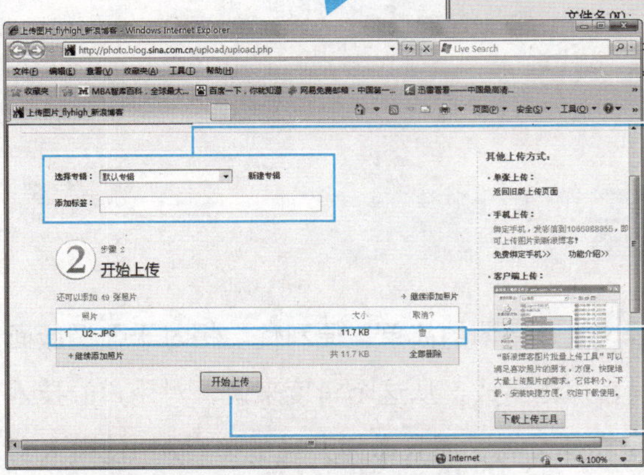

3 在文本框输入相应内容

4 显示上传的图片文件名

5 单击“开始上传”按钮

视野拓展

博客永远是共享与分享精神的体现。

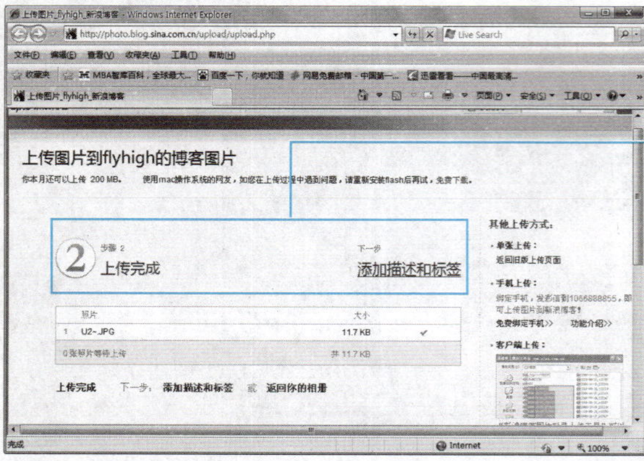

6 转入上传完成界面。如果需要添加描述或给上传的图片添加标签，都可以在此完成，单击相应的链接即可

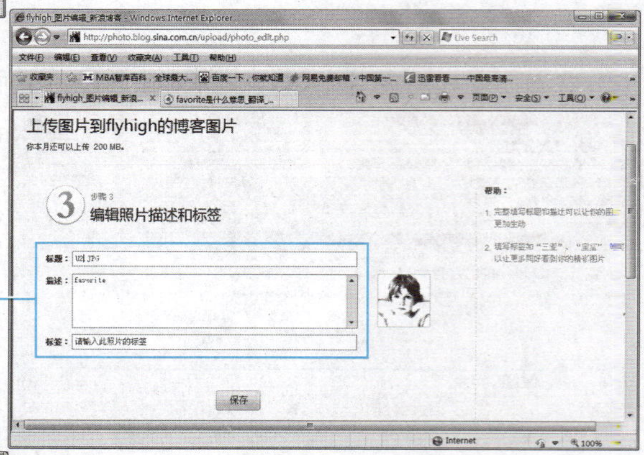

7 单击“添加描述和标签”链接后，进入编辑页面，输入相应内容，然后单击“保存”按钮

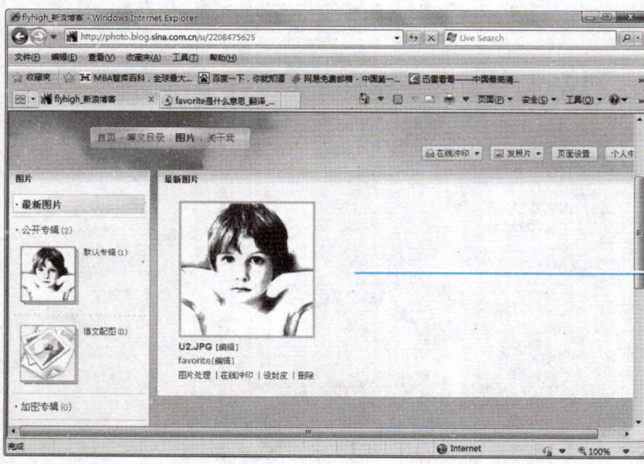

8 返回“图片”页面，显示刚刚上传并编辑过的图片

9.2 记录自己身边的故事——微博

三言两语，现场记录，发发感慨，晒晒心情。这就是微博的简单、便利性。相对于强调版面布置的博客来说，微博的内容组成只是由简单的只言片语组成，从这个角度来说，对用户的技术要求门槛很低，而且在语言的编排组织上，没有博客那么高；而且微博开通的多种API使得大量

视野拓展

著名科幻作家William Gibson在1996年预言了职业博客：“用不了多久就会有人浏览网络，精选内容，并以此为生，的确存在着这样的需求”。

的用户可以通过手机、网络等方式来即时更新自己的个人信息。

9.2.1　什么是微博

微博，即微型博客，是一种允许用户及时更新简短文本（通常是140字）并可以公开发布的博客形式。它允许任何人阅读或者只能由用户选择的群组阅读。微博最大的特点就是集成化和开放化，你可以通过你的手机、IM软件（MSN、QQ）和外部API接口等途径向你的微型博客发布消息。

9.2.2　常用微博简介

现在能提供微博服务的网站数不胜数，下面介绍几个简单、常用的微博。

1. 新浪微博

新浪微博是一个由新浪网推出，提供微型博客服务的类Twitter网站。用户可以通过网页、WAP页面、手机短信/彩信发布消息或上传图片。可以把微博理解为“微型博客”或者“一句话博客”。读者可以将看到的、听到的、想到的事情写成一句话，或发一张图片，通过电脑或者手机随时随地分享给朋友。让你的朋友可以第一时间看到你发表的信息，随时随地和你一起分享、讨论。你也可以关注你的朋友，即时看到朋友们发布的信息。新浪微博界面如下图所示。

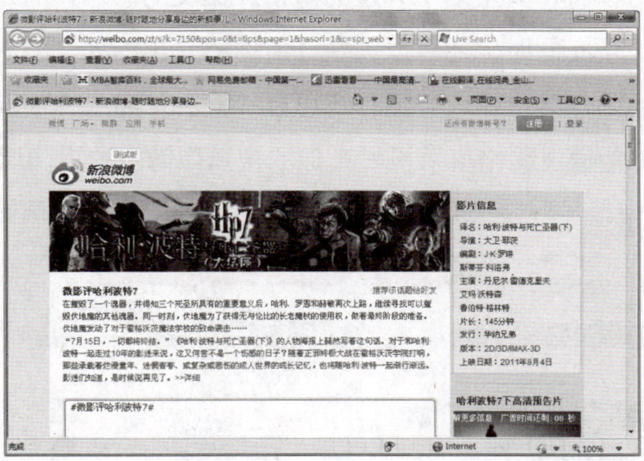

2. 腾讯微博

腾讯微博是一个由腾讯推出，提供微型博客服务的类Twitter网站。2010年4月1日，已经对外小规模测试。

腾讯微博限制字数为140字，有“私信”功能，支持网页、客户端、手机平台，支持对话和转播，并且具备图片上传和视频分享等功能。

视野拓展

目前最流行的词汇Blog，一般公认为是Peter Merholz在1999年命名的。

在"转播"设计上，转发内容独立限制在140字以内，采取的类似与Twitter一样的回复类型@，这与大多数国内微博相同，例外的是随心微博的字数限制是333字。

此外，腾讯微博更加鼓励用户自建话题，在用户搜索上可直接对账号进行查询。下图所示为腾讯微博界面。

3. 搜狐微博

搜狐微博正在尝试打通搜狐各产品线，如博客、社区、搜狐焦点、校友录等产品，试图进一步发挥搜狐的矩阵优势。

通过搜狐微博，你可以将每天生活中有趣的事情、突发的感想，通过一句话或者图片发布到互联网中与朋友们分享；于此同时你还可以关注任何你感兴趣的人，随时了解他们的动态；你可以通过微博记录自己的生活点滴，随笔心情；还可以"围观"名人、朋友，看他们身边都发生了什么；无论你在哪里，都能通过网络、手机发布你的搜狐微博。搜狐微博界面如下图所示。

视野拓展

2000年，博客开始进入中国，并迅速发展。

4. 网易微博

网易微博于2010年1月20日正式上线内测，2010年7月13日19:00 起，网易微博进入系统维护时间，现已开通。用户只需要写下三言两语，随便说说你周围的趣事，就能马上分享给关注你的朋友。网易微博定位即为简单的分享。网易微博是继承了Twitter的简约风格，无论是从色彩布局，还是整体设计上，都可以找到点Twitter的感觉。交互上，摒弃了新浪微博回复提醒的烦琐功能，相比于新浪微博的评论内嵌，网易微博采用了@的形式进行用户之间的友好交流。如下图所示为网易微博界面。

9.2.3 注册微博

下面以开通腾讯微博为例，介绍注册微博的方法与步骤。

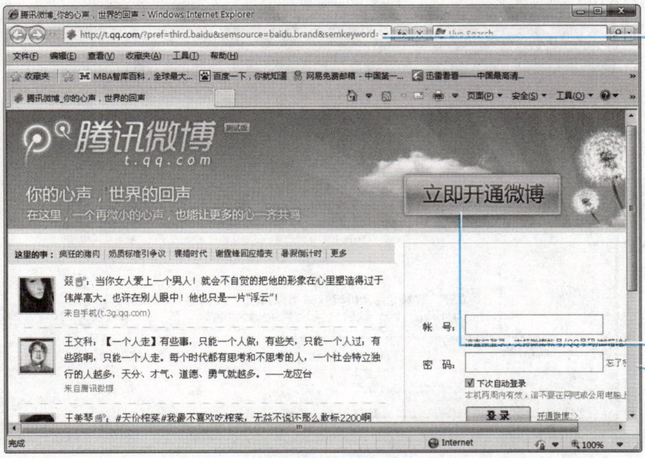

操作步骤

1 打开IE浏览器，在“地址栏”中输入http://t.qq.com/，按Enter键，进入腾讯微博的网页

2 单击“立即开通微博”按钮

视野拓展

独立博客一般指采用独立域名和网络主机的博客，即在空间、域名和内容上相对独立的博客。

3 进入获取账号页面

4 单击“使用QQ号快速开通”按钮

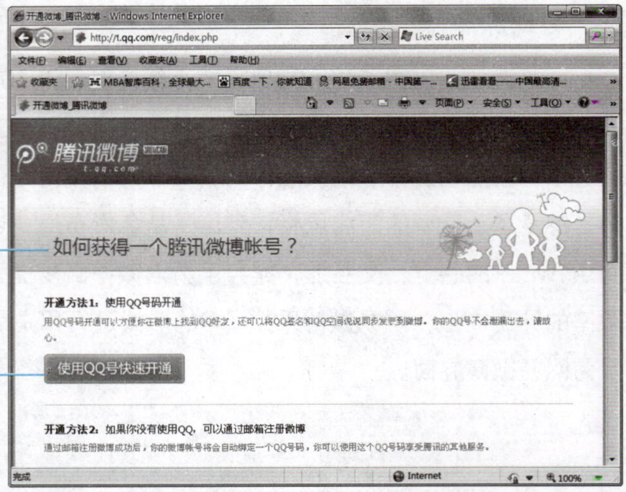

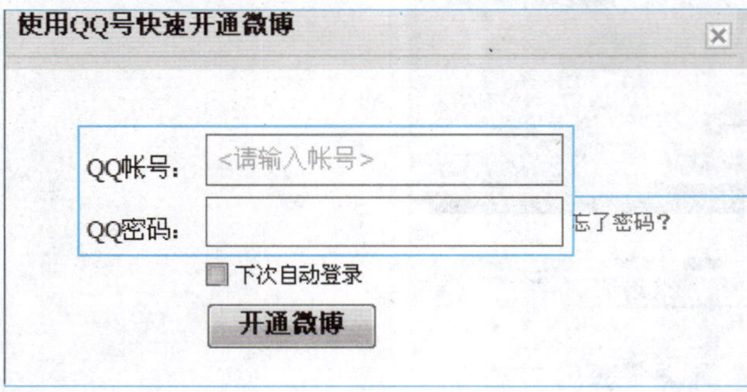

5 在此页面输入QQ账号和QQ密码，然后单击“开通微博”按钮

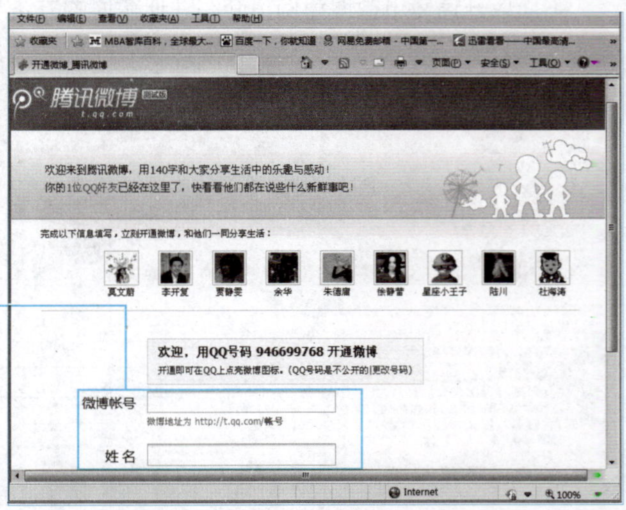

6 在此页面输入微博账号和姓名。然后按照页面提示一步步进行操作

视野拓展

2009年8月，中国最大的门户网站新浪网推出“新浪微博”内测版，成为门户网站中第一家提供微博服务的网站，微博正式进入中文上网主流人群视野。

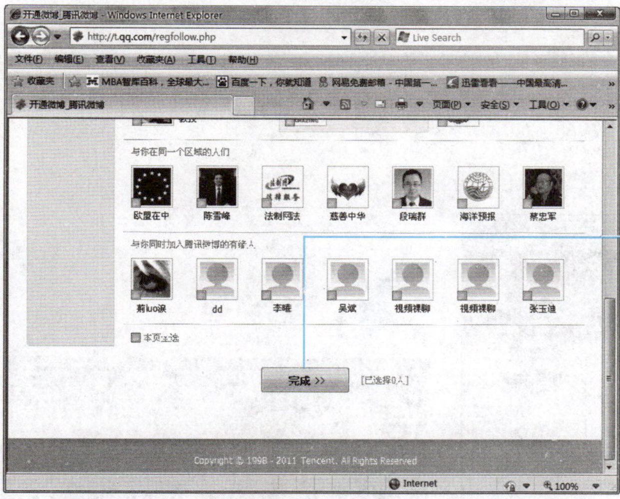

7 单击“完成”按钮，正式完成微博的注册工作

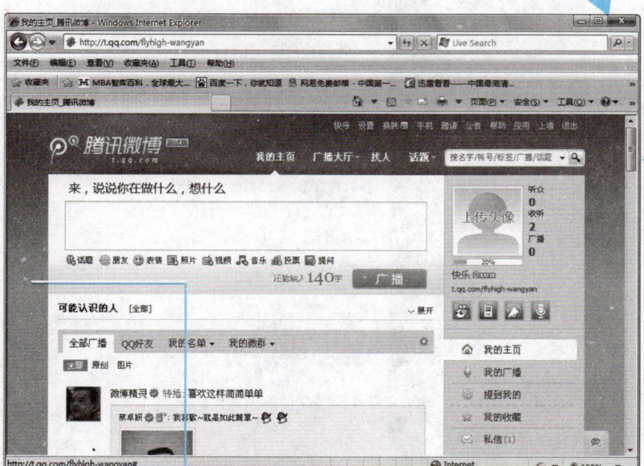

8 登录自己微博的主页

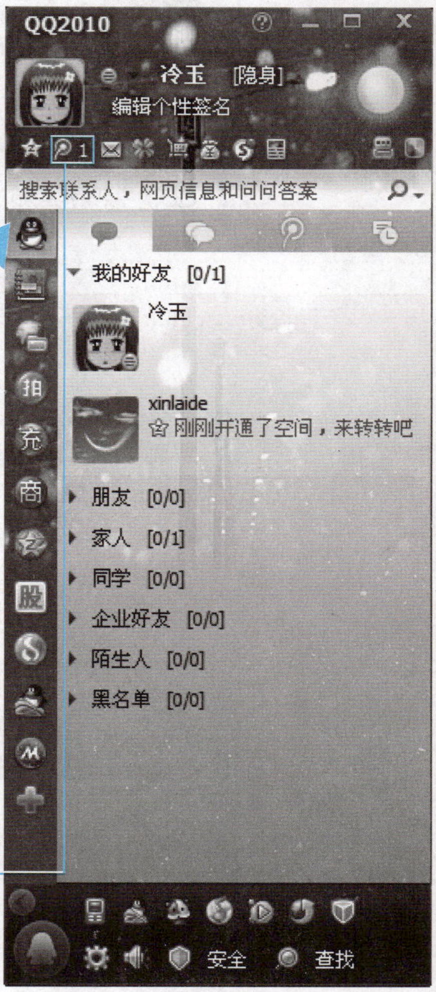

9 微博注册好后，以后登录QQ就可以看到腾讯微博的图标，单击此图标即可直接登录自己的微博，操作更加方便、快捷

视野拓展

Twitter是2006年3月由Blogger的创始人威廉姆斯(Evan Williams)推出的，英文原意为小鸟的叽叽喳喳声，用户能用数百种工具更新信息。

9.2.4 撰写微博

微博的撰写十分快捷、简单，下面就以腾讯微博为例介绍微博的使用。

1. 撰写微博

操作步骤

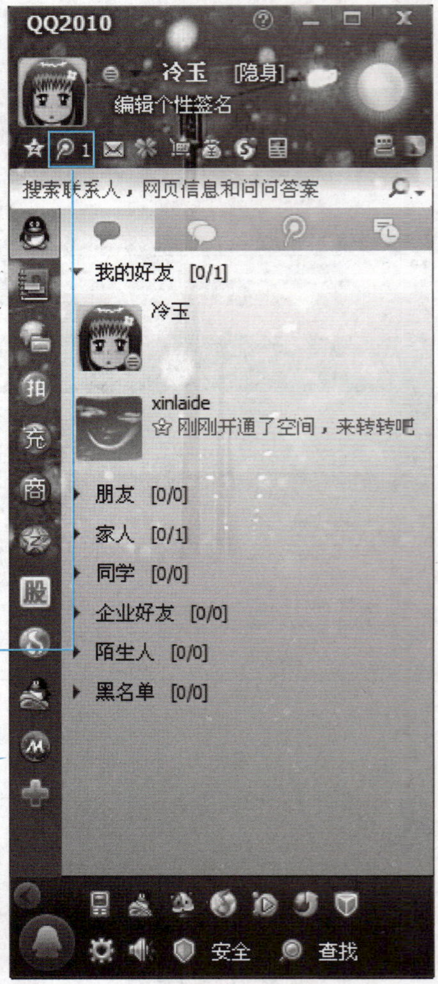

1 双击QQ图标，打开QQ的主程序界面

2 登录后，进入主程序界面。单击此图标即可登录自己的微博

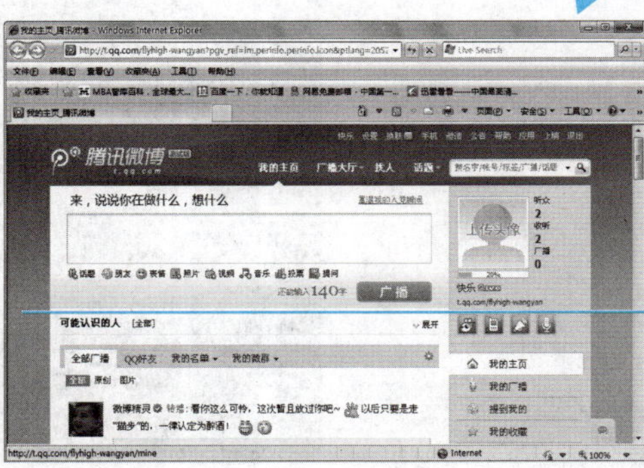

3 登录到自己微博的主页

视野拓展

2011年上半年，我国微博用户数量从6331万增至1.95亿，半年增幅高达208.9%。微博在网民中的普及率从13.8%增至40.2%。

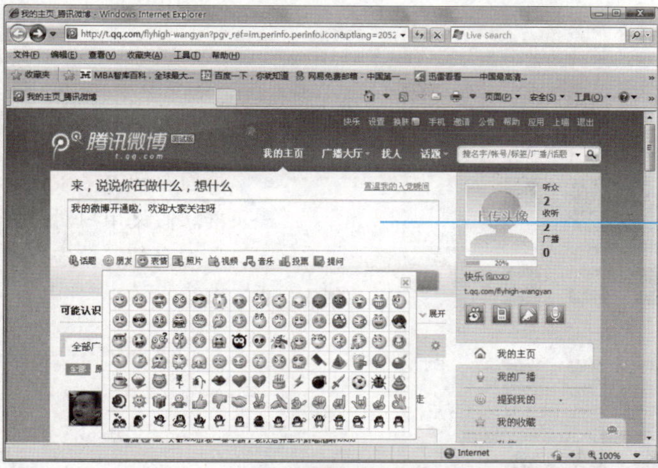

4 在文本输入框内输入自己想说的，单击按钮，还可以添加QQ表情

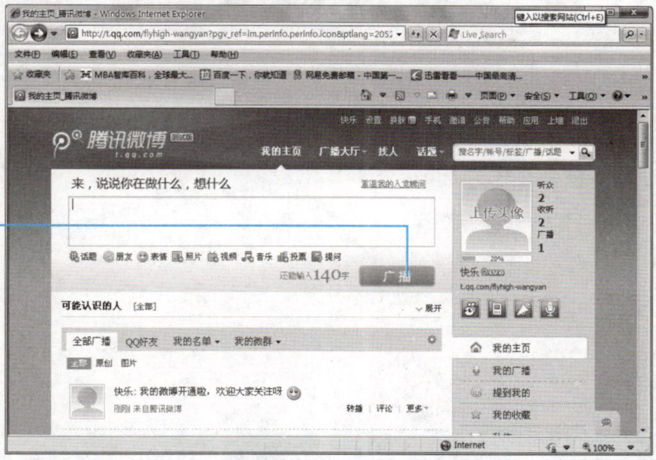

5 在文本框输入内容，单击“广播”按钮之后，微博发送成功

2. 收听微博

收听他人微博的操作也十分的简单，下面介绍微博的收听。

1 登录微博主页之后，单击页面的“更多”链接

视野拓展

微博是一个基于用户关系的信息分享、传播以及获取平台，用户可以通过Web、WAP以及各种客户端组建个人社区，用文字和图片、视频更新信息，并实现即时分享。

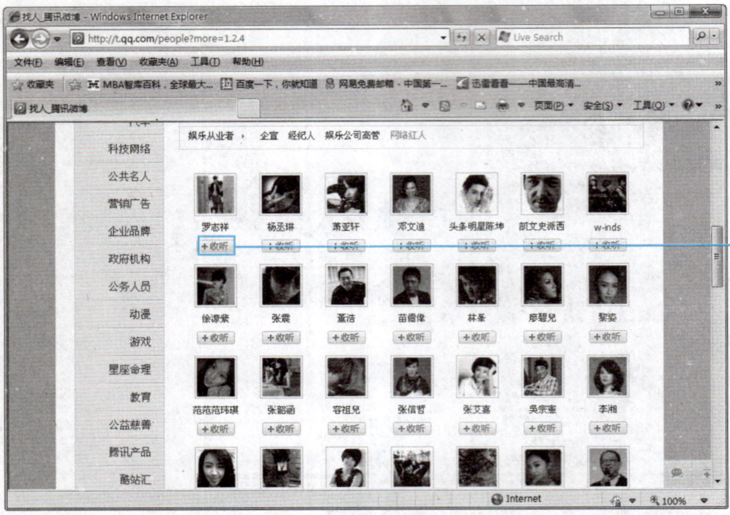

2 页面显示很多微博链接。假设用户对“罗志祥”感兴趣，单击“收听”按钮即可

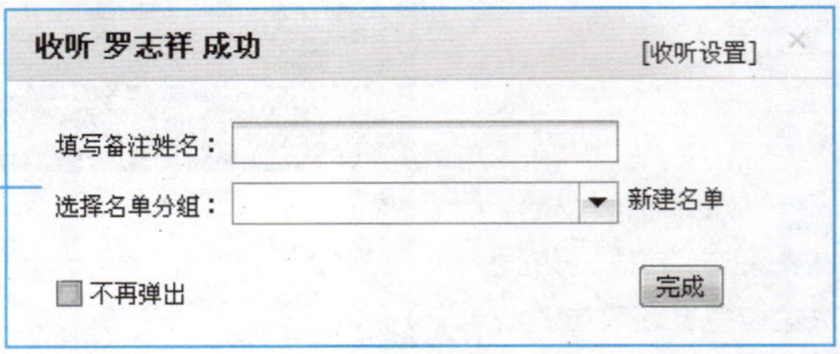

3 弹出收听成功对话框，单击“完成”按钮即可

9.3 本章小结

本章主要介绍了常见的博客和微博，并分别介绍了它们的注册和使用方法。学会这些技巧和方法，和他人的沟通更加快捷、方便。

9.4 趁热打铁

现在用本章学到的知识解决下面的问题。

9.4.1 选择题

1. Blog是继E-mail、BBS、ICQ之后出现的第4种网络交流方式，它的主要作用是（　　）。

视野拓展

微博客草根性强，有多种商业模式并存，有形成多个垂直细分领域的可能，但无论哪种商业模式，都离不开用户体验的特性和基本功能。

A. 查找网友　　　　　　B. 获取信息

C. 网络交易　　　　　　D. 发表自己的想法

2. 目前博客网站的管理功能越来越完善，建立博客网站之后，我们可以通过（　　）来管理自己的博客。

A. 修改博客的框架方式　　B. 更换博客网站的模块

C. 上传个人形象照片　　D. 整理文章

3. 下面（　　）不是微博的主要特点。

A. 操作复杂　　　　　　B. 操作简单

C. 广播便利　　　　　　D. 对用户技术要求低

9.4.2 实践题

1. 注册一个新浪博客账号，并发表自己的博文。

2. 注册一个腾讯微博账号，并广播自己的微博信息。

视野拓展

在微博客上，140字的限制将平民和莎士比亚拉到了同一水平线上，这一点导致大量原创内容爆发性地被生产出来。

读书笔记

第10章 网上生活

本章导读

随着Internet已经渗透到我们生活的各个角落，极大地影响和改变了人们的生活和工作方式。许多过去生活中需要亲自去某个地方完成的事情，在网上就可以搞定了，比如购物，汇款，炒股以及拍卖等。

本章学习目标

- 了解网上购物、网上银行、网上炒股以及网上竞拍的概念
- 熟悉网上购物、网上银行、网上炒股以及网上竞拍的大致流程和操作细节

本章学习重点

- 网上购物、网上银行、网上炒股以及网上竞拍的基本概念
- 网上购物、网上银行、网上炒股以及网上竞拍的基本操作流程
- 网上购物、网上银行、网上炒股以及网上竞拍进行过程中要注意的安全问题

10.1 网上购物

随着互联网在中国的进一步普及应用，网上购物逐渐成为人们的消费行为之一。据中国互联网络信息中心（CNNIC）发布《第27次中国互联网络发展状况调查统计报告》，截至2010年底，我国网民规模达到4.57亿，网络购物成为增长最快的互联网应用，网购市场金额预计可达5231亿元。网上购物常用的方法有B2B平台，B2C平台，C2C平台，以及独立的商城购物等，目前国内购物比较多的网站有淘宝网，百度有啊，腾讯拍拍，京东商城，当当网，等等。

10.1.1 淘宝购物

淘宝网成立于2003年5月10日，由阿里巴巴集团投资创办。目前，淘宝网是亚洲第一大网络零售商圈，其目标是致力于创造全球首选网络零售商圈。通过结合社区、江湖、帮派来增加网购人群的粘性，并且采用最新团网购模式，让网购人群乐而不返。淘宝网目前业务跨越C2C（Consumer to Consumer，消费者对消费者）、B2C（Business to Consumer商家对消费者）两大部分。经过6年的发展，截至2009年底，淘宝拥有注册会员1.7亿，注册用户还在不断增长！据统计，淘宝网2009年的交易额为2083亿人民币，2010年则高达4000亿元人民币，是亚洲最大的网络零售商圈。

淘宝商城整合数千家品牌商、生产商，为商家和消费者之间提供一站式解决方案。提供100%品质保证的商品，7天无理由退货的售后服务，以及购物积分返现等优质服务。

众所周知，在淘宝网上买东西是相当方便的，其流程大致可分为注册账户，登录账户浏览商品，确定购买下订单，选择支付方式（网上付款或者货到付款），收取货物，对该商家进行评价等几个步骤。接下来具体介绍整个购物流程。

1. 注册账户

在淘宝网上买东西，首先我们要有自己的账户，这个账户里存储着我们的个人信息，如收件地址、联系方式以及支付宝账户等。如果没有账户，那么我们要在淘宝的官方网页上去申请一个账户，申请的过程是很方便的。

视野拓展

网上购物主要分为注册、选购商品、联系卖家、选择付款方式、选择送货方式、验货等几个步骤。

操作步骤

1 打开淘宝网首页。单击“免费注册”链接，即可开始注册过程

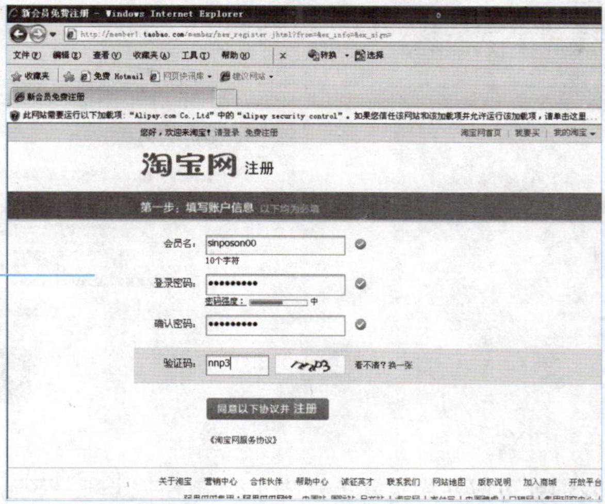

2 填写账户信息。按要求填写会员名称，密码和验证码。单击“同意以下协议并注册”按钮

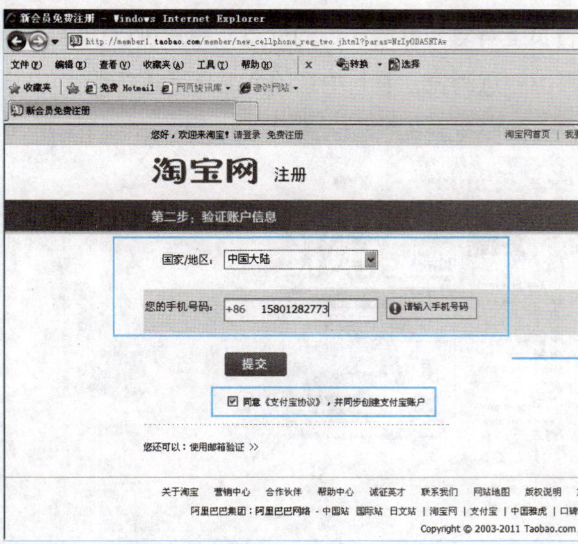

3 验证账户信息，输入相应内容。单击“提交”按钮，你所填写的手机号码会收到一个验证短信

视野拓展

网购付款方式主要有货到付款、在线支付、汇款等几种方式。

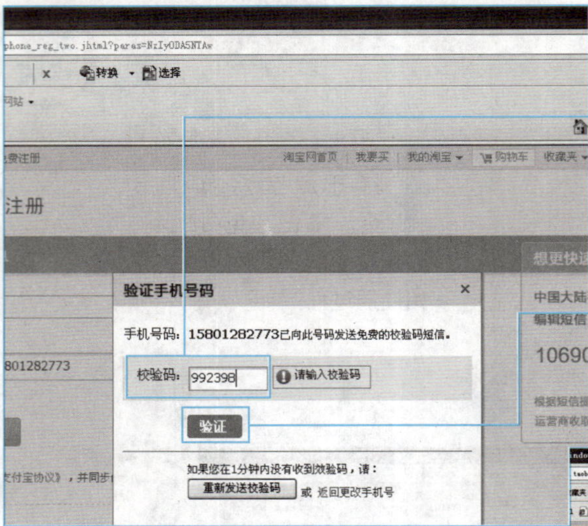

4 将手机短信收到的验证码输入到校验码的文本框内

5 单击“验证”按钮

6 显示账户sinposon00已经注册完成

有了账户，我们就可以在淘宝网上购物了，接下来就逛一下淘宝网，顺便再买几件东西吧。

2. 网上购买商品

打开淘宝网首页，如下图所示，在淘宝网的首页上有对商品的详细的分类，用户可以根据自己的需求，在对应的分类中选择商品，也可以在网页上随意浏览，看到中意的商品之后进行购买。

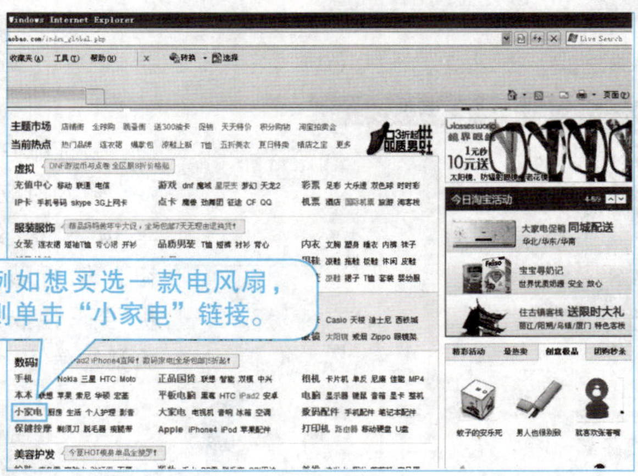

视野拓展

网购送货方式主要有普通邮寄、特快专递、送货上门等几种送货方式。

出现一个新的页面，列表了淘宝网所有在售的电风扇，随意选择一个单击，会进入该物品的详细信息和购买页面，如下图所示（这里随机选购的是学生迷你电风扇）。

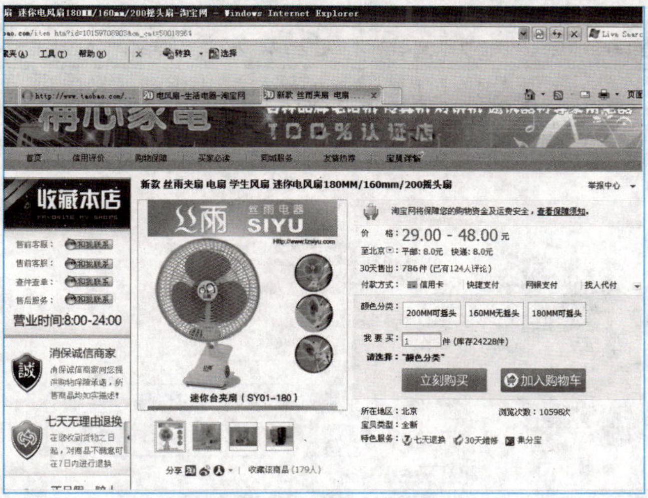

单击“立刻购买”按钮可以对该商品进行付款；单击“加入购物车”按钮，你可以关闭当前的网页再去选择其他的商品，等全部选完之后再一起进行结算。

付款的方式有多种，如信用卡支付，快捷支付，网银支付，找人代付，消费卡，网点支付，支付宝支付等。我们以网银支付为例，进行说明。在这里我们假定您已经开通了网上银行，如果您还未开通的话需要去银行进行咨询并办理开通业务。具体操作步骤如下所示。

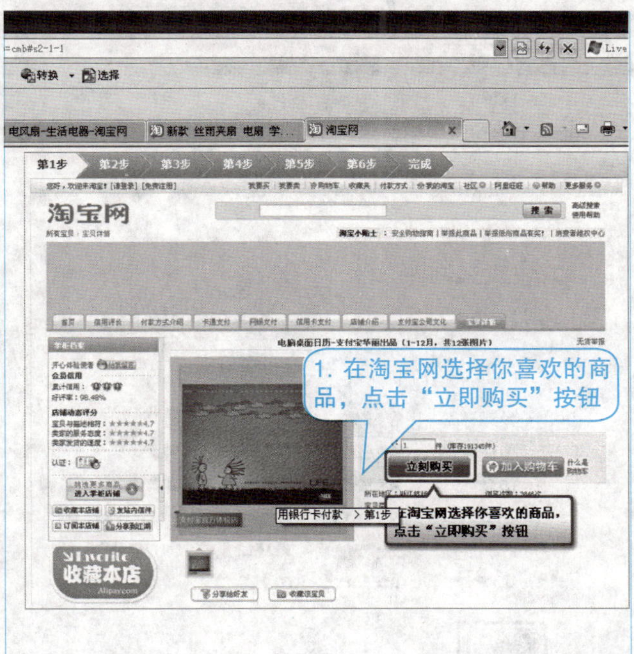

视野拓展

客户在收到购买的商品的时候，一定要马上检查一下商品是否与购买的物品一致，是否存在着质量问题。

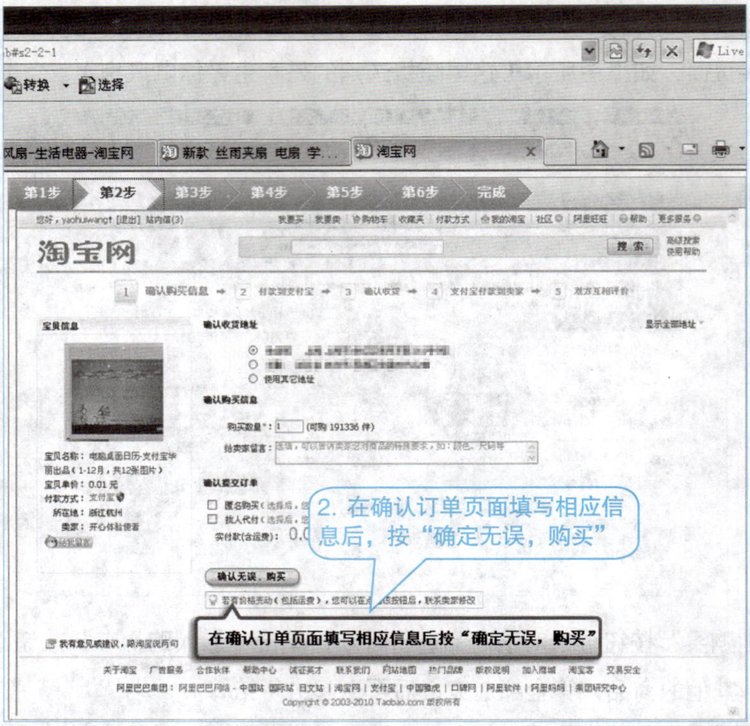

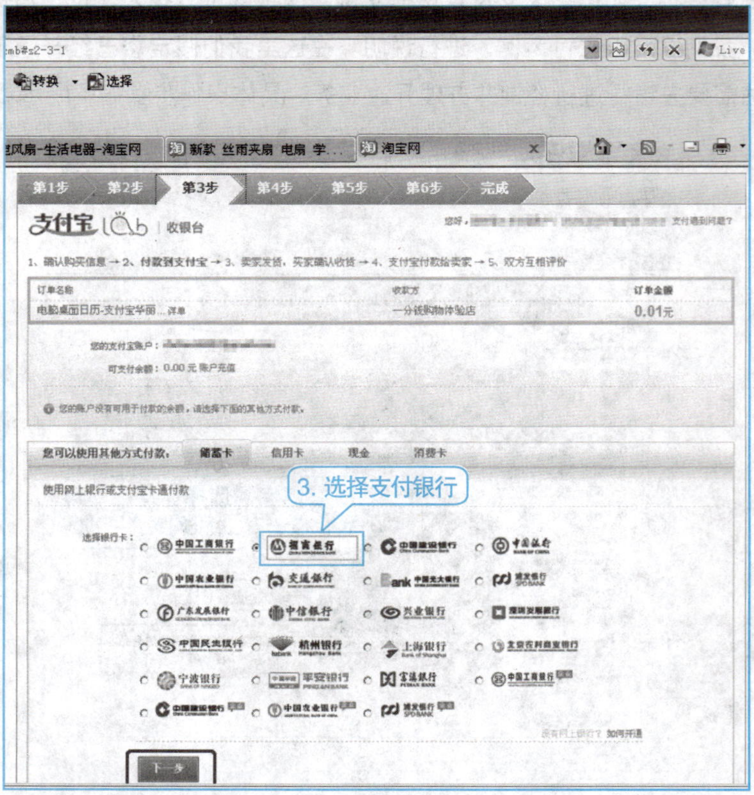

视野拓展

电子商务网站主要分为B2B、B2C和C2C三种类型。

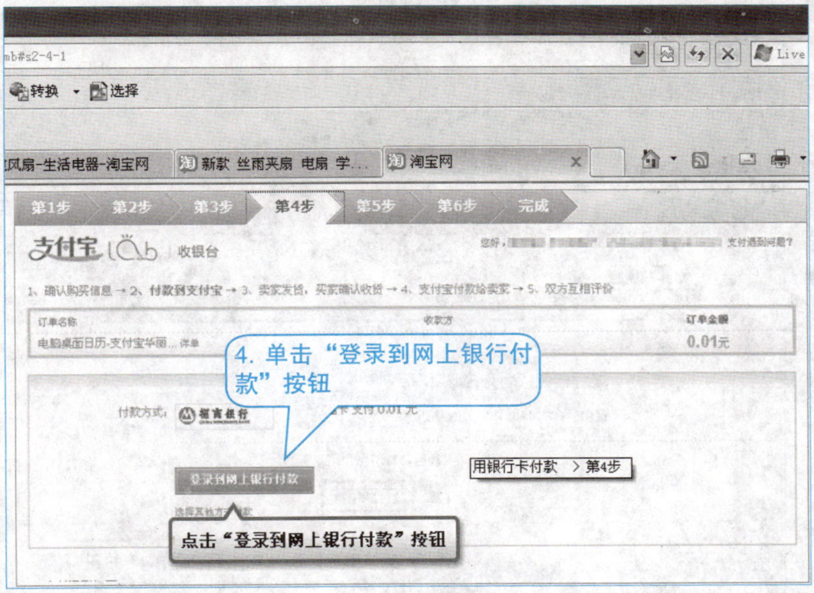

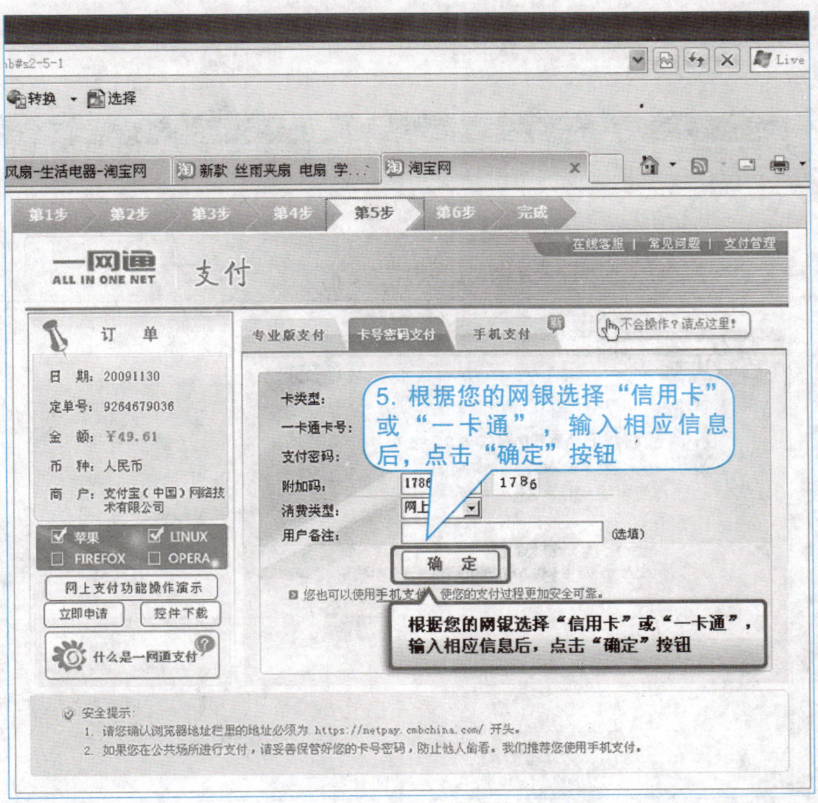

视野拓展

B2B（Business To Business）是指一个市场的领域的一种，是企业对企业之间的营销关系。

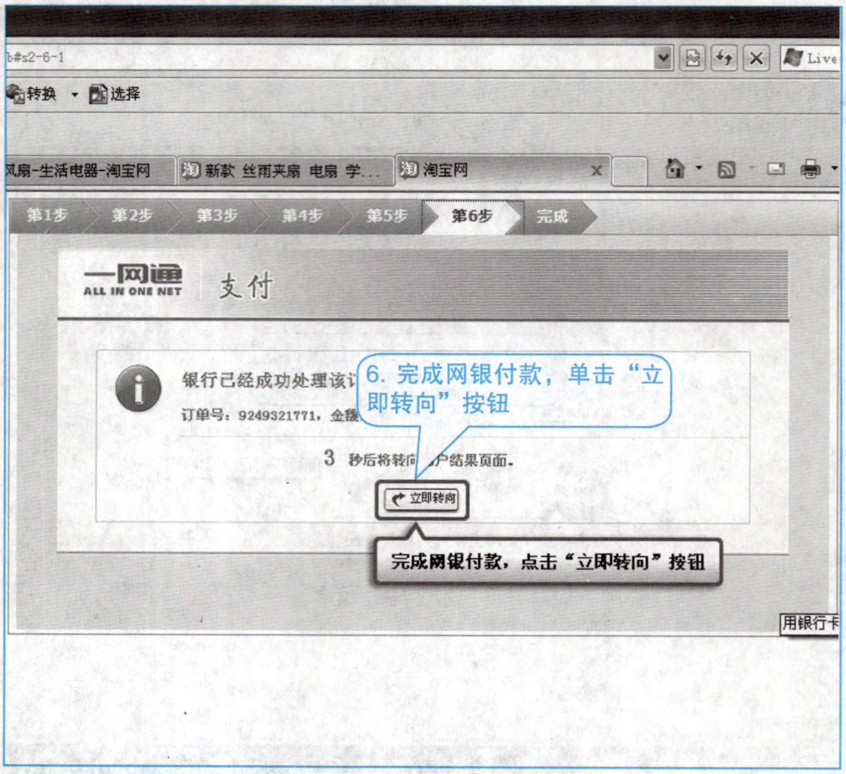

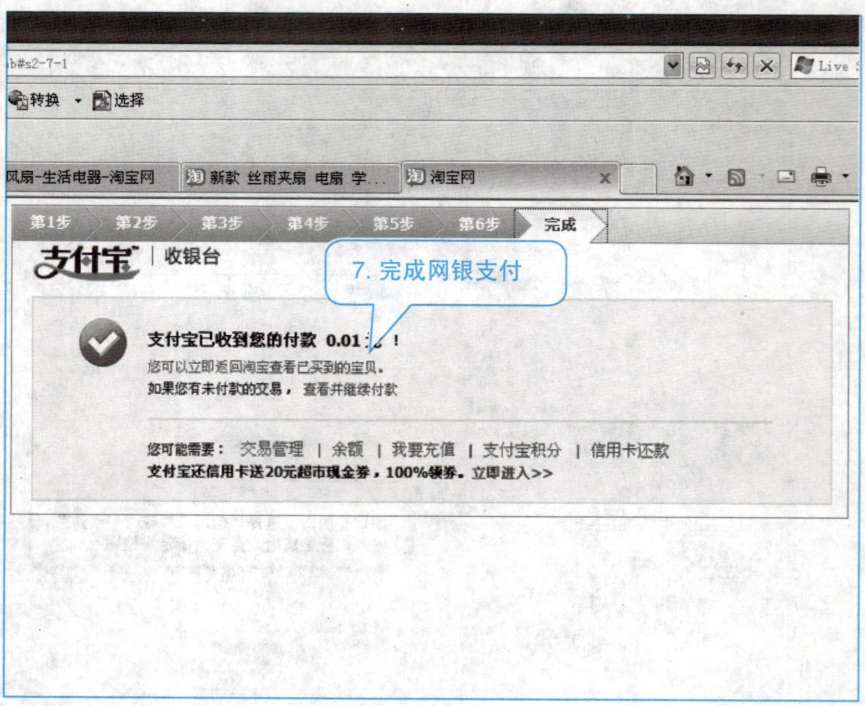

视野拓展

知名的B2B网站有阿里巴巴和买麦网。

当收到货物之后，需要再次登录你的账号，确认收货，并可以对该商品进行评价，当然，如果你对商品不满意，可以根据商家的退货或换货承诺对该商品进行退换。

10.1.2 网站购物——当当

当当网是北京当当网信息技术有限公司营运的一家中文购物网站，以销售图书、音像制品为主，兼具小家电、玩具、网络游戏点卡等其他多种商品的销售，总部设在北京。当当网1999年11月开通，目前是全球最大的中文网上图书音像商城，面向全世界中文读者提供近30多万种中文图书和音像商品，每天为成千上万的消费者提供方便、快捷的服务，给网上购物者带来极大的方便和实惠。当当网的使命是以世界上最全的中文图书使所有中文读者获得启迪，得到教育，享受娱乐！2010年12月8日，当当网首次登陆美国股市，吸引了全球投资者的目光。

当当网在线销售的商品包括了家居百货、化妆品、数码、家电、图书、音像、服装及母婴等几十个大类，逾百万种商品，在库图书达到60万种。目前每年有近千万顾客成为当当网新增注册用户，遍及全国32个省、市、自治区和直辖市。每天有上万人在当当网买东西，每月有3000万人在当当网浏览各类信息，当当网每月销售商品超过2000万件。

在当当网上购物与在淘宝网购物的大致流程是类似的，只是网络的界面不同而已，所以在这里不再多做赘述。同时也节省读者宝贵的阅读时间。

10.2 网上银行

时下电子商务风起云涌，网上购物已经是新生代的主流购物通道，而且还正在扩大这它的市场占有份额，在网上购物当然也会在网上付款，所以随着网购的出现，网上银行也已经开始步入了人们的生活。

10.2.1 什么是网上银行

网上银行又称网络银行、在线银行，是指银行利用Internet技术，通过Internet向客户提供开户、销户、查询、对账、行内转账、跨行转账、信贷、网上证券、投资理财等传统服务项目，使客户可以足不出户就能够安全便捷地管理活期和定期存款、支票、信用卡及个人投资等。可以说，网上银行是在Internet上的虚拟银行柜台。

网上银行又被称为“3A银行”，因为它不受时间、空间限制，能够在任何时间

视野拓展

B2C中文简称为“商对客”，也就是通常说的商业零售，直接面向消费者销售产品和服务。

（Anytime）、任何地点（Anywhere）以任何方式（Anyway）为客户提供金融服务。

网上银行的特点如下。

1. 全面实现无纸化交易

以前使用的票据和单据大部分被电子支票、电子汇票和电子收据所代替；原有的纸币被电子货币，即电子现金、电子钱包、电子信用卡所代替；原有纸质文件的邮寄变为通过数据通信网络进行传送。

2. 服务方便、快捷、高效、可靠

通过网络银行，用户可以享受到方便、快捷、高效和可靠的全方位服务。在任何需要的时候使用网络银行的服务，不受时间、地域的限制，即实现3A服务。

3. 经营成本低廉

由于网络银行采用了虚拟现实信息处理技术，网络银行可以在保证原有的业务量不降低的前提下，减少营业点的数量。

4. 简单易用

网上E-mail 通信方式也非常灵活方便，便于客户与银行之间以及银行内部的沟通。

与传统银行业务相比，网上银行业务有许多优势。一是大大降低银行经营成本，有效提高银行盈利能力。开办网上银行业务，主要利用公共网络资源，不需设置物理的分支机构或营业网点，减少了人员费用，提高了银行后台系统的效率。二是无时空限制，有利于扩大客户群体。网上银行业务打破了传统银行业务的地域、时间限制，具有3A特点，这既有利于吸引和保留优质客户，又能主动扩大客户群，开辟新的利润来源。三是有利于服务创新，向客户提供多种类、个性化服务。通过银行营业网点销售保险、证券和基金等金融产品，往往受到很大限制，主要是由于一般的营业网点难以为客户提供详细的、低成本的信息咨询服务。利用互联网和银行支付系统，容易满足客户咨询、购买和交易多种金融产品的需求，客户除办理银行业务外，还可以很方便地进行网上买卖股票债券等，网上银行能够为客户提供更加合适的个性化金融服务。

10.2.2 注册网上银行

网上银行需要用户到持卡的银行进行办理，例如，你有中国银行的借记卡，那就要去中国银行的柜台开通此卡的网上银行，办理时需要带上身份证、银行卡等证件，还要登记电话号码等相关信息。

视野拓展

C2C实际是电子商务的专业用语，是个人与个人之间的电子商务。

10.2.3 网上银行操作

随着电脑技术的飞速发展，现在绝大部分的电脑都能满足上网的基本配置要求。

网上银行的操作非常简单，但是要注意安全性，如果用户信息不慎泄露的话，可能会带来严重的经济损失，所以，网上银行使用的时候需要格外谨慎。

具体操作步骤如下所示。

操作步骤

1 在安全的网络环境下登录银行首页（这里以中国银行为例）

2 单击“登录中行网银BOCNET”按钮

3 进入网银登录界面。填写用户名、密码以及动态口令，单击“登录”按钮，即可安全登录，进入网上银行管理界面。在管理界面中，用户可以进行查询、对账、行内转账、跨行转账、信贷、网上证券、投资理财等业务

10.3 网上炒股

网上炒股就是在互联网上进行股票的交易，用户不用到股票交易所就可进行股票的买卖，操作上更加快捷、方便。

视野拓展

在淘宝网中，为了保证交易的安全性，买卖双方必须通过支付宝进行交易，所以无须设置付款方式。

10.3.1 股票咨询网站

国内最知名的财经类网站是和讯财经（www.hexun.com）、金融界（www.jrj.com.cn）和东方财富网www.eastmoney.com，通过这些网站可以了解到最新的财经资讯。

1. 和讯财经

和讯网是中国财经网络领袖和中产阶级网络家园，创立于1996年，是中国最早而且最大的财经门户网站，为用户提供全方位财经资讯及全球金融市场行情，覆盖股票、基金、期货等各个方面。和讯网网站界面如下图所示。

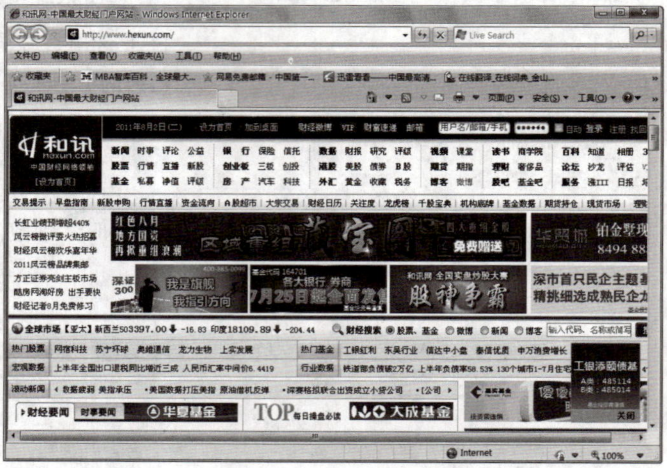

2. 金融界

金融界网站创建于1999年8月，由美国IDG、新加坡VERTEX等共同投资兴建，是中国领先的金融和财经信息提供商，以及全球最大的中文财经网站之一。2004年10月15日，金融界在美国NASDAQ挂牌上市，股票代码是目前中国唯一一家在美国上市的中国财经类互联网公司。上市后，金融界相继入选权威第三方评选的“2004中国商业网站100强”、“中国主流媒体市场经济地位及商业价值2004年度排序——资讯类10强网站”、以及“德勤2004年度亚太区高科技高成长500强企业”。金融界网站界面如右图所示。

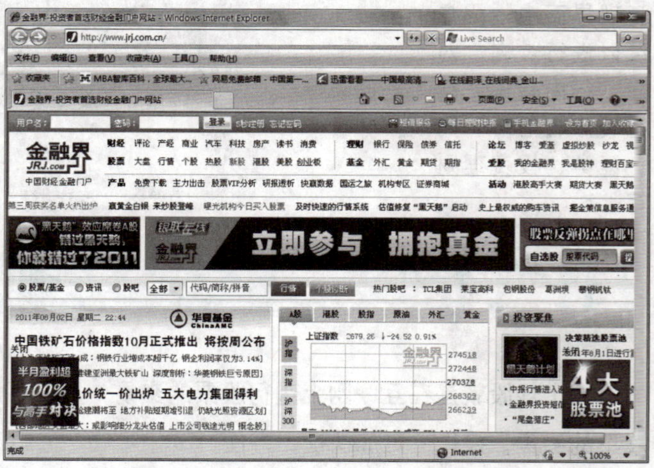

视野拓展

网购的缺点是实物和照片上的差距太大、不能试穿、网络支付不安全、诚信问题、配送的速度问题、退货不方便等。

3. 东方财富网

东方财富网是中国访问量最大、影响力最大的财经证券门户网站。 东方财富网致力于打造专业、权威、为用户着想的财经媒体。自2004年3月上线以来，凭借权威、全面、专业、及时的优势，东方财富网持续位居中国财经类网站第一位，并不断扩大与竞争对手之间的差距，巩固优势地位。东方财富网站首页界面如下图所示。

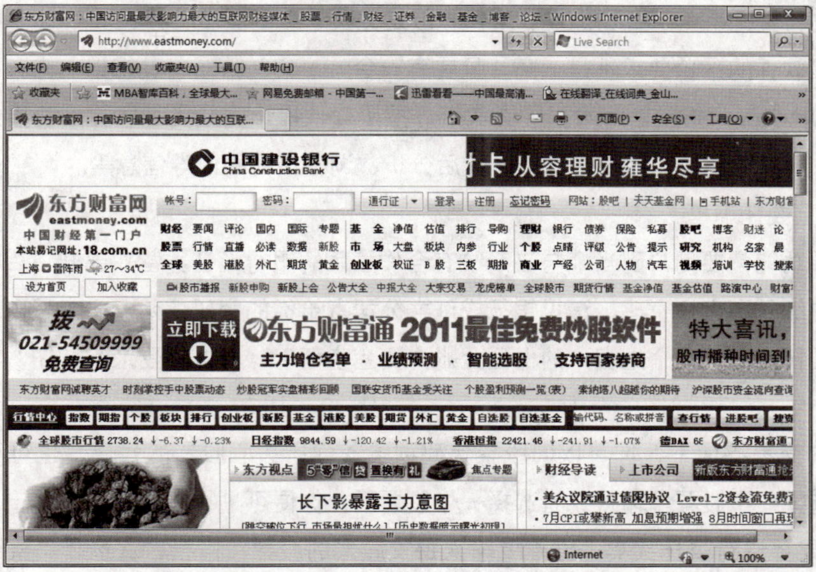

10.3.2 网上股票交易

网上股票交易之前，你要成为一个股民，先要到相关部门注册、购买“股东代码”，这是炒股人所必须遵守的，无论你是在网上炒，还是在传统的股市。

1. 开通手续

（1）办理网上交易的股民均应携带本人身份证原件、股东账户卡和资金卡到证券营业大厅办理。

（2）仔细阅读《网上委托风险揭示书》并认真填写《网上委托协议书》。

（3）投资者经三证验讫后可领取“CA证书”（一张软盘）。为了保障用户账户安全，用户所使用的CA证书需要一年更换一次，在需更换证书时，系统将提示你插入磁盘，系统自动将证书复制到磁盘上，然后你拿此磁盘到证券部去更换即可。

综合考虑后，找到合适的券商、网站，在相关的证券营业部妥善办理了有关开通手续后，就可以正式使用网络炒股了。

视野拓展

网上银行发展的模式有两种，一是完全依赖于互联网的无形的电子银行，也叫“虚拟银行”；另一种是在现有的传统银行的基础上，利用互联网开展传统的银行业务交易服务。

2. 开始操盘

（1）下载软件

网上炒股，只要在网上下载免费的客户端程序就可以进行了。这种炒股方式是使用一种独立的、专用的委托软件系统，可与现行的各种股市分析软件配合使用。在办理了相关开通手续并正确安装了本委托软件系统后，依然可以沿用原有的股市分析软件进行行情分析，同时可随时调用本软件系统进行委托下单、查询操作。软件一般是免费下载的。

一般炒股软件的平台要求不是很高，只要有一台Intel486 CPU、8MB以上内存的电脑，操作系统可以是Windows 95以上版本，接通宽带。按照软件提示完成安装，并成功接入该证券网站之后就可以收看即时行情、做实时分析、盘后分析、浏览最新的证券信息等。

（2）网上委托下单

委托下单功能需要用户到当地与该系统有合作关系的银行或证券营业部开户后才能启用。输入自己的客户编号和客户密码（请见银行或证券公司寄给你的密码信函，一个是自助委托密码，也就是电话委托密码；一个是客户的保证金账户资金密码），单击“登录”按钮，就可以看到交易界面了。

在正常的交易界面下，你可以向股票代码项输入你所关心股票的代码，也可从股票代码项的下拉列中选择一个股票。输入或者选择一个股票后，你便可进行股票交易、查询、现金的转账及查询。 如果要进行委托买卖，你需要输入每支股票的股数、价格，并选择“买入”或者“卖出”项，然后单击“委托买卖”按钮。一般软件中都包含了委托编辑框，用于委托买卖的撤单操作以及按委托号进行委托或成交查询。当交易屏幕下方的提示框显示有委托号时，你可以选择其中一个记录，用鼠标双击，该记录最左边的委托号便会出现在委托号编辑框中。当其进入委托号编辑框中时，其他的查询功能、开户确认、消户确认功能都已失效，这时如想退出委托编辑委托号，以取消撤单或按委托号查询的功能，只要将光标移出委托号编辑框即可，如按键盘的Tab键或者用鼠标单击其他可用按钮（高亮按钮），然后松开鼠标的左键。当你完成撤单或按委托号查询操作后，其他暂时失效的按钮又变成高亮（可用）的了。

10.4 网上竞拍商品

除了在网上直接购买物品外，用户还可以在网上竞拍商品，下面以在易趣网竞拍商品为例，介绍一下竞拍的具体过程。

视野拓展

一般说来，网上银行的业务品种主要包括基本业务、网上投资、网上购物、个人理财、企业银行及其他金融服务。

10.4.1 注册竞拍账号

在竞拍商品之前，首先需要注册一个账号，具体的操作步骤在网上购物一章已经详述，在这里不再赘述。

10.4.2 竞拍商品

账号注册成功之后，就可以开始竞拍商品了，具体的操作步骤如下所示。

操作步骤

1 在淘宝网登录页面输入相关信息，单击“登录”按钮

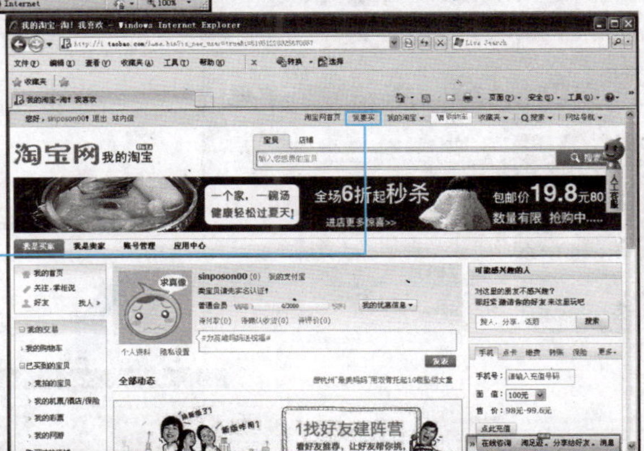

2 单击“我要买”文字链接

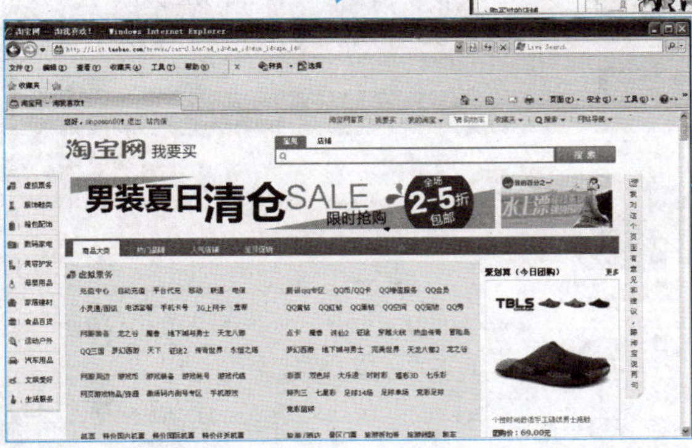

3 弹出“我要买”网页，显示了所有商品分类列表

视野拓展

在网上银行系统中，用户的身份认证依靠基于“RSA公钥密码体制”的加密机制、数字签名机制和用户登录密码的多重保证。

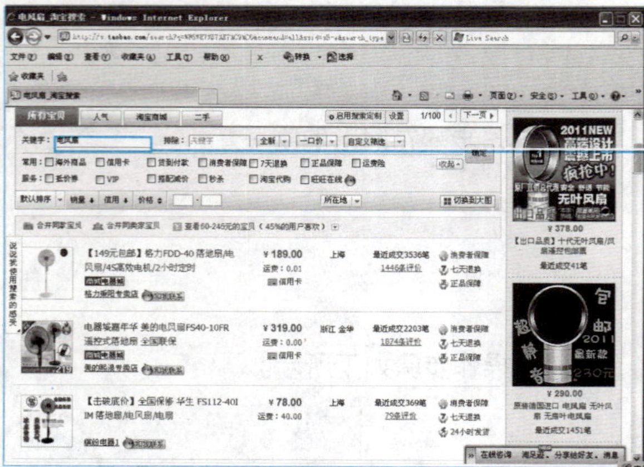

4 在搜索文本框中输入购买的商品名称，比如输入“电风扇”，按Enter键，显示与电风扇相关的产品列表

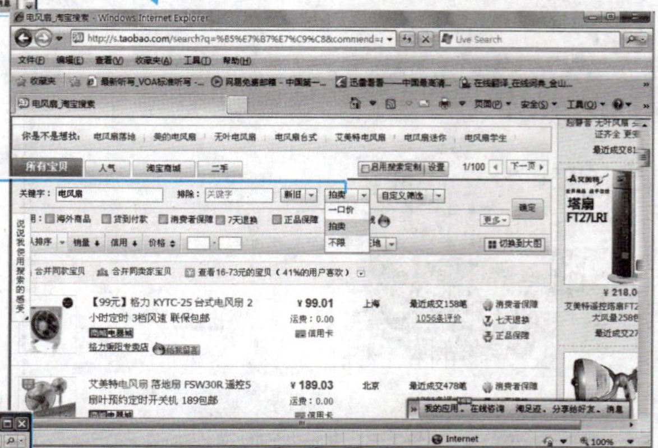

5 勾选“拍卖”复选框，然后单击“确定”按钮，只显示拍卖的商品列表，而不是一口价的商品列表

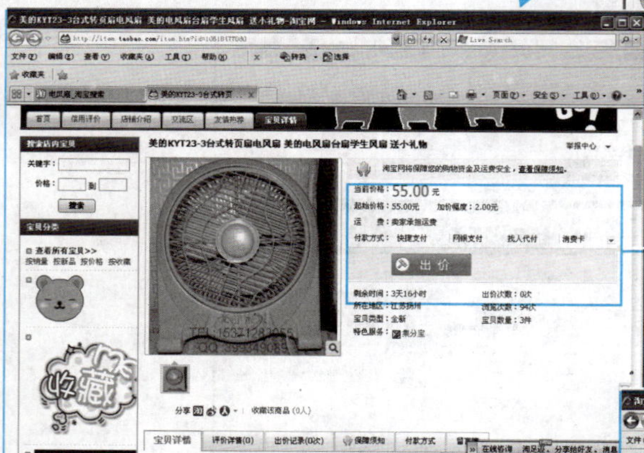

6 单击喜欢的商品，浏览该商品的详细信息页面，包括当前价格、加价幅度、起始价格、剩余时间、出价次数等

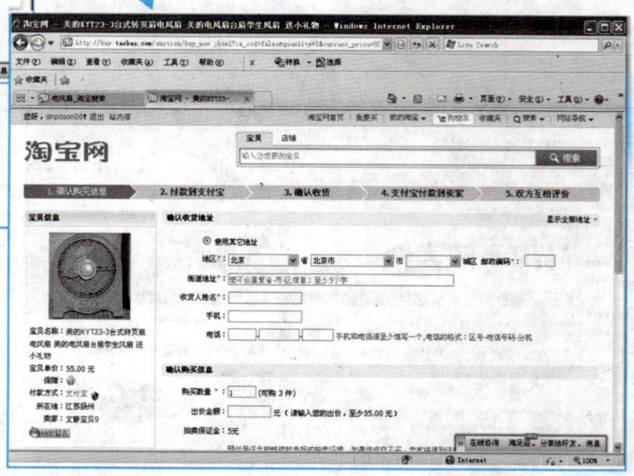

7 如果决定购买该商品，就单击“出价”按钮，进入如图所示页面，确认商品价格和交易条件后，填写收货人详细地址

视野拓展

目前常用的认证介质有：密码；文件数字证书；动态口令卡；动态手机口令；移动口令牌；移动数字证书。

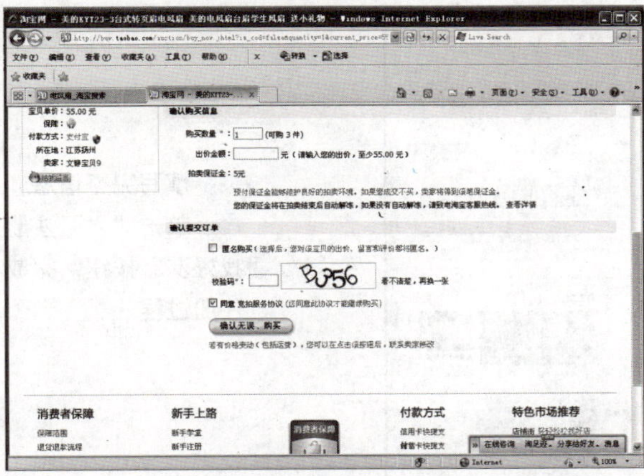

8 在该页面填写出价金额和购买数量并填写检验代码，阅读竞拍服务协议，然后勾选“同意竞拍服务协议”复选框，单击“确认无误，出价”按钮，完成竞拍

10.5 网上社交

随着Internet网络的日益发达，人们的交际范围也越来越宽广，不再局限于自己生活和工作的狭小范围之内，使得生活在世界各地的人们可以畅快的交流。

当下流行的网上社交网络平台有国外的Facebook、Myspace以及国内的人人网、腾讯校友录、新浪微博等。接下来我们以人人网为例简要介绍如何在网络上进行交友以及和网上好友进行交流。

10.5.1 注册人人网账号

在进行网络交友之前，首先需要注册一个人人网账号，具体的操作步骤如下。

操作步骤

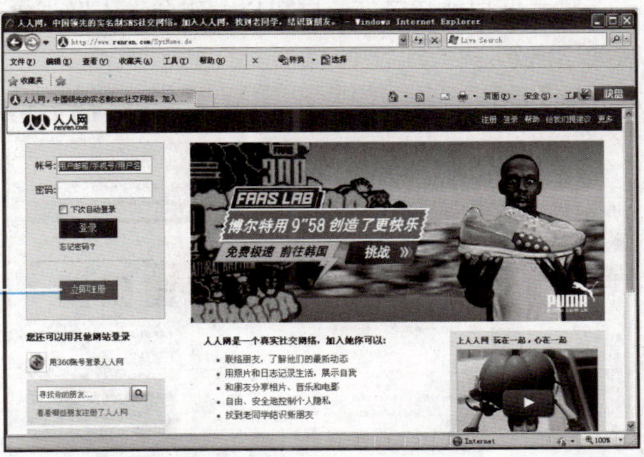

1 登录到人人网的主页。单击“立即注册”按钮进入注册界面

视野拓展

网上竞拍通过网络平台跨越了地域局限，虚拟集成了商家和消费者，大大降低了集体竞价的成本；网上拍卖可以由消费者出价，买方对价格的影响力大大增加。

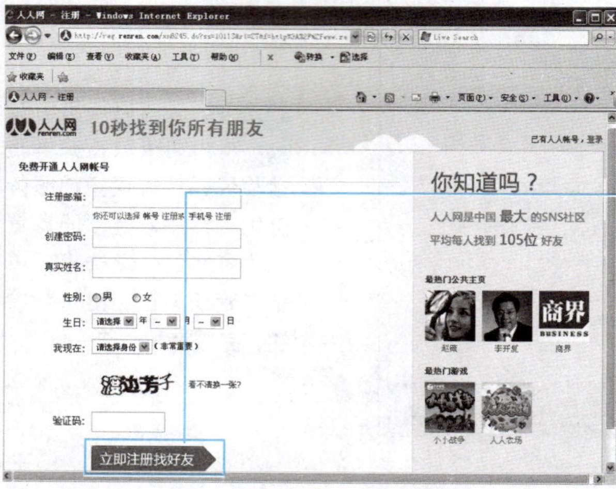

2 填写完整信息。单击“立即注册找好友”按钮，完成注册过程

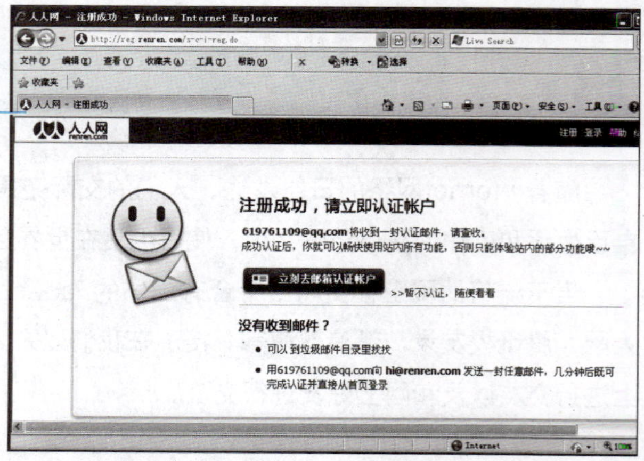

3 单击“立刻去邮箱认证账户”对申请账户进行认证，完成整个账户的注册过程

10.5.2 网上查找好友

账号注册成功之后，就可以开始在人人网上查找你的好友了，具体的操作步骤如下所示。

1 登录到人人网，打开个人主页面

视野拓展

竞价模式有正向竞价、逆向竞价、浮动价格（包括竞价拍卖、竞价拍买和集体竞价等竞价模式）和固定价格（一口价）。

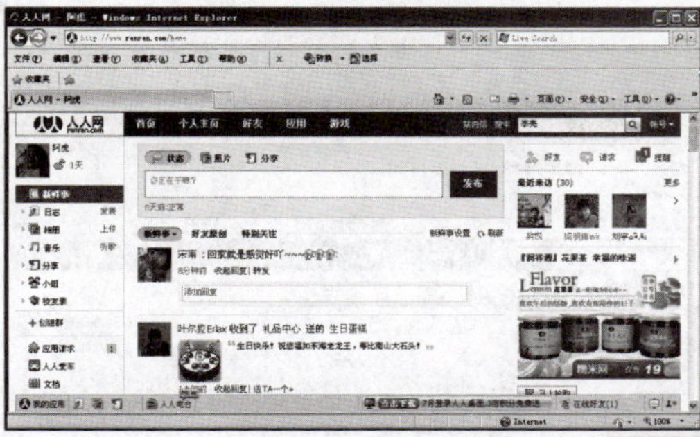

2 在页面右上角的搜索框中写上你想要搜索的好友的名字，比如“李亮”，单击“搜索”图标，就可以找到校内网平台上叫这个名字的所有人

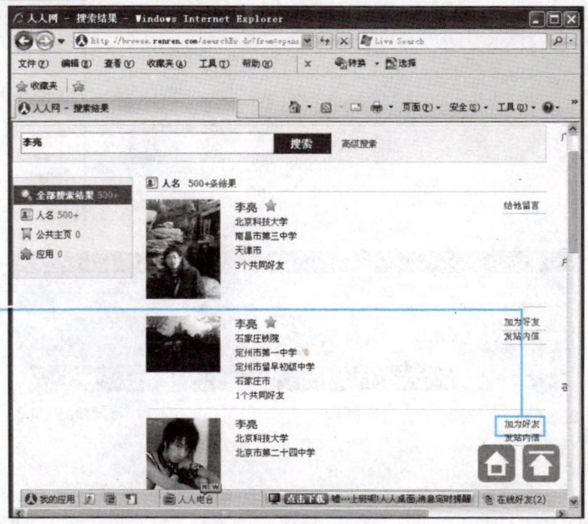

3 单击“加为好友”链接，即可将该人加为自己的好友

10.5.3 发布个人状态、日志及相片

在人人网平台上可以发布自己的状态，写日志，晒自己的照片，方便好友在登录的第一时间看到你的更新。

1. 在人人网上发布个人状态

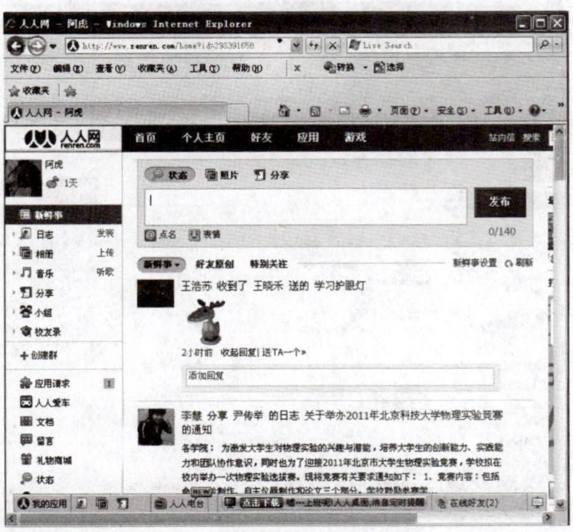

操作步骤

在状态栏中写入自己的心情短语，单击“发布”按钮，即可将自己的状态发布到网上，好友即可在登录时看到

视野拓展

在拍卖关系中，根据交易双方关系，可以将交易关系抽象化为交易模式x:y，它的含义为达成交易时供需者数量的对比。

2. 在人人网上写日志

操作步骤

1 在左侧的功能列表中选中“日志”进入写日志的界面

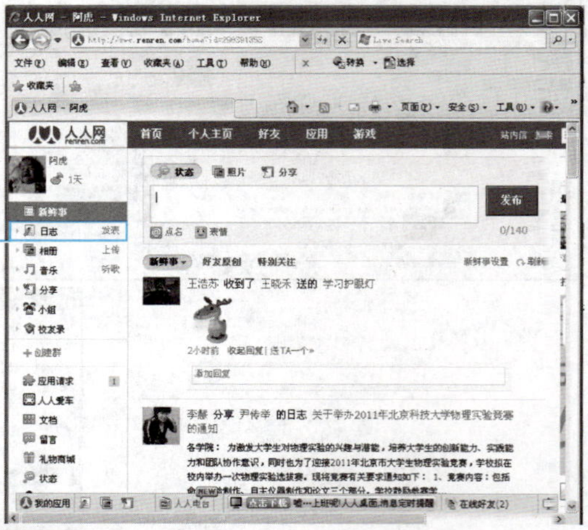

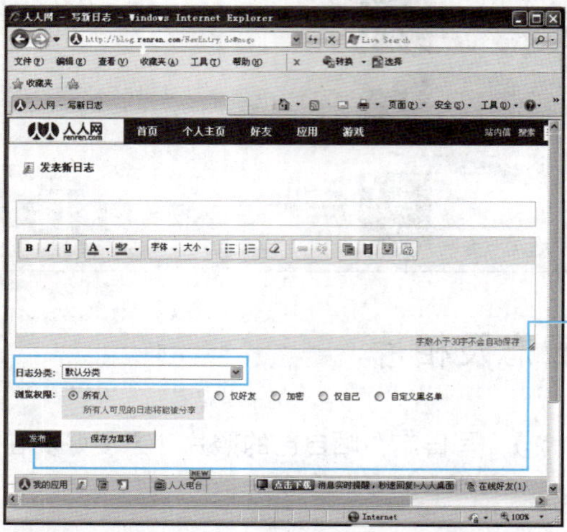

2 写完日志后选择分类，确定无误后单击“发布”按钮，完成发布

3. 在人人网上传相片

操作步骤

1 在左侧的功能列表中选中“相册”进入上传相片的界面

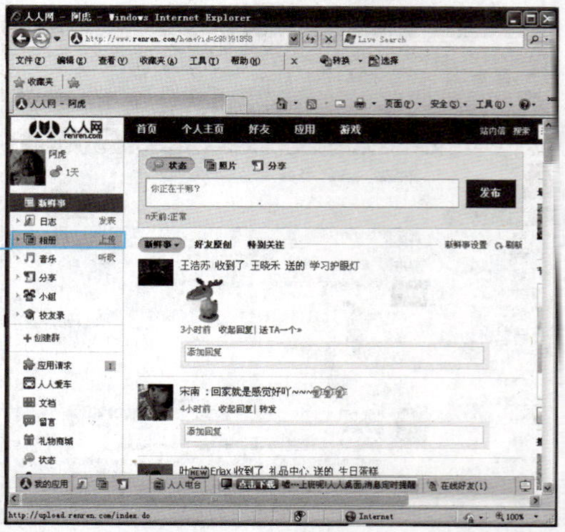

视野拓展

最早的拍卖网站是由欧米达在1995年建立的，后来他辞掉工作，全心全意投入到网上拍卖业务中去，于是现在网上拍卖老大——eBay诞生了。

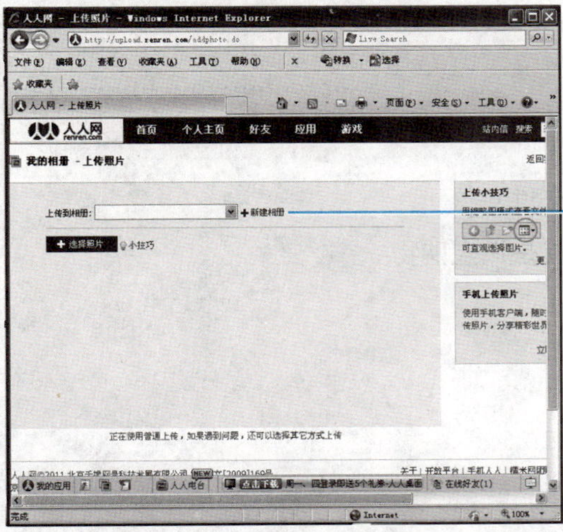

2 在“上传到相册”文本框中选择或新建一个相册，然后单击“选择照片”按钮，在本地选出要上传的照片，选择完毕后单击“开始上传”按钮即可

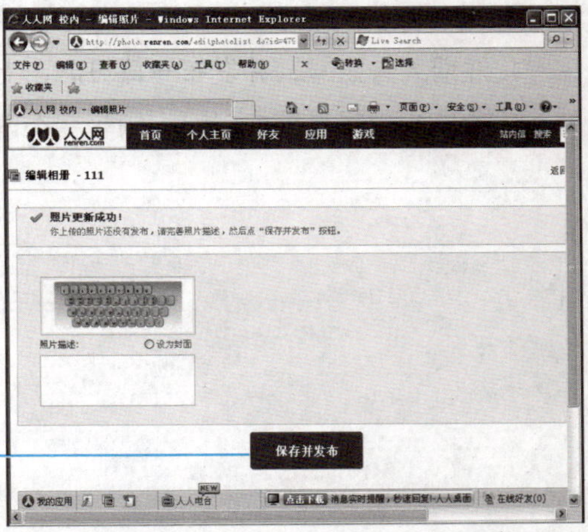

3 单击“保存并发布”按钮，完成照片上传

10.6 本章小结

通过本章的学习，读者可以学会如何在网上购物，了解网上炒股的开通过程，并能掌握网上拍卖的基本操作，还能在人人网中找朋友。

10.7 趁热打铁

现在用本章学到的知识解决下面的问题。

视野拓展

网上购物一般都是比较安全的，只要按照正确的步骤操作并谨慎一点，是没问题的。最好是在家里的电脑上登录，并且注意杀毒软件和防火墙的开启及更新。

10.7.1 选择题

1. 有关网上购物说法正确的是（　　）。

A. 必须在网上支付　　B. 必须现金支付

C. 既可网上支付也可现金支付　　D. 网上购物就是淘宝购物

2. 网上银行又叫（　　）。

A. 网络银行　　B. 网上当铺

C. 支付宝　　D. 淘宝

10.7.2 实践题

1. 注册人人账号，并发布一篇日志，上传3张照片。

2. 注册淘宝账号，然后网上购买一个自己想要的商品。

视野拓展

传统的网上购物适合书本、音乐娱乐、信息购买、化妆品、服装等物质一般性比较强的物品，如收藏品则不宜网上购买。

第 11 章 网上学习与办公

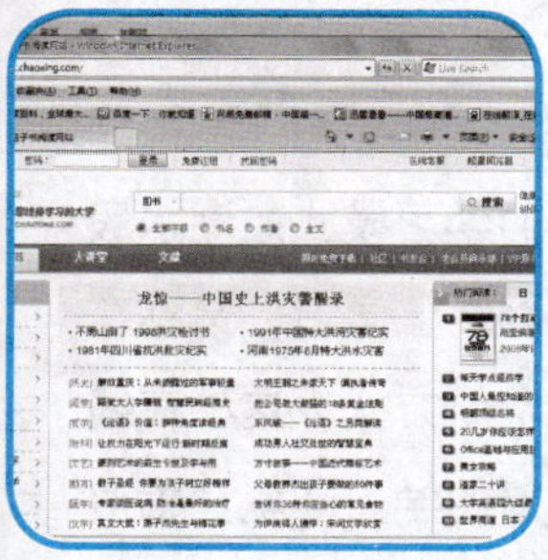

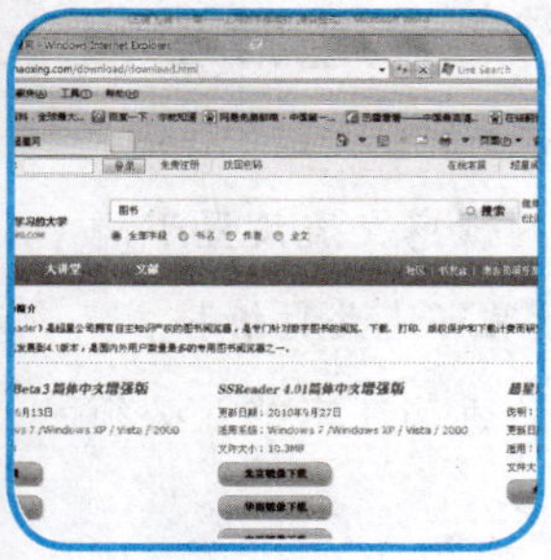

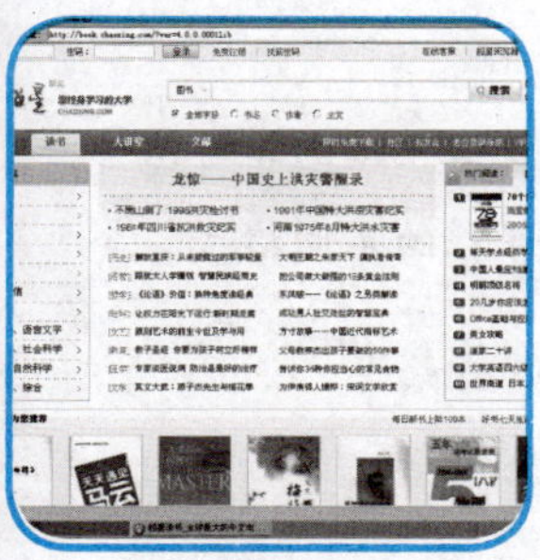

本章导读

网络功能非常强大，比如浏览信息，查找材料，收发邮件等，都可以在互联网上轻松实现。除此之外，网上学习和网上办公现在也很流行。

本章学习目标

- 了解如何网上学习
- 熟悉网络办公所需要的硬件设备

本章学习重点

- 熟悉超星阅读器的使用方法

11.1 网上学习

互联网上有丰富的学习资源，很多网站提供免费的书籍和学习资料，我们可以充分利用网上的资源来充实自己各个方面的知识。

11.1.1 在线学习

随着识识经济的到来，我们的学习模式受到了前所未有的冲击，各种新的学习模式如潮水般涌现，在所有学习模式中，最具有冲击力的便是随着网络技术发展而出现的网络化学习，又称在线学习，它是通过在网上建立教育平台，学员应用网络进行在线学习的一种全新方式。这种在线学习方式是由多媒体网络学习资源、网上学习社区及网络技术平台构成的全新的学习环境。相对于其他的学习模式来说，它具有无可比拟的优势。

- 它更容易实现一对一的学与教之间交流。
- 它充分尊重学的个性、激发学的动机。
- 在线学习的一个好处就是不受时间、地点、空间的限制，并且可以实现和现实当中一样的互动。

在线学习也有局限性。

- 缺乏人性化的沟通。网络人为地拉大了人与人之间的距离，为直接的情感交流设置了障碍。缺乏员工间、讲师与员工之间的情感交流、情绪沟通，学习的效果可能大打折扣。
- 实践功能薄弱。要真正获得和掌握知识、技术，仅仅通过在线学习的讲解还不够，必须亲自参与练习，在现实环境中运用。
- 教学内容传输上的局限。传统的培训是在讲师完全可以控制的学习环境——随时需要重新安排和变更，有许多因素影响教学的状况如讲师的努力和个人的能力、技巧、适应教学的环境和提供的课件。但由于与被培训者的网络的隔离，这种变更就不可能，会产生内容的关键阻隔。
- 学习内容方面的局限。在学习的内容上，国内比较缺乏高质量、多媒体互动的学习课件和平台，不同的界面，重复注册，没有标准的软件，还有很多在线课程的不同格式，会影响学习的效果。

11.1.2 网上读书——超星数字图书馆

超星数字图书馆成立于1993年，是国内专业的数字图书馆解决方案提供商和数字图书资源

视野拓展

超星阅览器（SSReader）是超星公司专门针对数字图书的阅览、下载、版权保护和下载计费而研发的一款专业阅览器。

供应商。它是目前世界最大的中文在线数字图书馆，提供大量的电子图书资源提供阅读，其中包括文学、经济、计算机等50余大类，数十万册电子图书，300万篇论文，全文总量 4亿余页，数据总量30000GB，大量免费电子图书，并且每天仍在不断地增加与更新。

下载并安装读书软件——超星阅览器的步骤如下所示。

1 到超星数字图书馆网站http://book.chaoxing.com下载超星阅览器，其主页如图所示

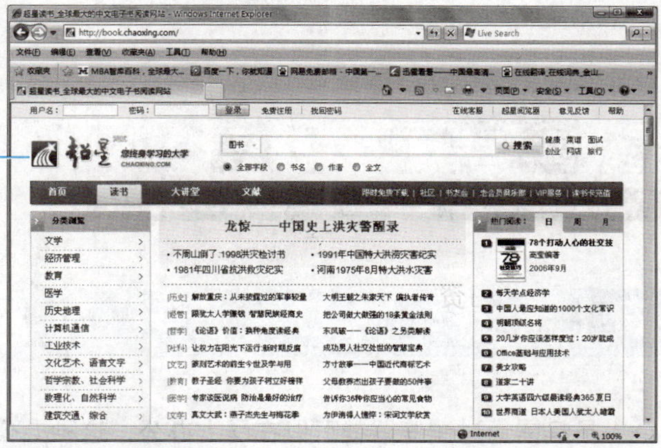

2 单击“超星阅读器”文字链接

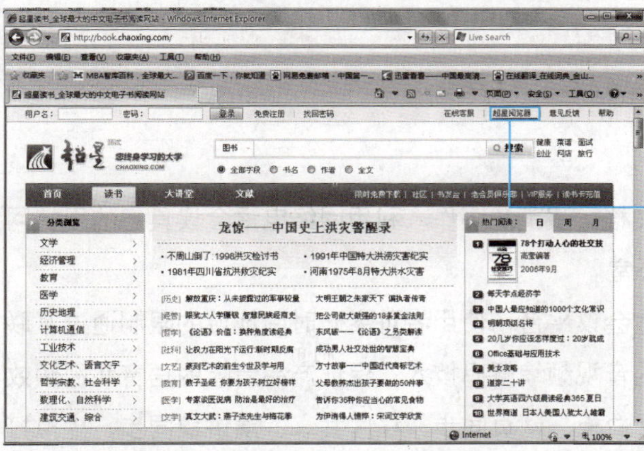

3 进入下载界面，本例中单击“北京镜像下载”按钮

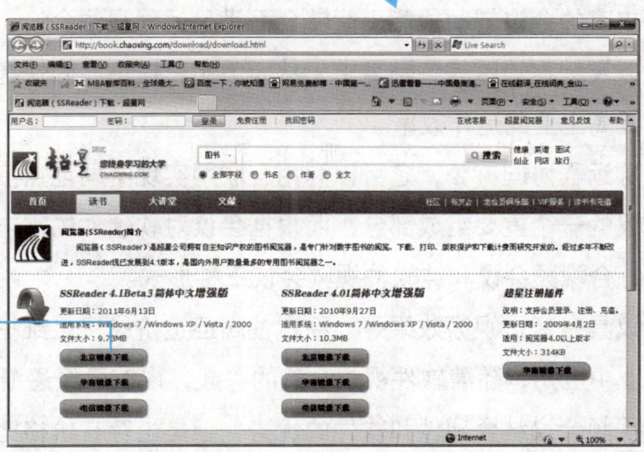

小提示： 如果需要完整地阅读超星图书库中的相关书籍，建议购买读书卡并注册会员。如果不进行注册，只能阅读其中的部分书籍或者某本图书的部分内容。

视野拓展

如果需要完整地阅读超星图书库中的相关书籍，建议购买读书卡并注册会员。

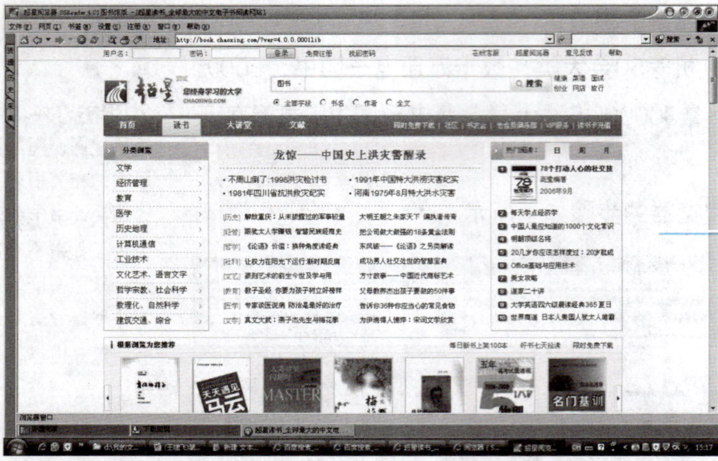

4 下载完成之后，双击超星阅读器安装程序图标，按照安装提示的向导，完成软件的安装

11.2 网上办公

企业内部办公人员只需通过浏览器就可以在网上办公，这种办公方式比原有的办公方式好处在于文件的集中存储，避免了分散存储的冗余。

11.2.1 网络会议

网络会议是与同城乃至全世界的人共享文档、演示及协作。利用网络电话会议具备的因特网这一强大功能来举行网络会议，无须离开办公室。

网络会议系统是个以网络为媒介的多媒体会议平台，使用者可突破时间地域的限制通过互联网实现面对面般的交流效果。系统采用先进的音视频编解码技术，保证产品清晰的语音和视频效果；强大的数据共享功能更为用户提供了电子白板、网页同步、程序共享、演讲稿同步、虚拟打印、文件传输等丰富的会议辅助功能，能够全面满足远程视频会议、资料共享、协同工作、异地商务、远程培训以及远程炒股等各种需求，从而为用户提供高效快捷的沟通新途径，有效降低公司的运营成本，提高企业的运作效率。

网络会议又称远程协同办公，它可以利用互联网实现不同地点多个用户的数据共享。网络视频会议是网络会议的一个重要组成部分，而根据会议对软硬件的需求程度，大致可以将其分为硬件视频、软硬件综合视频会议和纯软件视频会议三种形式。

硬件视频会议具有音、视频效果好、稳定性高但造价昂贵且维护困难的特点，早期主要在政府部门、跨国企业中应用，随着软件视频会议的兴起，现在已经逐渐被软件视频会议所代替了。

软硬件综合视频会议结合硬件和软件的优势，但是也存在价格比较昂贵、维护困难的特点，

视野拓展

如果不进行注册，只能阅读其中的部分书籍或者某本书的部分内容。

应用范围不广。

软件视频会议当前视频会议的主流趋势，也是未来的发展之一，目前已经被广泛应用在政府、军队、公安、教育、医疗、金融、运营商、企业等领域，软件视频是基于PC架构的视频通信方式，主要依靠CPU处理视、音频编解码工作，其最大的特点是廉价，且开放性好，软件集成方便。随着网络条件的提高、技术的进步，软件视频会议的稳定性、可靠性方面越来越好，已经可以媲美硬件视频系统，并以硬件的百分之一甚至更低的价格赢得了众多用户的青睐，正大规模地普及开来。

网络视频会议系统的优势如下所示。

（1）部署方便

当前主流配置的PC一般都能够作为视频终端，这些PC安装好摄像头、耳麦及相关软件，通过局域网或者互联网接入到中心MCU服务器，即可参加会议。

（2）可集成数据会议

由于基于Windows操作系统，可以在召开视频会议的同时实现电子白板、程序共享、文件传输等数据会议功能，作为会议的辅助工具。

（3）成本低

由于PC已经是办公的标准配置，桌面会议终端不需要增加很多的硬件投入。而会议室型终端也只需要购买比较高性能的PC和视频采集卡即可，其成本也低于普通的硬件视频终端。

（4）安全性高

目前主流的网络会议，都可支持RSVP、Diff Serv等各项QoS技术，并且通过各类底层的控制和处理技术来保障视频会议在网络质量不好的环境下良好运行。

（5）升级方便

网络会议升级非常方便，只需借助互联网，即可在几秒之间就能实现升级，从而实现更高的系统兼容性、更强的使用功能。

11.2.2 网络会议设备

下面介绍网络会议所需要的设备。

1. 网络带宽

受音、视频处理技术的限制，目前的视频会议系统只有在每个终端（每个分会场）不小于128Kbps 的带宽下才可以提供较为流畅的音视频传输。要达到较为满意的音视频效果，通常要求该带宽不小于768Kbps。

视野拓展

iPad超星阅览器是超星公司专门针对iPad平板电脑开发的一款数字图书阅读软件，该iPad版本超星阅览器提供10万册电子图书的免费在线阅读。

通常在简单局域网、基于光纤线路的数字数据专线网络（DDN）和基于广域网（ Internet ）的虚拟专线网络（ VPN ）内很容易得到大于 768 Kbps 的网络带宽；但是 ADSL 拨号网络一般却只能有 128～512 Kbps 的（上行）网络带宽，这样如果要得到比较满意的音、视频传输就必须在视频会议系统中采用具有特殊音、视频编解码能力的视频会议产品。

值得注意的是：视频会议系统中心点（即 MCU 所在点）的总带宽必须大于各个分会场在召开会议时的视频通信带宽的总和。如：一个有10个分会场的视频会议系统，当召开带宽为 1Mbps的视频会议时，其中心点的带宽必须满足大于 10Mbps，才可以保证视频会议的顺利进行。

2. 实现视频会议的所需的其他设备

一个简单的视频会议系统通常由多点控制单元（MCU）服务器、视频终端设备、网关设备和网闸设备4部分组成。为了将会议过程录制和保存，以及开会时使主会场达到更好的观看效果，可以附加选用会议录制点播服务器、高清电视墙服务器来组成一个更为完善的视频会议系统。

（1）点控制单元（MCU）服务器

多点控制单元是视频会议系统中的关键设备，它的作用是图像、语音、数据信号进行切换，而且是对数据流进行切换，并不像电话交换机对模拟信号进行切换。 MCU对视频信号采用直接分配的方式，若某会场有发言者，则他的图像信号便会传递到MCU，MCU将其切换到它所连接的所有会场。对数据信号，MCU采用广播方式将某一个会场的数据切换到与其他的会场。对语音信号可以分两种情况：如只有一个会场发言，MCU将其切换到其他所有会场；若同时有几个会场发言，MCU将它们的音频信号进行混合处理，挑出电平最高的音频信号，然后切换到除该会场外的所有其他会场。

（2）视频终端设备

视频终端设备是用来将视音频数据编码、打包，然后通过网络传送给远端。并接收远端传送来的数据，进行拆包、解码，网络与最终用户接触用以实现网络应用的设备。

（3）网关设备

网关又称网间连接器、协议转换器，是多个网络间提供数据转换服务的计算机系统或设备。在使用不同的通信协议、数据格式或语言，甚至体系结构完全不同的两种系统之间，网关就是一个翻译器，网关对收到的信息要重新打包，以适应目的系统的需求，同时起到过滤和安全的作用。

网关工作在OSI/RM的传输层及以上的所有层次，它是通过重新封装信息来使它们能够被另一种系统处理的，为此，网关还必须能够同各种应用进行通信，包括建立和管理会话、传输以及

视野拓展

除阅读图书外，超星阅览器还可用于扫描资料、采集和整理网络资源等，是国内外用户数量最多的专用图书阅览器之一。

解析数据等。事实上现在的网关已经不能完全归为一种网络硬件，而可以概括为能够连接不同网络的软件和硬件的结合产品。

（4）网闸设备

网闸全称安全隔离网闸。安全隔离网闸是一种由带有多种控制功能专用硬件在电路上切断网络之间的链路层连接，并能够在网络间进行安全适度的应用数据交换的网络安全设备。

11.3 本章小结

本章主要讲解了超星图书阅读器的使用和实现网络会议所需要的硬件设备。

其实，网络的作用远远不只是这些，还有如浏览信息、查找资料、收发邮件、在线交流、网上聊天、网上购物、网上学习、网上深造、文件或者资料的下载、网上办公、网上求助、网上求医等。

11.4 趁热打铁

现在用本章学到的知识解决下面的问题。

11.4.1 选择题

1. 下面（　　）不是网络视频会议系统的优势。

A. 成本高　　B. 安全性高

C. 可集成数据会议　　D. 部署方便

2. 下面（　　）是网上读书软件。

A. 千千静听　　B. 超星阅读器

C. Excel　　D. Photoshop

11.4.2 实践题

下载超星阅读器，并利用它来阅读新书。

视野拓展

北京超星公司是中国规模最大的数字图书馆解决方案提供商和数字图书资源提供商。

读书笔记

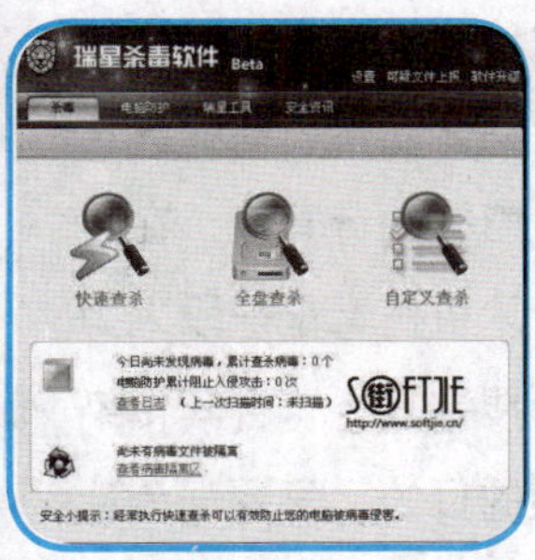

第12章 上网安全与常见故障解决方法

本章导读

信息技术发展到今天，可以说计算机病毒无孔不入。上网的时候只要稍不留心，就会让病毒有机可乘。因此，我们必须做好防范的措施，以减少病毒入侵的几率。本章就来介绍上网防范病毒的方法。

本章学习目标

- 病毒的预防与杀毒
- 上网常见故障的处理

本章学习重点

- 学会上网故障处理方法

12.1 常见上网安全危害

随着电脑和互联网的普及，上网用户不断增加，电脑病毒也在不断地侵入我们的电脑。并且越来越智能化，破坏力越来越强，清除难度也越来越大；杀毒软件是保护电脑系统安全关键的一道屏障，杀毒软件的性能直接决定系统的防御能力的强或弱。在讨论杀毒软件前，有必要先对电脑病毒做一个了解。

12.1.1 什么是电脑病毒

计算机病毒是指编制或者在计算机程序中插入的破坏计算机功能或者破坏数据、影响计算机使用并且能够自我复制的一组计算机指令或者程序代码，具有破坏性，复制性和传染性。病毒往往会利用计算机操作系统的弱点进行传播，提高系统的安全性是防病毒的一个重要方面，但完美的系统是不存在的，过于强调提高系统的安全性将使系统多数时间用于病毒检查，系统失去了可用性、实用性和易用性，另一方面，信息保密的要求让人们在泄密和抓住病毒之间无法选择。病毒与反病毒将作为一种技术对抗长期存在，两种技术都将随计算机技术的发展而得到长期的发展。

计算机病毒具有以下几个特点。

1. 寄生性

计算机病毒寄生在其他程序之中，当执行这个程序时，病毒就起破坏作用，而在未启动这个程序之前，它是不易被人发觉的。

2. 传染性

计算机病毒不但本身具有破坏性，更有害的是具有传染性，一旦病毒被复制或产生变种，其速度之快令人难以预防。传染性是病毒的基本特征。在生物界，病毒通过传染从一个生物体扩散到另一个生物体。在适当的条件下，它可得到大量繁殖，并使被感染的生物体表现出病症甚至死亡。同样，计算机病毒也会通过各种渠道从已被感染的计算机扩散到未被感染的计算机，在某些情况下造成被感染的计算机工作失常甚至瘫痪。与生物病毒不同的是，计算机病毒是一段人为编制的计算机程序代码，这段程序代码一旦进入计算机并得以执行，它就会搜寻其他符合其传染条件的程序或存储介质，确定目标后再将自身代码插入其中，达到自我繁殖的目的。只要一台计算机染毒，如不及时处理，那么病毒会在这台机子上迅速扩散，计算机病毒可通过各种可能的渠道，如外部存储设备、计算机网络去传染其他的计算机。当你在一台机器上发现了病毒时，往往

视野拓展

从2010年11月10日下午15点30分起，金山毒霸（个人简体中文版）的杀毒功能和升级服务永久免费。

曾在这台计算机上用过的外部存储设备已感染上了病毒，而与这台机器相联网的其他计算机也许也被该病毒染上了。是否具有传染性是判别一个程序是否为计算机病毒的最重要条件。病毒程序通过修改磁盘扇区信息或文件内容并把自身嵌入到其中的方法达到病毒的传染和扩散。被嵌入的程序叫做宿主程序。

3. 潜伏性

有些病毒像定时炸弹一样，让它什么时间发作是预先设计好的。比如黑色星期五病毒，不到预定时间一点都觉察不出来，等到条件具备的时候一下子就爆炸开来，对系统进行破坏。一个编制精巧的计算机病毒程序，进入系统之后一般不会马上发作，因此病毒可以静静地躲在磁盘或电脑里呆上几天，甚至几年，一旦时机成熟，得到运行机会，就会四处繁殖、扩散，继续危害。潜伏性的第二种表现是指，计算机病毒的内部往往有一种触发机制，不满足触发条件时，计算机病毒除了传染外不做其他破坏。触发条件一旦得到满足，有的在屏幕上显示信息、图形或特殊标识，有的则执行破坏系统的操作，如格式化磁盘、删除磁盘文件、对数据文件做加密、封锁键盘以及使系统死锁等。

4. 隐蔽性

计算机病毒具有很强的隐蔽性，有的可以通过病毒软件检查出来，有的根本就查不出来，有的时隐时现、变化无常，这类病毒处理起来通常很困难。

5. 破坏性

计算机中毒后，可能会导致正常的程序无法运行，把计算机内的文件删除或受到不同程度的损坏，通常表现为增、删、改、移。

6. 可触发性

病毒因某个事件或数值的出现，诱使病毒实施感染或进行攻击的特性称为可触发性。为了隐蔽自己，病毒必须潜伏，少做动作。如果完全不动，一直潜伏的话，病毒既不能感染也不能进行破坏，便失去了杀伤力。病毒既要隐蔽又要维持杀伤力，它必须具有可触发性。病毒的触发机制就是用来控制感染和破坏动作的频率的。病毒具有预定的触发条件，这些条件可能是时间、日期、文件类型或某些特定数据等。病毒运行时，触发机制检查预定条件是否满足，如果满足，启动感染或破坏动作，使病毒进行感染或攻击；如果不满足，使病毒继续潜伏。

12.1.2 常见病毒的类型

根据多年对计算机病毒的研究，按照科学的、系统的、严密的方法，计算机病毒可分类如下所示。

视野拓展

360杀毒是一款一次性通过VB100认证的国产杀软。

1. 按病毒存在的媒体

根据病毒存在的媒体，病毒可以划分为网络病毒，文件病毒，引导型病毒。网络病毒通过计算机网络传播感染网络中的可执行文件，文件病毒感染计算机中的文件（如：com，exe，doc等），引导型病毒感染启动扇区（Boot）和硬盘的系统引导扇区（MBR），还有这三种情况的混合型，例如：多型病毒（文件和引导型）感染文件和引导扇区两种目标，这样的病毒通常都具有复杂的算法，它们使用非常规的办法侵入系统，同时使用了加密和变形算法。

2. 按病毒传染的方法

根据病毒传染的方法可分为驻留型病毒和非驻留型病毒，驻留型病毒感染计算机后，把自身的内存驻留部分放在内存（RAM）中，这一部分程序挂接系统调用并合并到操作系统中去，它处于激活状态，一直到关机或重新启动；非驻留型病毒在得到机会激活时并不感染计算机内存，一些病毒在内存中留有小部分，但是并不通过这一部分进行传染，这类病毒也被划分为非驻留型病毒。

3. 按病毒破坏的能力

- 无害型：除了传染时减少磁盘的可用空间外，对系统没有其他影响。
- 无危险型：这类病毒仅仅是减少内存、显示图像、发出声音及同类音响。
- 危险型：这类病毒在计算机系统操作中造成严重的错误。
- 非常危险型： 这类病毒删除程序、破坏数据、清除系统内存区和操作系统中重要的信息。这些病毒对系统造成的危害，并不是本身的算法中存在危险的调用，而是当它们传染时会引起无法预料的和灾难性的破坏。由病毒引起的其他程序产生的错误也会破坏文件和扇区，这些病毒也按照它们引起的破坏能力划分。一些现在的无害型病毒也可能会对新版的DOS、Windows和其他操作系统造成破坏。例如：在早期的病毒中，有一个Denzuk病毒在360KB磁盘上能很好地工作，不会造成任何破坏，但是在高密度软盘上却能引起大量的数据丢失。

4. 按病毒的算法

- 伴随型病毒。这一类病毒并不改变文件本身，它们根据算法产生EXE文件的伴随体，具有同样的名字和不同的扩展名（COM），例如：XCOPY.EXE的伴随体是XCOPY-COM。病毒把自身写入COM文件并不改变EXE文件，当DOS加载文件时，伴随体优先被执行到，再由伴随体加载执行原来的EXE文件。
- “蠕虫”型病毒。通过计算机网络传播，不改变文件和资料信息，利用网络从一台机器的内存传播到其他机器的内存、网络地址、将自身的病毒通过网络发送。有时它们在系

视野拓展

360杀毒小组和微软的客户支持部门紧密合作，已经正式通过了微软的Windows 7徽标验证，这意味着360杀毒完全支持Windows 7操作系统。

统存在，一般除了内存不占用其他资源。

- 寄生型病毒。除了伴随和“蠕虫”型，其他可称为寄生型病毒，它们依附在系统的引导扇区或文件中，通过系统的功能进行传播，按其算法不同可分为：练习型病毒，病毒自身包含错误，不能进行很好的传播，例如一些病毒在调试阶段；诡秘型病毒，它们一般不直接修改DOS中断和扇区数据，而是通过设备技术和文件缓冲区等DOS内部修改，不易看到资源，使用比较高级的技术。利用DOS空闲的数据区进行工作。变型病毒（又称幽灵病毒）这一类病毒使用一个复杂的算法，使自己每传播一份都具有不同的内容和长度。它们一般的作法是一段混有无关指令的解码算法和被变化过的病毒体组成。

12.2 病毒的预防与杀毒

使用过电脑的人绝大部分都了解电脑病毒的危害性，知道它会破坏电脑中的数据，导致数据丢失，甚至会造成系统崩溃。因此，大家都谈“毒”色变，深恶痛绝。本节就来介绍改如何预防和杀除病毒。

12.2.1 常用的杀毒软件

1. 金山毒霸

金山毒霸是金山软件股份有限公司研制开发的高智能反病毒软件。融合了启发式搜索、代码分析、虚拟机查毒等经业界证明成熟可靠的反病毒技术，使其在查杀病毒种类、查杀病毒速度、未知病毒防治等多方面达到世界先进水平，同时金山毒霸具有病毒防火墙实时监控、压缩文件查毒、查杀电子邮件病毒等多项先进的功能。紧随世界反病毒技术的发展，为个人用户和企事业单位提供完善的反病毒解决方案。从2010年11月10日下午15点30分起，金山毒霸（个人简体中文版）的杀毒功能和升级服务永久免费。右图所示为金山毒霸的操作界面。

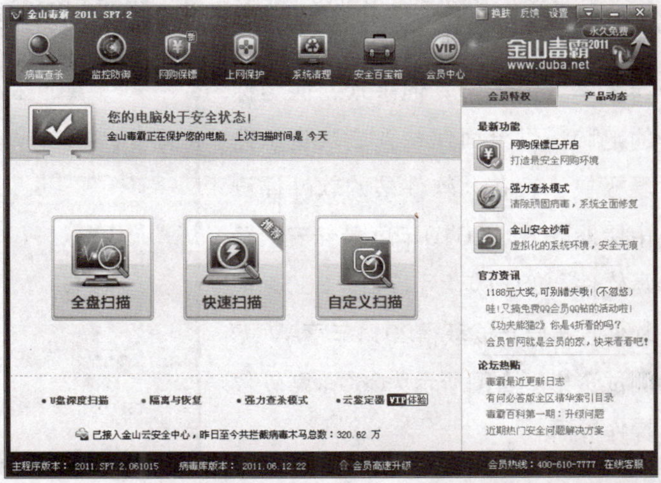

视野拓展

卡巴斯基是俄罗斯用户最多的民用杀毒软件。

2. 瑞星杀毒软件

瑞星杀毒软件（简称RAV）采用获得欧盟及中国专利的六项核心技术，形成全新软件内核代码；具有八大绝技和多种应用特性；是目前国内外同类产品中最具实用价值和安全保障的杀毒软件产品。下图所示为瑞星杀毒软件的操作界面。

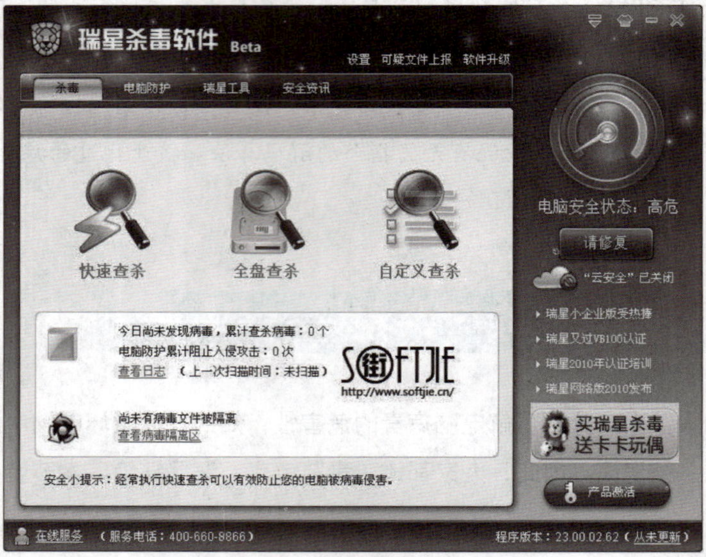

3. 360杀毒软件

360杀毒软件无缝整合了来自罗马尼亚的国际知名杀毒软件BitDefender 2008（比特梵德病毒查杀引擎、小红伞引擎、360QVM人工智能智能引擎、360系统修复引擎、以及360安全中心潜心研发的云查杀引擎。四引擎智能调度，为你提供完善的病毒防护体系，第一时间防御新出现的病毒、木马。360杀毒软件完全免费，无须激活码，轻巧快速不卡机，适合中低端机器，360杀毒采用全新的SmartScan智能扫描技术，使其扫描速度奇快，误杀率远远低于其他杀软，能为你的电脑提供全面保护，二次查杀速度极快。在各大软件站的软件评测中屡屡获胜。2010年度最佳安全杀毒软件。2011年1月17日，360杀毒软件宣布已正式获得2011年度AV-C测试资格。右图所示为360杀毒软件操作界面。

视野拓展

在杀毒软件的历史上，AVP创造了仅仅靠“启发式扫描”技术创造了95%检出率的纪录。

4. 卡巴斯基杀毒软件

卡巴斯基总部设在俄罗斯首都莫斯科，Kaspersky Labs是国际著名的信息安全领导厂商。公司为个人用户、企业网络提供反病毒、防黑客和反垃圾邮件产品。经过14年与计算机病毒的战斗，卡巴斯基获得了独特的知识和技术，使其成为病毒防卫的技术领导者和专家。该公司的旗舰产品——著名的卡巴斯基反病毒软件（Kaspersky Anti-Virus，原名AVP）被众多计算机专业媒体及反病毒专业评测机构誉为病毒防护的最佳产品。

在杀毒软件的历史上，有这样一个世界纪录：让一个杀毒软件的扫描引擎在不使用病毒特征库的情况下，扫描一个包含当时已有的所有病毒的样本库。结果是，仅仅靠“启发式扫描”技术，该引擎创造了95%检出率的纪录。这个纪录，是由AVP创造的。右图所示为卡巴斯基杀毒软件操作界面。

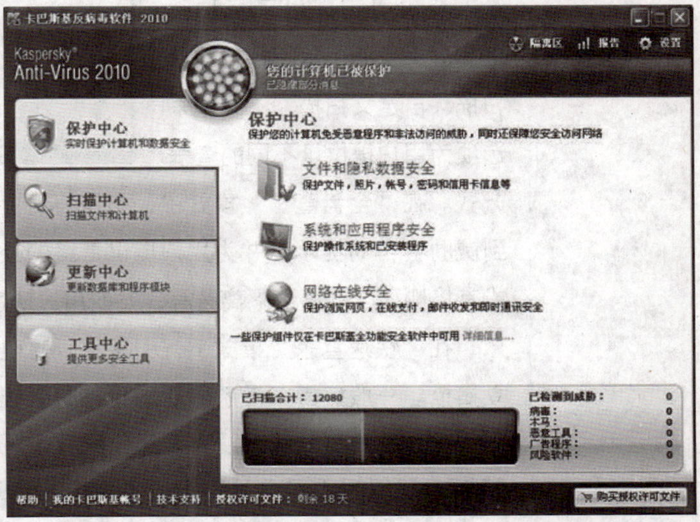

5. NOD32

ESET NOD 32是由ESET发明设计的杀毒防毒软件。ESET，于1992年建立，是一个全球性的安全防范软件公司，主要为企业和个人消费者提供服务。其得奖之旗舰产品 NOD 32 能针对已知及未知的病毒，间谍软件（SPYWARE）及其他对用户系统带来威胁的程式进行实时的保护。其操作界面如右图所示。

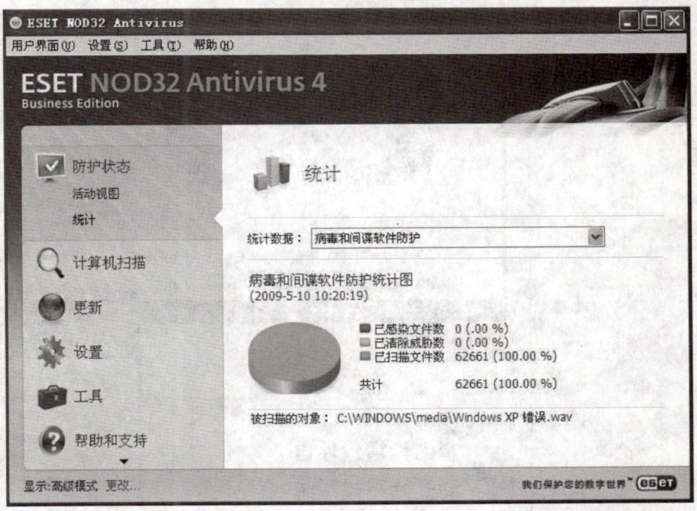

12.2.2 杀毒软件的使用

电脑如果感染病毒之后，可以马上使用杀毒软件杀毒。现在，杀毒软件的种类很多。下面就

视野拓展

卡巴斯基实验室提供每小时更新病毒库、全天候多语言技术支持等各种服务，满足客户数据安全的特殊需求。

来介绍如何使用金山毒霸软件杀除病毒。

打开金山毒霸主程序后，进入金山毒霸的操作界面，如右图所示。

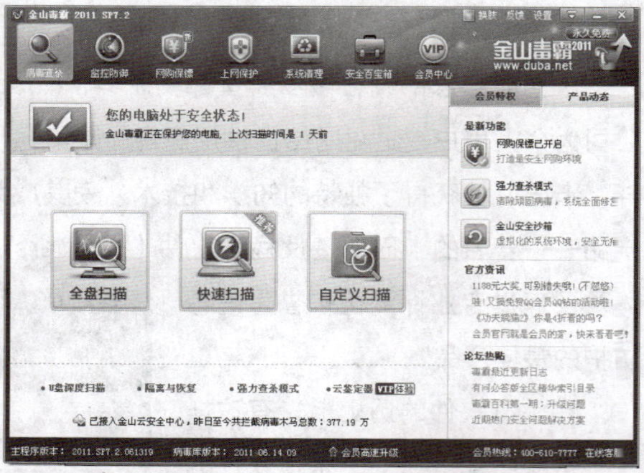

金山毒霸提供了多种杀毒方式，例如全盘扫描、快速扫描、自定义扫描，不同查杀选项为用户提供了不同的查杀方式。在“全盘查杀”模式中，引擎将对全部磁盘文件系统进行完整扫描，检测到威胁会自动提示，并为用户提供最终的处理结果信息，包括已经将其彻底清除或直接删除、转移到隔离区等，方便用户快速调用。下面分别介绍一下。

在“快速查杀”模式下，引擎将只对电脑中的系统文件夹等敏感区域进行独立扫描。一般病毒入侵系统后均会在此区域进行一些非法的恶意修改，针对性的扫描此区域即可发现并解决大部分病毒问题。

操作步骤

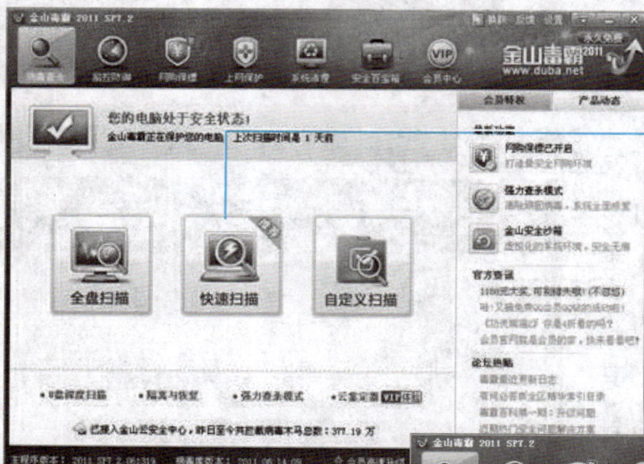

1 单击主程序界面的“快速扫描”按钮，进入快速扫描界面

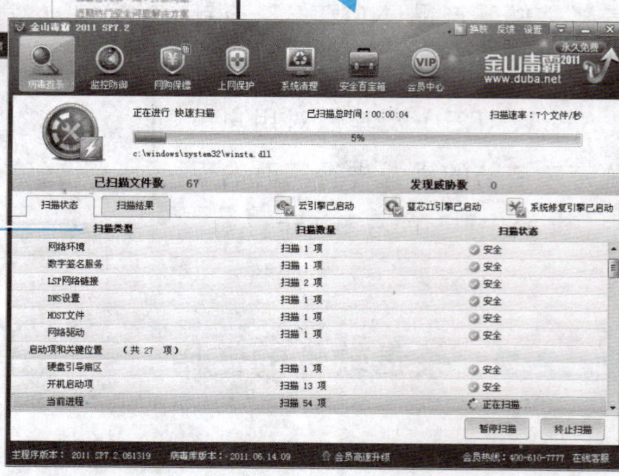

2 金山毒霸软件自动开始扫描系统文件

视野拓展

Kaspersky Lab的历史是从1989年开始的，当时公司的创始人Eugene Kaspersky先生第一次遇到了有关计算机病毒问题，随后开发了卡巴斯基反病毒产品的第一个版本。

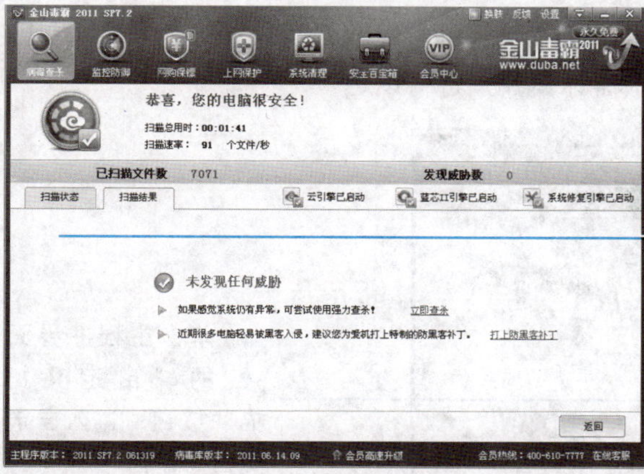

3 扫描完之后，程序把扫描的结果显示出来

“全盘查杀”模式将对你的电脑系统中全部文件逐一进行过滤和扫描，通过金山毒霸彻底清除非法侵入并驻留系统的病毒文件（检测率高达99%以上）。

操作步骤

1 单击主程序界面的“全盘扫描”按钮

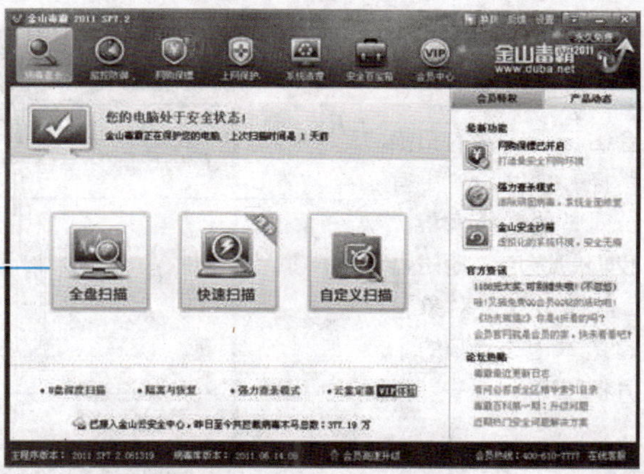

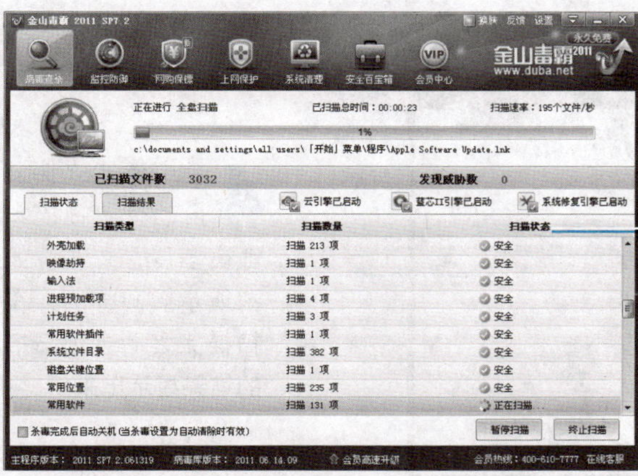

2 进入全盘扫描界面，金山毒霸软件会自动开始扫描系统文件。同样，在扫描完之后会把扫描的结果显示出来

视野拓展

卡巴斯基占用CPU资源较多，尤其是扫描和更新时，对CPU的占用较大，所以对硬件要求过高。

当然，用户若对查杀引擎有特殊要求，也可调用金山毒霸的“自定义查杀”模块，选中并快速定位到不同盘符中的文件目录，自动启动引擎对当前目标的检测和查杀，方便对检测引擎有特殊需求的用户进行设定。

操作步骤

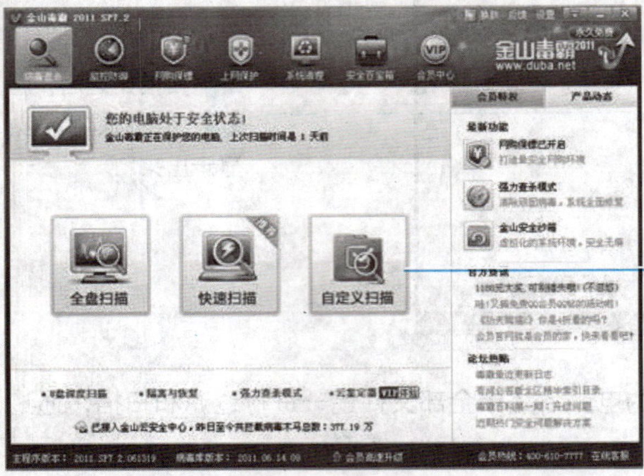

1 单击主程序界面的“自定义扫描”按钮，进入自定义扫描界面

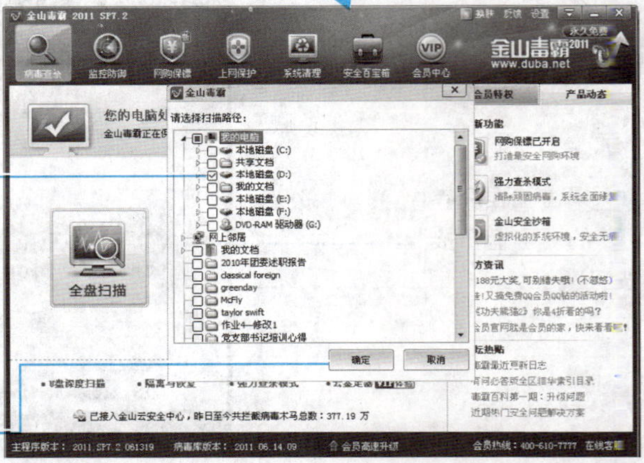

2 用户可以根据自己的需求来定义金山毒霸软件的扫描路径，帮助用户更有针对性的查杀病毒。我们就选定本地磁盘D盘作为查杀对象，勾选本地磁盘D的小方框即可

3 单击“确定”按钮

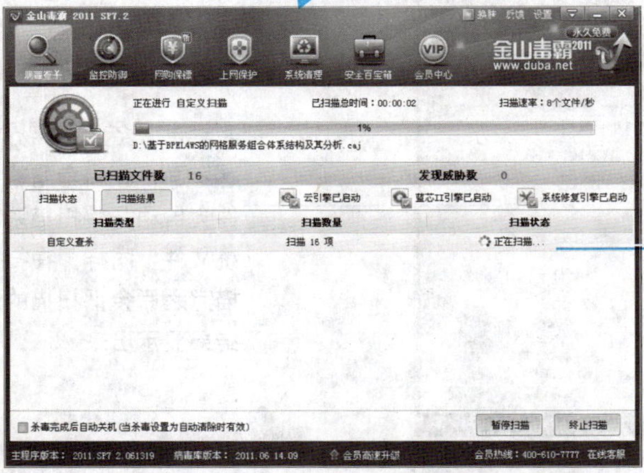

4 金山毒霸软件会自动开始扫描本地磁盘D的文件，如图所示。同样的，在扫描完之后会把扫描的结果显示出来

视野拓展

卡巴斯基实验室所开发的产品，依照不同的需要，将用户分为三大类：一般家庭用户，小型及中型企业用户，大型企业用户、政府机关。

12.3 常见的网络故障及解决办法

电脑在上网的过程中，经常会出现断线、无法上网等网络故障，导致用户无法正常上网。本章就来介绍网络的一些常见故障与解决方法供用户参考，以备不时之需。

12.3.1 ADSL的常见故障及解决方法

1. 宽带常见错误代码及故障的解决方法

（1）错误代码691

处理方法：

691的提示可能是用户名与密码填写错误导致，首先检查自己的用户名是否为：xz电话号码@adsl（或0516电话号码@adsl，必须小写），再确定密码没有填错或被家庭其他成员修改，密码是区分大小写的，这一点尤其应注意。如果密码遗忘，请带电话户主身份证到宽带提供服务商（ISP）营业厅修改或拨打宽带提供服务商（ISP）客服热线。如果还是出现同样的691的提示，有可能是上网账号欠费或账号挂死所导致，用户可以致电宽带提供服务商（ISP）的服务热线咨询或者申告障碍。

（2）错误代码678

处理方法：

如在上网过程中遇到错误提示是678，则可以按下列步骤一步一步进行检查处理。

①首先检查 Modem状态，判断Modem是否正常。

②正常的情况下，把Modem断电5分钟后重启电脑再试；Modem不正常时，要先将Modem断电，检查Modem到网卡和Modem到分离器之间的网线是否接好。

③重启Modem无效时，Modem灯正常的情况下，建议卸载网卡驱动程序和拨号软件，并重新安装。

④仍然提示678，请致电宽带提供服务商（ISP）客户服务热线或者申告故障。

（3）错误代码769

处理方法：

769故障一般都是出现在Windows XP操作系统中，是由于电脑里本地连接禁用了。只需要重新启动本地连接则可恢复正常。首先请在电脑的桌面上找到一个“网上邻居”图标。接下来直接用鼠标的右键单击网上邻居，再用鼠标左键单击属性然后双击本地连接，系统就会自动启用本地连接。当本地连接启动好后，重新拨号就能上网。

视野拓展

NOD32在AV-Comparatives测试结果中排名第8，2008全球杀毒软件测试结果中排名第3，2009全球杀毒软件测试结果中排名第5。

小提示：如果在网上邻居的属性里无法找到本地连接，可能是电脑的网卡出现了故障，最简单的办法就是重新启动电脑，如果不行就打开电脑机箱把网卡拔出重新换个插槽试试，如果是品牌机建议直接和提供商联系处理。

（4）错误代码619

处理方法：

建议重新启动电脑，重新连接Modem线路，如果还是无法恢复正常就卸载干净任何PPPoE软件，重新安装。

（5）错误代码718

处理方法：

718错误一般出现在服务器故障的时候，表示已经成功发送验证信息，但是无法接收到服务器返回的响应信息，线路连接正常。建议稍后再试，应该只是服务器比较繁忙导致。

（6）错误代码734

处理方法：

建议重新启动电脑，重新连接Modem线路，如果还是无法恢复正常就卸载干净任何PPPoE软件，重新安装。

（7）错误代码797

处理方法：

建议重新启动电脑，重新连接Modem线路，如果还是无法恢复正常就卸载干净任何PPPoE软件，重新安装。

（8）错误代码735

处理方法：

用户自己设置IP地址与局域网分配IP有冲突导致，建议用户IP地址选择自动获取或重装拨号软件即可。

（9）判断Modem是否处于正常状态

当拨号连接不上网络的时候，请检查Modem是否处于正常状态。当Modem处于正常状态的时候，Modem会有两盏或三盏指示灯处于长亮状态。分别是电源灯、线路灯和网卡灯。不同型号的Modem，其指示灯的名称、标识可能不同，下面列出一部分Modem的指示灯的名称与标识，具体情况，请参见你的Modem的使用说明书。

如果电源灯、线路灯有任何一盏不亮或闪烁，都不正常。通常你可以先关电重启一下Modem（Modem背后有电源开关），等2分钟后，当Modem的灯稳定下来，如果还不正常，可以参考以下的解决方法。

①电源灯：如果不亮则可能是电源未打开或未接好，也可能Modem有问题。

视野拓展

ESET产品主要包括ESET NOD 32（反病毒软件）和ESET Smart Security（安全套装）两个系列。

②线路灯：使用ADSL时，用户端的Modem要与局端的Modem同步建立连接，若能同步，则线路灯常亮，否则会闪烁。如果发现线路灯闪烁，则证明线路不同步，原因可能有几种：你的电话线连接不正确或接触不好，或者有的电话机没有正确连接分离器；分离器有问题；线路有问题。

此时建议你检查一下各设备之间的联线是否有松动、脱落等情况，然后重新启动一下Modem，如果发现线路灯依然闪烁，则可能是线路问题，你需要打10000号报障。

③网卡灯：表示Modem和计算机网卡的连接状态。如果此灯不亮，可能是你的电脑没有打开，或者是连接网卡和Modem的网线未连接好，也有可能是Modem故障，请确认网线和Modem、网线和网卡都连接好，你可以尝试把网线插拔几次或更换网线。还有一种可能就是网卡松了或坏了。

如果以上步骤完成后，网卡灯还是不亮，请更换一个Modem试试，或将你的Modem拿到别的有ADSL的地方试试，检查是否是Modem问题。若Modem本身正常，你需要寻求电脑公司的专业帮助。

2. ADSL硬件问题

ADSL是目前国内使用最多的宽带接入方式之一，很多个人家庭用户甚至是网吧都在使用这种接入方式。因此使用这种方式上网遇到的故障也比较多，在引起ADSL上网故障的众多因素中，总结起来一般就是硬件和软件方面的问题，下面我们就为大家谈谈ADSL常见故障的解决方法。

ADSL常见的硬件故障大多和接口连接松动、电话线路故障以及计算机系统故障等方面有关。另外，环境因素，比如电压不稳定、温度过高或是雷击也都是造成ADSL设备不能正常使用的重要原因。因此，当ADSL出现问题不能正常上网的时候，就需要仔细检查，针对具体故障原因进行解决。

（1）线路连接问题

使用ADSL上网出现问题时，首先要检查线路的连接是否正确，接口连接是否出现了松动，ADSL上网所需的硬件设备包括计算机、ADSL Modem、分离器、网卡和一条ADSL电话线。正确的连接方法是：将电话线接入分离器，把电话接在分离器的Phone接口上，ADSL Modem则连接在Modem接口上。用一条交叉网线（ADSL Modem配送的那根）将计算机网卡和ADSL Modem连接即可。

常见的故障症状解决方法如下所示。

①能上网，但电话掉线

这种情况多是由于交接间端子板线卡断造成，因断线头和端子板距离很近，数据感应能通

视野拓展

网络故障是指硬件的问题、软件的漏洞、病毒的侵入等引起的网络故障。

过，而语音却通不过去。如用户距局端很近，室内线混线也会造成上述故障。

②上网、通话不兼顾

这是由于外线绝缘不良或有接头接触不良引起的。用户端外线绝缘不良，用户上网时一拿电话手柄告警灯就闪，WAN灯熄灭，修好外线后故障就会解除。

③能通话，但上网掉线

一般用户接错线的情况是把接Modem的线接在了电话机上，就会出现能用电话，而不能上网的现象。这时候ADSL Modem的状态灯LINE灯不亮。在查故障时应先仔细查看设备的接线位置，以免接错线。

（2）电话线路故障

由于ADSL技术采用电话线作为数据的传输介质，通过频分复用技术，将ADSL所使用的频带范围与电话网络的频带分隔开来，因此ADSL的速度快慢取决于与电信局之间距离远近，简单来说就是电话线越长，通过电话线的ADSL信号就越弱，通信速度也就越慢。

此外电话线的老化程度、质量好坏也都会影响到网络通信的质量，导致频繁的上网掉线。

用户可以通过听拨号音，检测电话线质量的好坏，如果拨号音里有很多杂音，不纯净，就说明电话线质量差或者受电磁干扰，反之则说明电话线的质量很好。

虽然我们无法改变与电信局之间的距离，但电话线受电磁干扰的问题还是可以得到缓解的，首先我们要尽量缩短电话插座与ADSL Modem之间的电话线，不在ADSL Modem附近放置手机、电视、冰箱等家用电器，将质量差的电话线和网线更换成能够屏蔽电磁波的线缆。

（3）网卡引起的故障

网卡也是影响网络通信的一个重要因素。一般来说，网卡引发的故障多表现为：计算机启动后不能立即拨号、网络一断开就连接不上、上网时不能正常传输数据等情况。

如果用户发现ADSL Modem的状态灯DSL常亮，而且又基本排除了线路故障的话，问题就多数都出在网卡上。

我们可以用PING命令进行检测，PING一下网卡和ADSL Modem，如果可以PING通网卡，却不能PING通ADSL Modem，就说明网卡的质量不稳定，应该及时更换网卡。建议用户在购买网卡时，选择质量好、稳定性强、驱动程序齐全、

提示：ADSL Modem的安装位置要尽量远离大功率电子设备，且ADSL入户线和分离器之间不能安装电话分机或传真机。如果网络中经常出现数据丢失或网速很慢，应该检查线路连接是否良好，对质量不好的线路应及时更换。

视野拓展

网络硬件故障一般都是由架构网络的设备，包括网卡、网线、路由、交换机、调制解调器等引起的的网络故障。

售后服务好的网卡使用。

（4）计算机的操作系统故障

有些操作系统的兼容性比较差，会对ADSL的相关组件发生冲突，导致联网时出现莫名其妙的断流问题，这种情况在Windows 95、Windows 98系统中比较常见，是系统“天生”的网络缺陷造成的。

如果用户使用的是Windows 2000或Windows XP操作系统，就几乎可以避免断流现象的发生，因为这些系统不但自身网络功能全面，而且对ADSL相关网络组件的兼容性也比较好。

使用Windows 95、Windows 98系统的用户应该及时到微软的官方网站，安装系统补丁，打好补丁后，ADSL频繁断流的现象，才能得到即时抑制。

（5）环境因素

环境因素对ADSL Modem的使用寿命有很大影响，因此在平时的使用中就应该有意识的对ADSL设备进行一些必要的维护，这样不仅可以减少其意外故障的发生，保持网络通畅，还可以延长设备的使用寿命。那么应该怎样进行维护工作呢?

ADSL Modem应该安放在干燥通风的位置，远离电源线和大功率电子设备，避免水淋、保持清洁；遇雷雨天气时，最好将Modem电源和所有连线拔下来，避免雷击；尽量避免在炎热的天气长时间的使用ADSL Modem，防止ADSL Modem因过热而发生故障及烧毁；定期对ADSL Modem进行清洁，可以用软布清洁设备表面的灰尘和污垢；定期检查ADSL Modem的电源线、网线、分离器及电话接线盒，如有损坏及时更换。

12.3.2 IE浏览器的常见故障及解决方法

（1）为什么我的IE9正式版无法正常运行，总是一闪而过，出不来界面？或者出来界面几秒后就退出了?

答：这个问题在使用IE9正式版的时候，是最让人痛苦的问题。问题有很多种，经过排查，最容易导致这个问题的，是源于很多用户通过设置注册表键值或者第三方软件，改变了系统文件夹的位置，即把 c:\program files(x86) 或者 c:\program files 文件夹给转移到了其他硬盘分区，例如转到了 d:\program files 路径下。更改这个路径不仅仅会导致IE9出问题，有些大型应用软件也会出现问题，尤其是微软的一些软件包。因此，不建议其他朋友也这么做，至于解决的办法，就是必须再把这个文件夹路径改回去，无论是通过软件还是注册表编辑器，改掉这个默认路径后，再安装IE9正式版，就不会出现类似问题了。经过解决掉的用户中，碰到这个问题的基本都是这个造成的。像魔方虽然也提供了系统文件夹转移功能，但是都默认不提供这种文件夹迁移的，会有很多问题。

视野拓展

一般TCP/IP协议如果出现故障的话，网络肯定是会出现问题了，还有可能就是对用户管理出现了问题。有时候防火墙的设置也会影响网络。

当然，除了这个因素以外，还有几个因素会导致IE9浏览器工作异常退出和无法打开。例如安装了早期的迅雷7版本，例如IE加载了一些过老的插件，包括某些网盾类的安全和杀毒软件也会导致故障。

①很可能是某些杀毒软件安全软件阻止了IE9，解决方法：暂时停用安全软件，或者将病毒库和程序版本更新到最新。

②很可能是某些浏览器加载项不兼容IE9，导致IE9退出，解决方法：更新那些软件，比如迅雷7；如果还是无法解决，进入控制面板，找到“Internet选项”→“程序”→“管理加载项”，禁用那些加载项。显卡（驱动）不兼容，更新最新版本的显卡驱动，如果显卡太老，可以根据下面稳重提到的关闭GPU加速来解决。

（2）升级到IE9之后，虽说能正常运行，但碰到了其他很多意外问题，总是提示各种错误，怎么办?

答：如果你从之前从IE8或者IE7升级到IE9正式版之后，发现各种不明问题，首先要做的第一件事情，就是从IE9右上角工具菜单或者控制面板中，找到Internet选项，在“高级“标签中单击“还原高级设置”选项，或者更狠点，重置下IE9，这样，基本上所有非外部程序干扰而造成的问题，都可以迎刃而解。

（3）为什么我的一些银行的网银无法正常使用，屡次重试安装后，却总提示安装，或者根本无法正常使用?

答：根据网银页面的提示安装相关插件，同时建议在处理无法正常安装网银的情况下，可以在IE9图标上右键选择以管理员身份运行IE9，再以兼容性视图进入银行的网页。当然，日常浏览网页的时候，为了安全，切忌用管理员身份运行任何浏览器。拿闪游浏览器来讲，安装、使用时绝对不在任何地方提示使用管理员权限。当然，出现网银插件问题的时候，也可以用闪游这种IE内核的浏览器使用，闪游工具按钮菜单里面提供了IE9、IE8、IE7 三种内核模式方便大家切换使用。

对于IE9来说，以前安装的一些工具条或者网银证书基本上都可以的，请不用担心。Google Toolbar 和国内几个大银行的网银数字证书、支付宝、快钱等目前都可以正常运行，其他银行的如果有问题，除了技术上解决之外，也可以直接电话打他们客服电话，会提供官方指导的。

（4）为什么我的IE9正式版浏览器无法进入QQ农场和QQ牧场、QQ餐厅呢？总提示游戏环境出错——User Agent: Mozilla/4.0 (compatible; MSIE 7.0; Windows NT 6.1; Trident/5.0; SLCC2; .NET CLR 2.0.50727; .NET CLR 3.5.30729; .NET CLR 3.0.30729; Media Center PC 6.0; InfoPath.1; .NET4.0C)。

答：如果在恢复或者重置IE9的Internet选项为默认时，还是碰到这种情况的话，请关闭IE9

视野拓展

到2011年3月14日，IE9下载次数超过2000万次，是历史上下载次数最多的浏览器测试版。

中的“安全ActiveX筛选功能”即可。

关闭方法：按Alt键，IE文件菜单栏会自动出现，单击 “工具”菜单下面的ActiveX，去掉它前面的勾即可。

（5）IE9正式版不能正常访问某些音乐、视频网站、或者莫名其妙提示IE已停止工作。

答：这个问题有两个原因，也有两个解决方法。

大部分原因是因为Flash版本造成的，大家可以下载使用Adobe Flash的最新正式版本或者官方的最新Beta版本，安装下重新运行IE9就可以解决了。

当然，还有种可能性，在IE9中的“工具”菜单中，打开“Internet选项”→“高级”，将“加速的图形”选项勾选（使用软件呈现而不使用GPU加速），问题就解决了，发生这个问题的不如第一个普遍。

（6）为什么我用IE9浏览论坛，登录后、发帖或回帖后需要刷新页面才能显示？而且有时候还无法正常发帖提示内部错误?

答：目前常见的国内论坛主要是Phpwind和Discuz 两种技术构建，某些旧版本的论坛不能很好的兼容IE9，不过IE9正式版已经解决了IE9 RC、Beta 里面的一些兼容问题。

建议①通知论坛管理员升级那些论坛的主程序模块（论坛http://bbs.ruanmei.com已经在早前更新到了最新的DZ X1.5版本，能兼容IE9常用功能）。

建议②使用IE9的兼容性视图模式来浏览该论坛。

（7）怎么每次打开我的IE9就是搜狗搜索，怎么改都无法生效，是不是中了顽固流氓木马啊?

答：这种情况是由于搜狗拼音输入法等软件导致的，可以改设置。

（8）Windows 7桌面小工具、Windows Vista侧边栏小工具在装完IE9后，还会偶然发生故障错误提示么?

答：IE9正式版依然没解决这处内存泄漏问题，微软答复已经高度重视并会解决。

（9）有朋友说QQ 2011 Beta中的消息历史记录中的图片无法双击打开，是由于IE9导致的吗?

答：确实安装IE9正式版和IE9 RC等版本会有类似问题出现，等待腾讯的新版QQ，毕竟IE9一些事件机制发生了变化。

12.4 本章小结

本章主要讲解了上网常见故障与排除方法，主要涉及拨号、ADSL、浏览器方面的常见故障与排除方法。

视野拓展

IE9正式版要求系统为Windows 7（x86 或 x64），Windows Vista（x86 或 x64）或者Windows Server 2008（x86 或 x64），Windows Server 2008 R2（x64）。

在上网的实际应用中，还会有很多故障会随时发生，应该学会从故障现象着手进行分析、查找和解决问题，并及时总结每一故障的发生原因以及解决办法，这样在以后的上网过程中会更有效地预防问题、解决问题。

12.5 趁热打铁

现在用本章学到的知识解决下面的问题。

12.5.1 选择题

1. 使用ADSL传输时候，只要数据流量大，电脑就会死机，这是（　　）引起的。

A. 网卡的质量或者兼容性不好　　B. TCP/IP协议设置有问题

C. 密码错误　　D. 线路质量不好引起的

2. 使用（　　）程序可以查看系统开放的端口。

A. DIR　　B. netstat

C. FORMAT　　D. Delete

12.5.2 实践题

1. 利用金山毒霸杀毒软件对本地磁盘C进行查杀。

2. 安装一款杀毒软件到自己的电脑。

视野拓展

IE9的重大改变是其硬件加速性能。硬件加速主要由Windows、DirectX11、Windows API以及图像处理器构成，IE9灵活应用这些资源更好地处理网页的浏览。

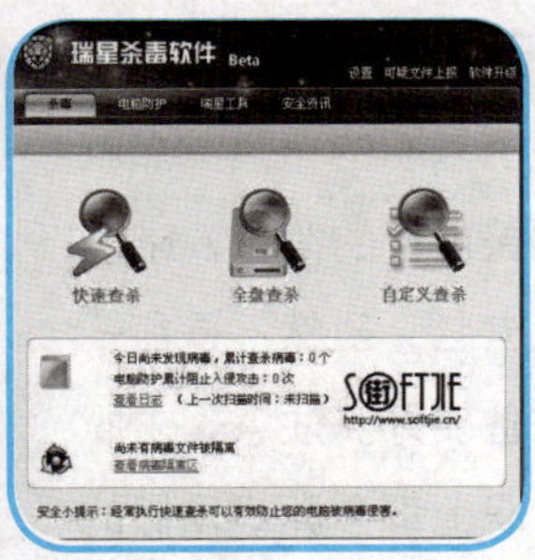

第13章 网上求职

本章导读

网上招聘是一种特殊的择业形式，避免了人群大范围集中和近距离接触，给用人单位提供了更广阔的选择空间。由于科技的发展，网络已经成为我们工作、生活、招聘、求职必不可少的帮手，所以在网上找工作也已经成为广大求职者必选途径。

本章学习目标

- 掌握网上求职技巧
- 使用招聘网站

本章学习重点

- 学会网上求职方法

13.1 网上求职基础

网上求职，顾名思义，就是通过互联网进行求职。

求职者通过互联网查询招聘信息，填写求职信和个人简历，并通过E-mail或者网上提交系统将相关信息发送给招聘单位。用人单位在获得求职者的求职信息后，给予求职者面试的机会，以进行下一步招聘工作。

网上求职与网下求职相比，主要涉及求职的前半部分，即求职者通过网上求职了解企业的职位信息与职位要求，并使企业了解个人的相关情况，从而获得面试的机会。当然也有企业将全部求职通过网上进行，比如在非典期间，部分企业与求职者就通过互联网进行视频面试，在网上直接录取，结束后，求职者可以直接去企业报到。对于中国现阶段而言，整个招聘流程全部通过网上进行的情形较少，网上求职与其说是一种求职方式，不如说是一种获得面试机会的求职途径，就像我们在报纸上看到企业招聘信息，通过邮局寄出求职信，或者直接参加人才招聘会，获得求职机会是一样的。

应该说，随着互联网在中国的普及，现在越来越多求职都有通过网上求职的经历，但是许多求职者并不清楚如何进行网上求职才可以取得最佳效果。本章介绍下网上求职的注意事项，希望阅读本部分之后会对求职者有所帮助。

13.1.1 网上求职前的准备工作

要进行网上求职，首先要明确目标，网上求职最忌盲目。

网上求职不必是唯一的岗位目标，但一定要有一个方向。求职者不妨将其写在纸上，比如：市场营销类，可以包括营销员、销售代理、客户服务、营销策划等岗位，求职者应当根据自己的专业特点、工作经验、个人兴趣专长等情况确定自己的求职方向，同时还要明确求职区域，也就是以后上班的地区，不然再好的机会也会因为距离过远而不能赶去，浪费自己的求职时间。

其次要准备好适合网上求职的个人资料，比如，求职信、个人简历。网上求职的一大优点就是求职者可以随时调整自己的求职资料，求职者可以根据应聘职位的特点调整自己的简历，求职者也应该将自己的照片、学历、证书、获奖证明、身份证这些资料扫描存入电脑，虽然不是每一个企业都需要这些资料，但是资料准备详细一些，总是比需要时再去仓促准备要好。注意，求职资料一定要保持真实性，不要提供虚假的资料，正规的企业是不会欢迎在求职上都会弄虚作假的求职者的。

再次，求职者要有一个稳定的邮箱或便于企业与你联系的通讯方式。网上求职主要是通过电

视野拓展

截至2011年1月，智联招聘网平均日浏览量6800万，日均在线职位数255万以上，简历库拥有近3800余万份简历，每日增长超过30000份新简历。

子邮箱进行联系的，求职者一定要选择一个性能稳定的邮箱，性能不稳定的邮箱可能会影响你的求职，比如，发出的求职信无法到达企业邮箱，或者被企业邮箱认定是垃圾邮件，求职者无法按照收到企业回复的邮件，从而错过机会。还要注意的是，多数企业在看到求职的电子邮件后，会通过电话与求职者联系的，因此求职者一定要有一个可以随时联系到自己的电话号码。

13.1.2 寻找合适的招聘网站

求职者明确了自己的求职方向，也准备好了相应的求职资料后，就要找到相应的招聘网站寻找合适的职位信息，这是网上求职一个重要的环节，找到一个合适的网站求职，可以获得比较高的成功率。

从1997年智联公司开通了我国第一家招聘网站开始，到今天，中国各类招聘网站总数已经达到上千家，有一定影响力的网站也达到上百家之多，如何从众多的人才网站中找到适合自己的职位信息，这是一个值得求职者重视的问题。

招聘网站的类型各种各样。

下面首先了解一下，我们可以通过哪些招聘类网站进行求职，也可以说是求职类网站都有哪些类型。

现有招聘网站按网站的服务区域分为全国性招聘网站、地区性招聘网站；按网站职位种类，可以分为综合性招聘网站、行业性招聘网站；按网站功能分可分为完全招聘类网站和为招聘进行配套服务的网站，比如一些网站并不提供职位信息，而是提供求职技巧、求职指南、网址导航方面的信息；按照网站的独立性可以分为专门的招聘网站、门户网站的招聘频道、普通企业网站的招聘栏目。

对于求职者而言，应该根据自己的实际情况，选择相应的招聘网站，例如，你是一个想在北京工作的求职者，可以登录一些北京企业职位信息比较多的招聘网站，根据自己的所求职职业的特点，直接去登录一些自己感兴趣的北京企业的网站，看看企业网站里有没有招聘方面的信息，有没有适合自己的工作机会。如果你是一个对于求职不是太熟悉的应届生，不妨多上一些求职指南类的网站，或多看一些招聘网站里面关于求职技巧介绍方面的内容。

寻找招聘网站的途径如下。

（1）通过搜索引擎的分类查找，比如通过新浪、搜狐、雅虎、中华网、21cn等网站分类搜索。这些搜索引擎的招聘网站分类里通常都收录了上百甚至上千个与招聘相关的网站，求职者如果有时间可以去逐一了解。

（2）通过网址导航类网站，类似于搜索引擎的招聘网站分类，但是网址导航网站里的招聘网站通常都是是网上最常用的，数量一般只有几十个，界面简洁，使用方便。如网址之家，目前

视野拓展

智联与全国众多重点城市的主流高端平面媒体强强联手，每周推出专业的《智联招聘周刊》，成为各城市最为专业的招聘周刊之一。

国内一些门户网站均增加了网址导航这方面的内容，求职者可以登录相应网站去了解。

（3）通过一些其他途径，比如网站里的友情链接、媒体报道、朋友推荐等，有时间的求职者可以也可以登录一些与求职相关的论坛，比如天涯社区的职场天地，效果也不错。

对于求职而言，选择三到五个招聘网站作为自己网上求职的主要网站应该就足够用了。求职者应该善于学会使用收藏夹，将一些对自己求职有帮助的招聘网站收藏进来，方便日后登录。如果没有专门的上网电脑，不妨将一些招聘网站的网址抄下来或记下来，以备自己登录之用。

一些对网上求职比较熟悉的求职者在选择合适的招聘网站是基于这样一个原则的：全国性招聘网站一个、区域性招聘网站一个、行业性招聘网站一个，这样立体式的选择通常可以保证求职者获得足够的招聘信息。

13.1.3 登录招聘网站

目前国内招聘网站一般都是免费向求职者开放的。求职者只需要注册为会员就可以查询相关的招聘信息，为了提高求职的成功率，求职者应该认真填写相关的内容，用人单位在查询求职者人网上资料时，通常不会理会资料不全的求职者的。如果条件许可，最好在网上资料中留下详细的联系方式，而不只是一个邮箱或者QQ号码，因为一般的用人单位都这样一个聊天工具持反对态度，既然不会有一个单位会在QQ上通知你去面试，求职者就不要留下这个联系方式了。求职者注意及时更新网站上登记的个人资料，保持网上简历的时效性。

完成了在招聘网站进行登记并不意味着求职者就万事大吉可以坐等用人单位看到你的资料与你联系了，虽然也会有一些用人单位会主动在网站上搜索求职者的资料，主动约求职者面试，但是事实告诉我们，这样的情况是很少的，而且这样的工作通常是一些求职者不是太感兴趣的工作。不错的工作机会通常都会有大量求职者主动提交个人资料，用人单位根本不需要到网站去搜索，因此求职者需要在网站上要主动出击，及时了解相关职位信息，要充分利用招聘网站上为求职者设计的求职功能，比如职位搜索引擎、职位收藏夹、职位订阅等。搜索引擎使用起来很方便，求职者只要设定时间、地点、招聘职位名称、公司名称等查询条件，便可直接查询到想要查询的信息。职位收藏夹使用起来也很方便，只要设定要收藏的职位类别，系统便会把设定的信息发送到收藏夹里，一目了然。邮件订阅也是一个不错的办法，网站可以用时将相应的职位信息发到求职者的信箱里，这样求职者只要经常打开邮箱不会错过一些重要的职位机会。

搜索到感兴趣的职位信息后，求职者就可以及时将自己的个人求职资料（求职信与简历）发给用人单位，有的网站有在线提交的功能，有的则需要求职者记下企业的招聘邮箱，将资料发到用人单位的邮箱里面。求职者一定要看清楚用人单位的招聘要求，比如有的是要求直接上门面试的，有的是要求电话联系的，这样的情况下发邮件过去就会失掉机会的。

视野拓展

智联猎头（Alliance Executive Search）是中国最早的外资猎头公司之一。

求职者也可以直接进入一些自己感兴趣的企业网站，看看网站的人才栏目里有没有最新的合适自己的工作机会，通过人才栏目将自己的资料提交给企业，等待合适的机会，这也是一个寻找合适职业的有效途径之一。许多求职者喜欢在企业的顾客留言板留下自己的个人资料，这是不适合的，基本不会有什么效果。

对于一些专业性较强的求职者，可以进入一些相关行业的人才网站进行求职，比如求职者想找广告方面的职位，可以考虑登录广告行业的一些门户网站的人才频道，因为专业性较强，相关专业的职位机会更多一些，成功率会高一些。

13.1.4 网上求职的一些技巧

网上求职的主要环节就是通过电子邮箱发送个人的求职资料（许多求职者并非在网上获取职位信息，但是同样也会用电子邮件发送求职资料，这也算是一种网上求职吧），就这方面的一些技巧给大家介绍如下。

（1）求职邮件应该简明扼要、重点突出。既要把自己在某一方面的特长讲清楚，又不要过于冗长。应该在邮件的主题里及邮件正文中注明申请的是何职位。许多用人单位同时招聘多个职位，如果求职者没有写明自己的求职范围，会导致工作人员不知所以而失去机会。

（2）如果不是用人单位特别要求，不要把简历贴在附件里发送。一是因为邮件太多，有时看邮件的工作人员不愿意打开；二是因为电子邮件病毒流行，许多用人单位不愿打开电子邮件的附件；三是因为格式的不同，有些附件在用人单位那里有可能是打不开。同时，要注意把简历转化为文本文件，不要出现字词及语法类的错误。

（3）一封电子邮件应聘一个职位，不要同时在一家公司应征数个职位。一般来说，在用人单位看来，你越是对某一职位志在必得，他们会感觉你是认真的，这样应聘的成功率自然也就比同时应聘几个职位要高。

（4）用邮件发简历的时候，应该写一封求职信同时发出。求职信应该有足够的内容介绍自己，但要控制字数，不宜过长；求职信和简历都应该用文本格式（.txt）来写，这样虽然会限制一些文本修饰功能，如粗体、斜体等，但你可以用一些符号来突出重点，如："+"、"-"、"△"等；还要注意措辞，信中千万不可有错别字。求职者可以在电子邮件的草稿箱里创建并保存一个求职信样式，这样稍加修改你就可以用它来申请其他的职位。

（5）求职信发出后可以在适当的时间向用人单位询问结果，向用人单位表示诚意，也让自己心中有数。询问的时候应该表示你对他们公司的职位仍然感兴趣并再简短介绍一下自己的专业特长和工作经验。但是不要反复询问结果，这样是不受欢迎的，许多公司每天都会收到上百份个人简历，他们是不愿意被求职者反复打扰的。

视野拓展

中国教育电视台《职来职往》是由江苏卫视和中国教育频道联合打造，帮助求职者正确对待自己与职场，为多样的职场精英提供就业机会的大型职场类娱乐真人秀节目。

（6）若有资格不符的职位，可以主动以电话和E-mail询问该职位所需求的条件与要求。许多招聘单位会对一些有特长的求职者放宽某些方面的条件，比如，如果你的经验丰富，用人单位可能不会非要坚持一定要本科以上学历。这样求职者就会多一次机会。

（7）不必要大量邮寄简历。许多求职者不管对方的职位要求如何，大量发送求职邮件，效果反而不理想，求职者应该仔细研究空缺职位的具体情况，确定的确符合你的兴趣和背景之后再去应征。不要简历“满天飞”，无目的地投简历等于没投。

（8）求职的自荐材料内容应突出专业、学校、社会实践、自身性格，是否具有工作经验等重点内容。面面俱到、内容太多、太花哨的简历往往最容易被淘汰。

（9）求职者可以建立个人的求职网站。求职者可以在发求职信的同时将自己的网址告诉给用人单位，利用求职网站充分展示自身特色，吸引用人单位的目光。个人求职网站应该图文并茂，内容包括自己的求职信、简历、论文、实习报告、日记、个人论坛以及见报文章等。当然，网页粗糙的求职网站最好不要使用，那只会适得其反。

13.1.5 网上求职的注意事项

网上求职同样要注意求职时的一些细节问题。

（1）网上求职要保持平和的心态。求职者要坦然地面对挫折和困难，不必自卑胆怯和过分焦虑，要积极调整心态迎接挑战。求职时不要将全部的希望都寄托网上求职，网上求职只是求职的一个渠道，有可能的话仍然要通过网下的求职的方式。去人才市场参加人才招聘会，通过邮局发送求职信仍然是求职的主要方式之一。

（2）注意防范网上求职的一些骗局。求职者为了防止网上诈骗，一定要登录正规网站。一般正规网站在刊登人才需求信息时，都会仔细验证招聘单位的真实性，要求对方能提供单位营业执照、办理人员的身份证件以及加盖公章的单位证明等，严防虚假信息的发生。因此，在网上求职时，应尽量寻找那些比较正规、知名的网站，以减少不必要的麻烦。

网上求职的骗局有通常有两类，一类是骗子公司要求职者汇款作为报名费、押金、手续费，凡是这类情况，求职者应当立即放弃，甚至可以举报；一类是网上传销的骗局，声称只需要交几十元会费就可以在家创业云云，只不过搬到了网上的传销而已。

求职者在无法确定所要应聘单位的真实性与可靠性时，可以当地的工商局网站查询一下企业的注册情况，或者直接在“百度”或“GOOGLE”里输入“公司名+骗子公司”，看一下搜索结果，或者到一些求职论坛发帖请教，应该会有一个结果。

（3）网上求职，注意保密。网上求职要注意对一些私人的信息进行相应的保护，比如不要在网站上透露家庭地址，求职者只需要留下个人的电话、电子邮箱以及自己的大概位置就可以

视野拓展

前程无忧已经成为中国占有领导地位的专业招聘网站。

了，以防为一些骗子所利用，对于一些在职的准备跳槽的求职者，如果不想为现就职单位了解到自己的求职资料，可以用自己的英文名，或者在个人资料设置中将自己的个人资料设置成对部分单位保密（目前多数招聘网站都有这一功能）。

提示：对于很多的跨国企业，比如微软，Intel，Shell，P&G等，在各自公司的主页都会有很详尽的职位说明和自己的人才数据库，建议大家把自己的简历登记到它们数据库中（方法基本和BBS发帖子差不多，各公司略有不同），这样在这些企业需要招聘的时候，HR会从数据库中查找合适的简历。

13.2 在智联招聘上求职

成立于1997年的智联招聘是国内最早、最专业的人力资源服务商之一。它的前身是1994年创建的猎头公司智联（Alliance）公司。独特的历史为今天智联招聘的专业品质奠定了基石，并积累了宝贵的人力资源服务经验和优秀的客户。

智联招聘总部位于北京，在上海、广州、深圳、惠州、长春、长沙、成都、大连、杭州、济南、南京、青岛、沈阳、苏州、天津、武汉、西安、郑州、哈尔滨、厦门、福州、石家庄等二十多个城市设有分公司，业务涉及全国的50多个城市。从创建以来，已经为超过190万家客户提供了专业人力资源服务。智联招聘的客户遍及各行各业，尤其在IT、快速消费品、工业制造、医药保健、咨询及金融服务等领域享有丰富的经验。

截止到2011年1月，智联招聘网平均日浏览量6800万，日均在线职位数255万以上，简历库拥有近3800余万份简历，每日增长超过30000封新简历。个人用户可以随时登录增加、修改、删除、休眠其个人简历，以保证简历库的时效性。

1. 求职操作

下面介绍一下在智联招聘上进行求职的操作步骤，首先需要在智联招聘网上注册一个账号，操作步骤如下所示。

操作步骤

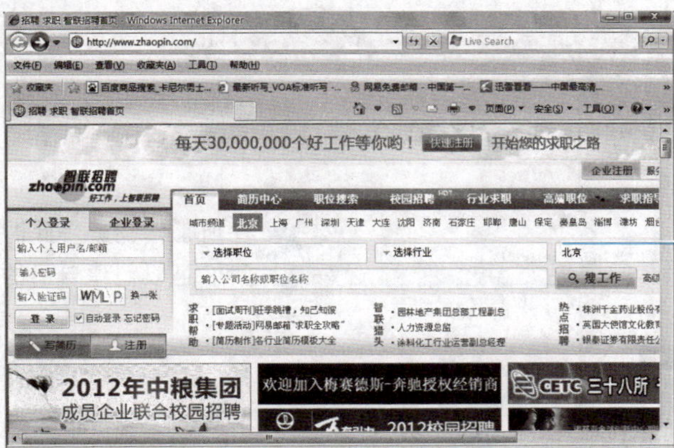

1 打开IE浏览器，在“地址栏”中输入http://www.zhaopin.com/，按键盘Enter键，进入智联招聘的官方网页

51job的“人才速配”服务是根据招聘企业的需求搜索、推荐合适人才的一个桥梁。

2 单击主页上“注册”按钮，进入“新用户注册”界面

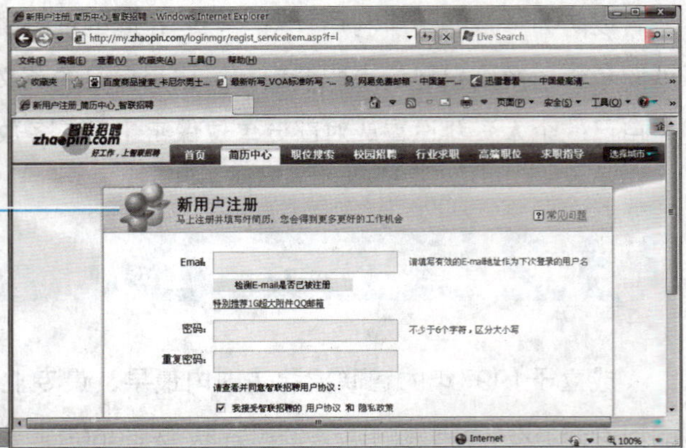

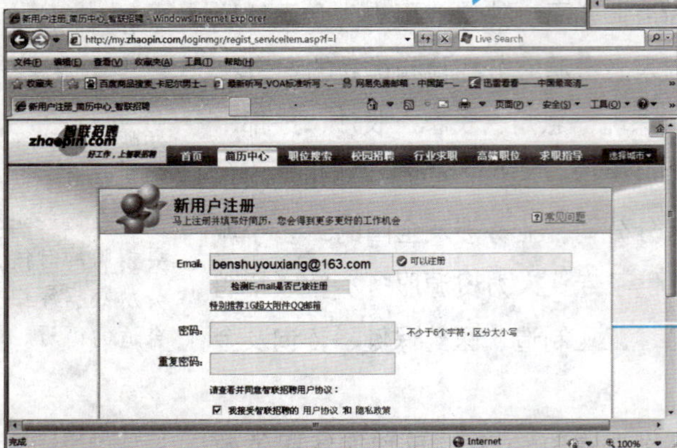

3 根据要求输入电子邮箱的地址之后，可以检测一下此邮箱是否被注册过

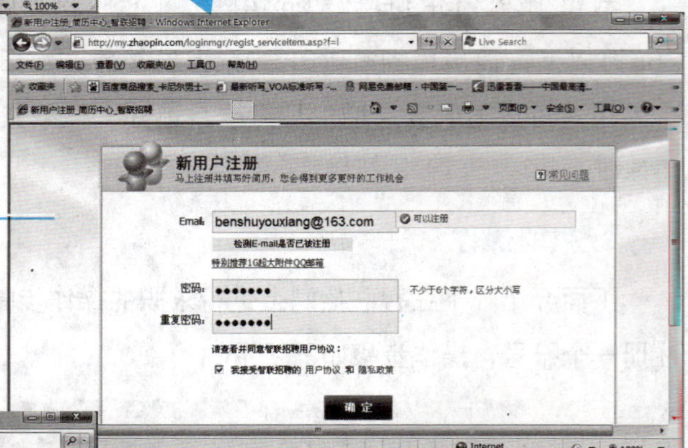

4 填写完邮箱地址之后，再输入密码，确认无误后单击“确定”按钮

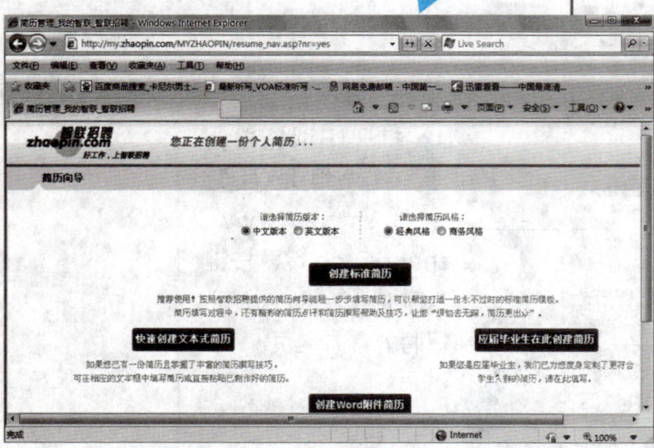

5 注册工作完成。此时我们可以创建自己的一份简历

视野拓展

51job为用户的简历提供三种控制权限，在填写简历时，就可以设置个人简历控制权限。

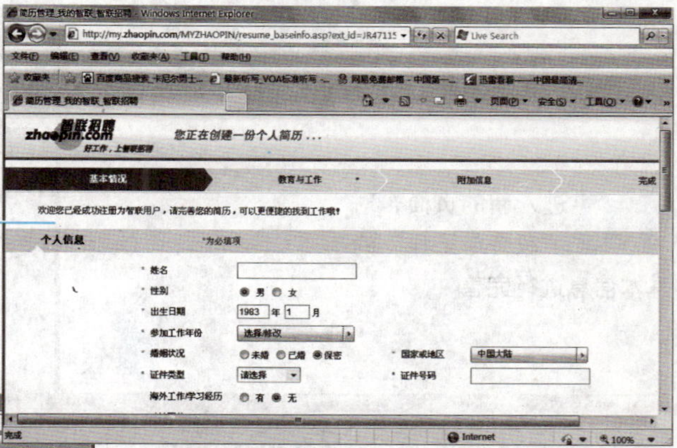

6 单击“应届毕业生在此创建简历”的按钮，进入新的页面

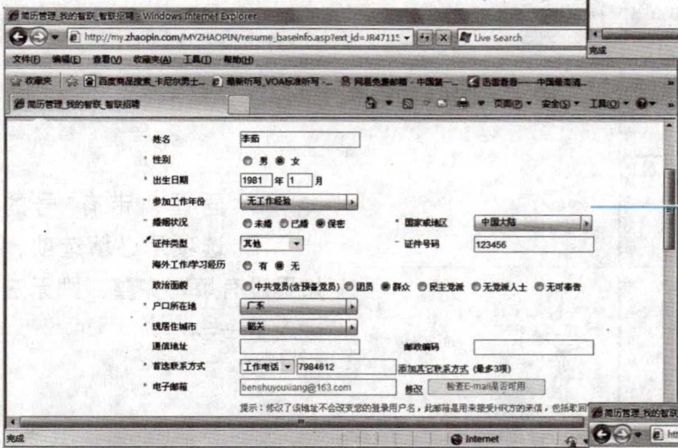

7 根据要求输入信息

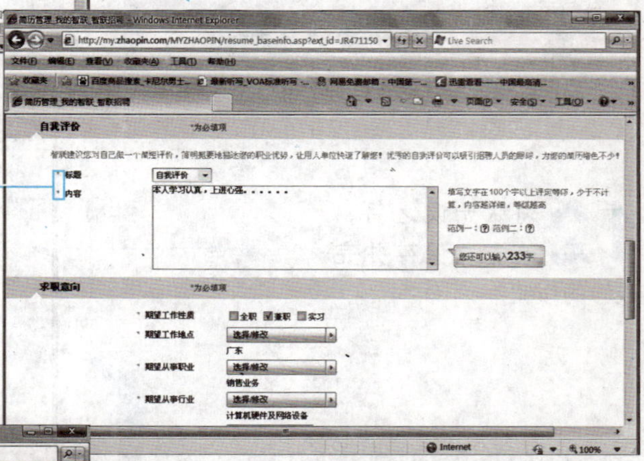

8 对于页面中带有*号的选项是必须填写的内容

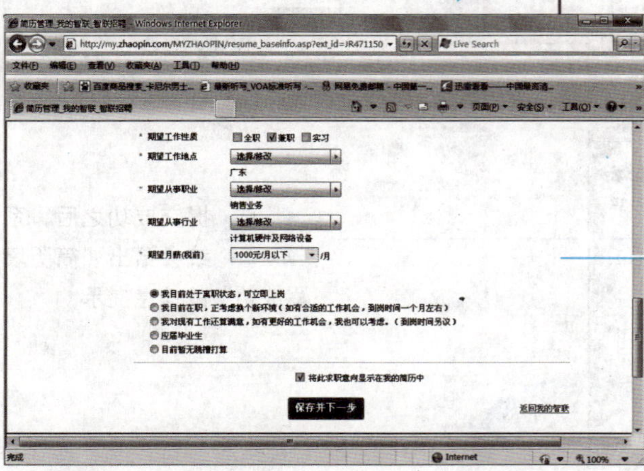

9 页面的所有必填选项填写完毕之后，单击“保存并下一步”按钮

视野拓展

中华英才网总部位于北京，全国共有12家分公司，服务覆盖全国40多个城市、35个主要行业。

10 进入新的页面，对“教育与工作”的基本信息进行完善

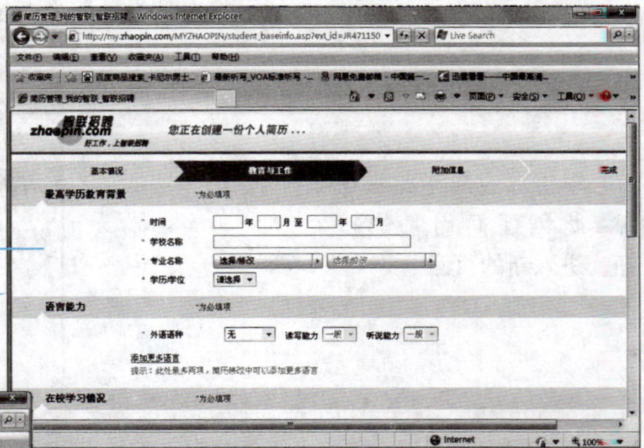

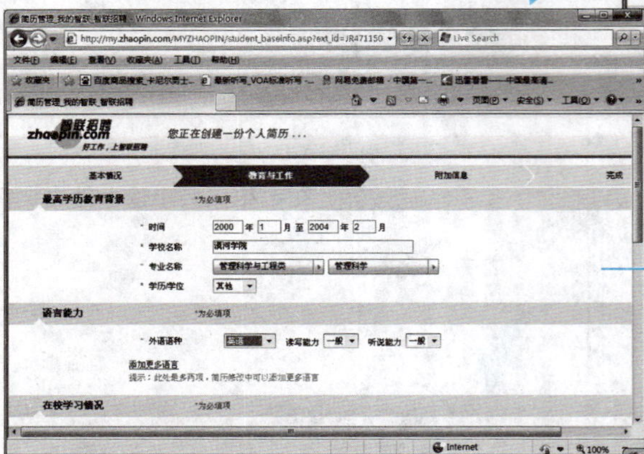

11 同理，带有*号的选项是必填选项，如果没有填写完整，则无法进入下一步

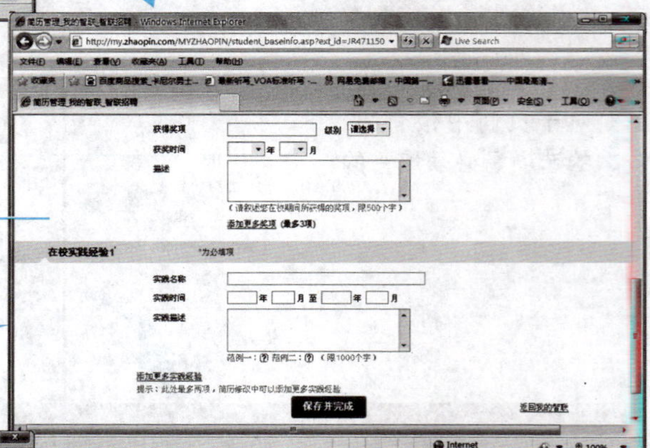

12 确认无误之后，单击“保存并完成”的按钮

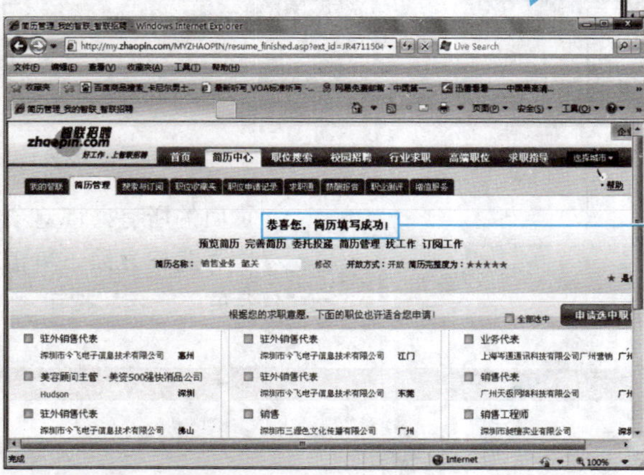

13 提交成功之后，系统会给出“简历填写成功”的信息提示

视野拓展

中华英才网是中国认知度最高的全国性专业网络招聘企业之一，90%的全球500强企业使用中华英才网的专业服务。

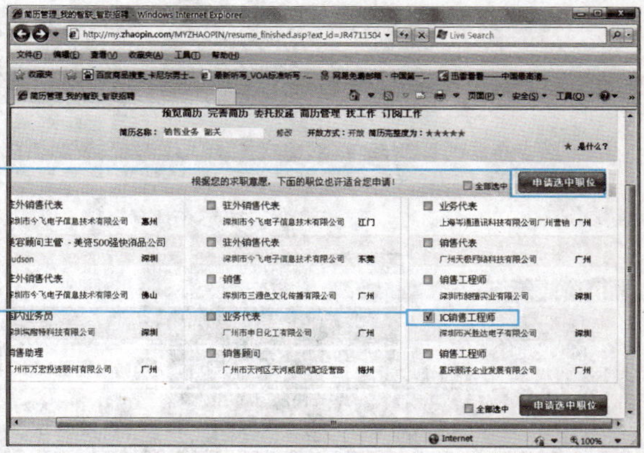

14 系统会自动的根据提交的简历内容筛选出合适的职位供求职者选择。此处我们选择“IC销售工程师”的职位，单击其前面的小方块，再单击“申请选中职位”的按钮

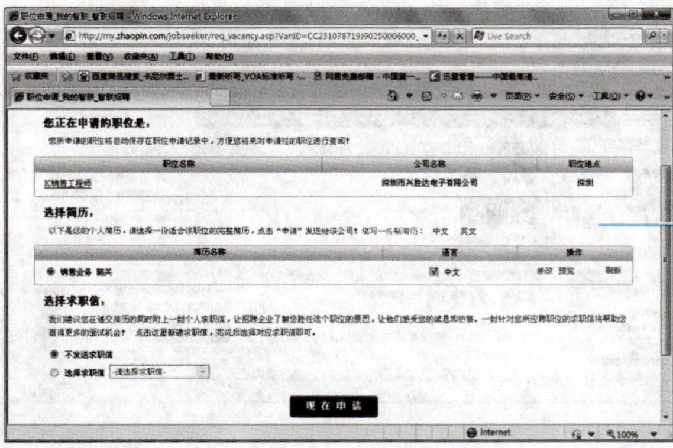

15 进入新的页面确认信息，最后单击“现在申请”按钮

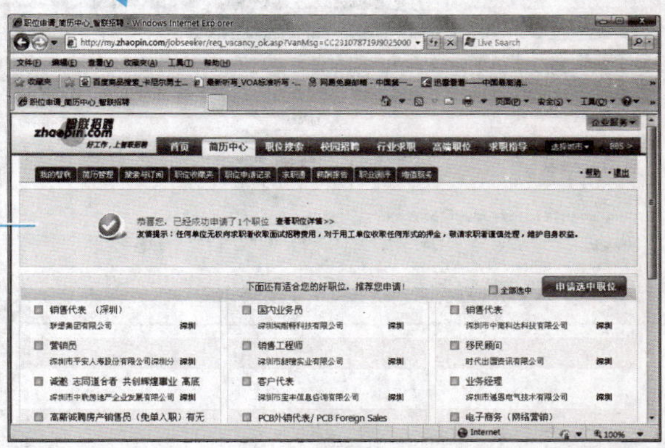

16 申请成功之后，系统会给出申请成功的提示信息

2.网站其他功能介绍

下面介绍一下智联招聘网上的其他功能。

视野拓展

中国人才热线为华南地区顶级人才招聘网站，致力于为企业和求职者打造专业、高效的人力资源服务平台。

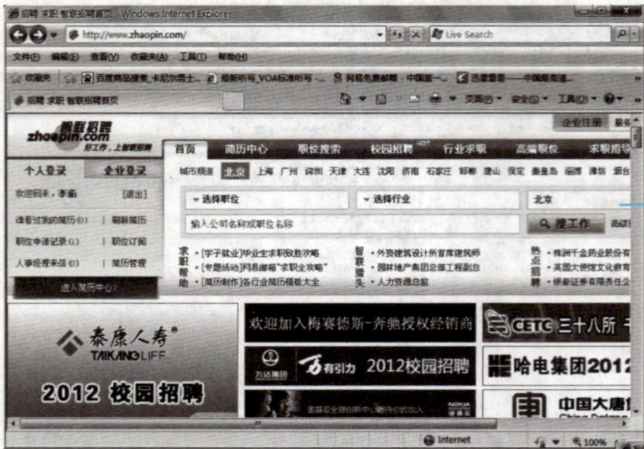

1 回到智联招聘的首页

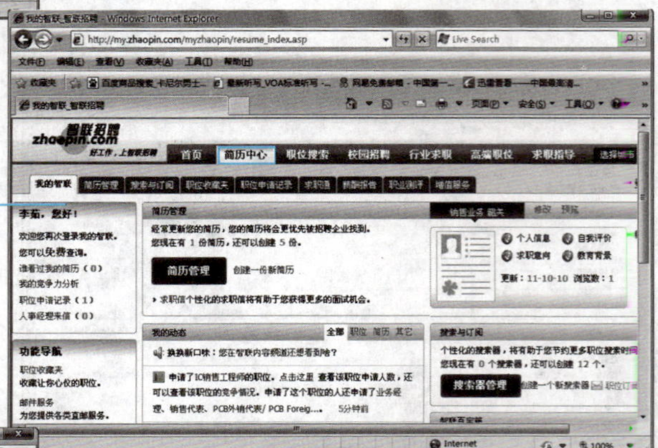

2 单击“简历中心”的按钮，我们可以查看自己刚才创建的建立内容

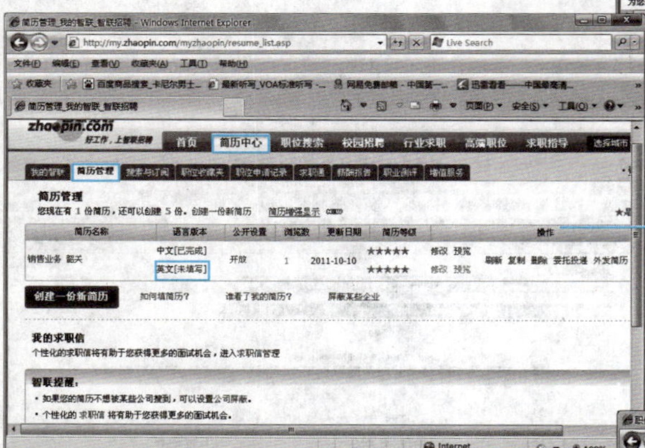

3 单击打开“简历管理”的选项卡，我们还可以创建英文的简历

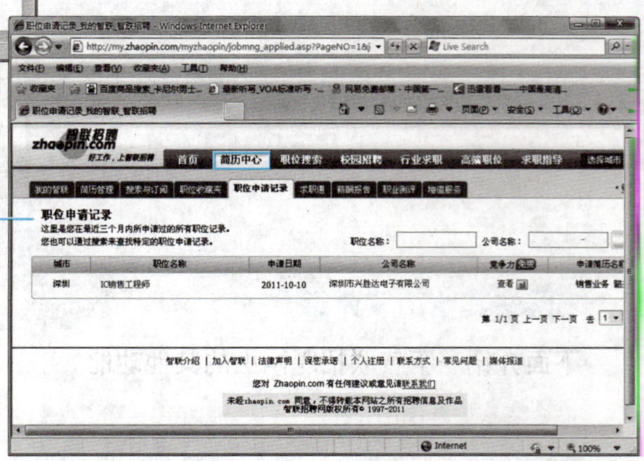

4 单击打开“职位申请记录”选项卡，我们可以查看到自己曾经申请过的职位信息

视野拓展

“猎头”特指猎夺人才，即发现、追踪、评价、甄选和提供高级人才。

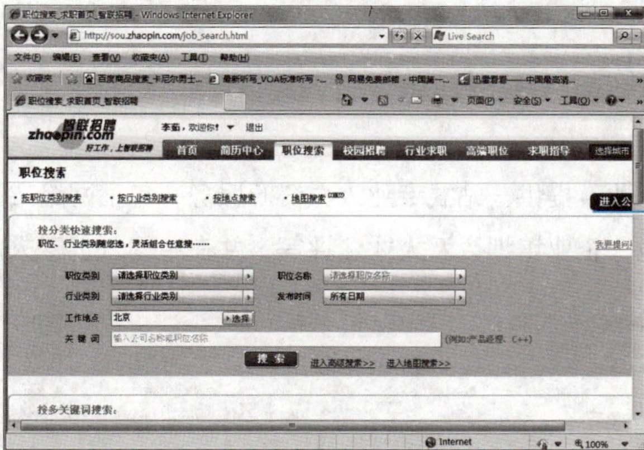

5 单击打开“职位搜索”选项卡，可以更加精确地搜索自己想要的职位信息

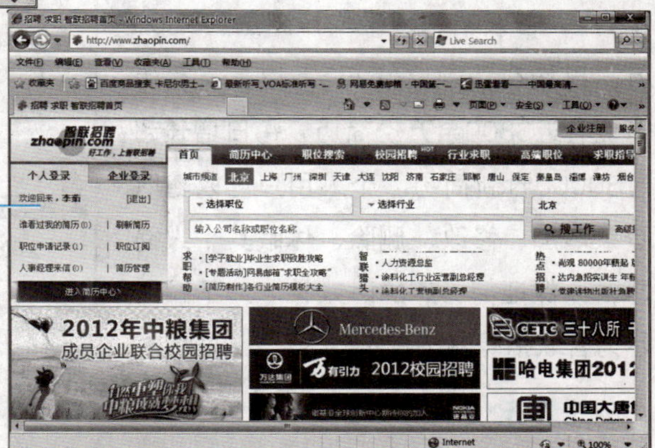

6 浏览结束之后返回主页，单击“退出”按钮注销登录

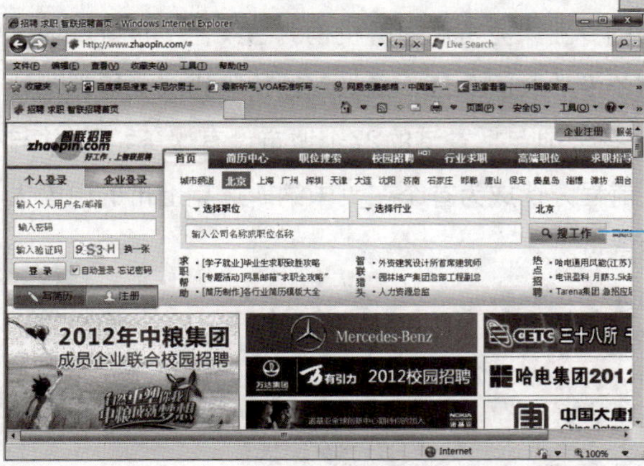

7 如果还需要登录的话，输入自己的邮箱和密码，即可重新登录

13.3 常用的求职网站

下面主要介绍下我们经常可以用到的求职网站。

视野拓展

猎头顾问是专为客户提供中、高级职位及特殊职位人才招聘和相关咨询服务的专业服务人员，是猎头公司必须具备的高级成员。简单地说，猎头顾问就是猎头公司里的业务人员。

13.3.1 综合人才网站

智联招聘

智联招聘面向大型公司和快速发展的中小企业，提供一站式专业人力资源服务，包括网络招聘、报纸招聘、校园招聘、猎头服务、招聘外包、企业培训以及人才测评等，并在中国首创了人力资源高端杂志《首席人才官》，是拥有政府颁发的人才服务许可证和劳务派遣许可证的专业服务机构。截止到2011年1月，智联招聘网平均日浏览量6800万，日均在线职位数255万以上，简历库拥有近3800余万份简历，每日增长超过30000封新简历。个人用户可以随时登录增加、修改、删除、休眠其个人简历，以保证简历库的时效性。如下图所示为智联招聘网站首页。

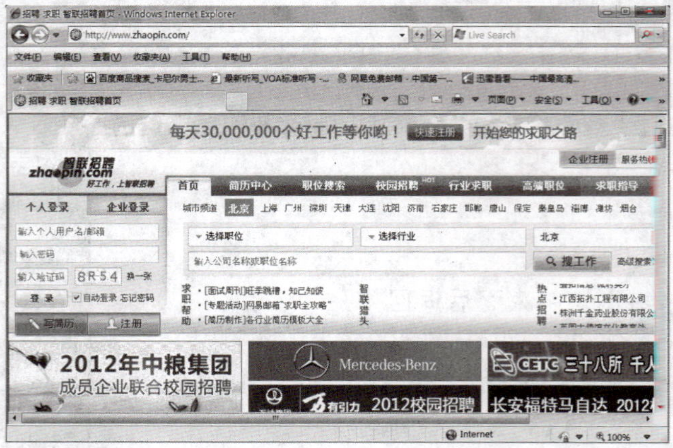

前程无忧

前程无忧是国内第一个集多种媒介资源优势的专业人力资源服务机构。它集合了传统媒体、网络媒体及先进的信息技术，加上一支经验丰富的专业顾问队伍，提供包括招聘猎头、培训测评和人事外包在内的全方位专业人力资源服务，现在全国包括香港的27个城市设有服务机构,并与山东猎头烽火猎头建立合作关系。2004年9月，前程无忧成为首个在美国纳斯达克上市的中国人力资源服务企业。如下图所示为前程无忧的网站首页。

视野拓展

猎头进入中国也就是最近十年左右的时间，世界上第一家猎头公司于1926年诞生于美国，进军中国的第一家猎头公司诞生于1994年。

58同城招聘

58同城成立于2005年12月12日，总部设在北京，截止到2010年11月，58 同城已在天津、上海、广州、深圳、武汉、哈尔滨、青岛、石家庄、大连、苏州、沈阳、成都、重庆、长沙、南京、郑州等20多个城市成立了分公司，目前已经在376个城市开通分站。 58同城获得软银亚州赛富基金、DCM等机构多轮风险投资，总额高达2500万美元。2010年12月，58同城第三轮6000万美金融资到位，此次融资由华平投资领投，58同城CEO姚劲波个人跟投500万美金。在谷歌TOP1000网站排名中，58同城网已名列第128位，在全球分类信息领域仅次于Craigslist，位列第二位；在艾瑞发布的中文网站排行榜名已进入33位。在由互联网协会和IDGVC联合发布的Web 2.0百强排名表中，58同城网位列第16位；在 “第二届中国数字英雄榜、中国IT品牌风云榜” 获得分类信息网站市场占有率第一品牌。

截止到2010年6月，58同城网注册用户5000万，新增用户以5万个/日的速度迅速增加，日PV2850万，每位用户平均浏览页面为10个，日发贴量达到100万。58同城网流量已经跃升生活服务类网站第一名，访问人数和页面访问量在行业内遥遥领先。如下图所示为58同城招聘首页。

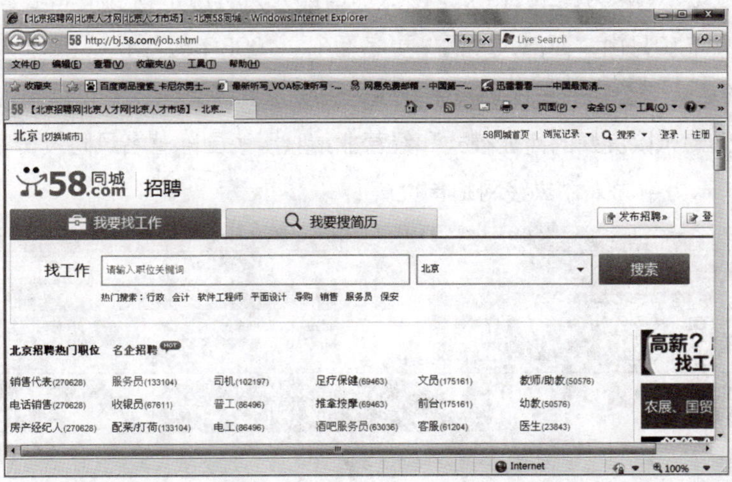

中华英才网

中华英才网（ChinaHR.com）成立于1997年，是国内最早、最专业的人才招聘网站之一，其品牌和服务已被个人求职者和企业人力资源部门普遍认可。 2005年4月，全球最大的网络服务提供商Monster.com向中华英才网注入5 000万美金战略投资，并把自身先进的管理理念、业务模式和产品引入中华英才网，公司从此进入全新的国际化发展阶段。同年5月，中华英才网与中国第一门户网站新浪网战略合作，缔造网络招聘帝国。如下图所示为中华英才网首页。

视野拓展

猎头公司主要运作模式有三种：雇员制、合伙人制、Soho型。

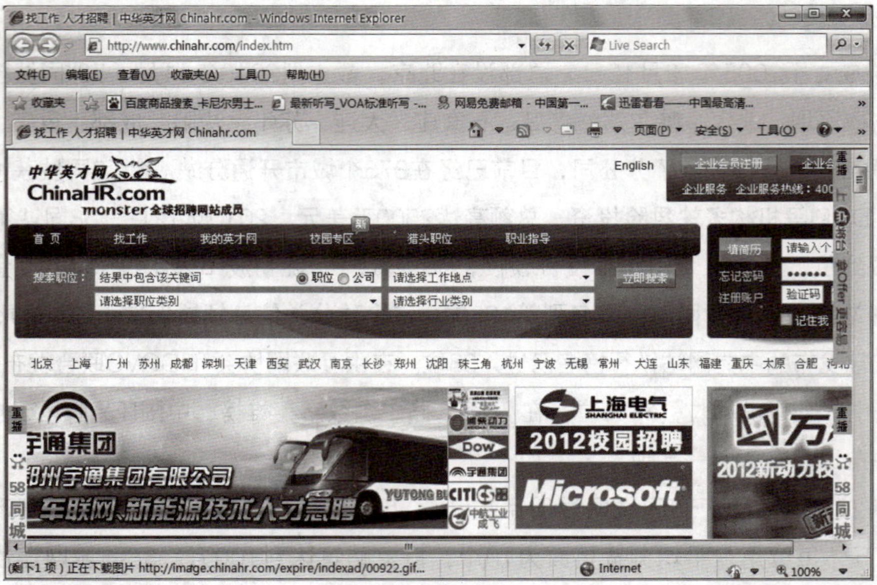

中国人才热线

中国人才热线（www.CJOL.com）是由深圳西部人力资源市场创造和培育的国内最早的人才网站之一。1997年10月由“西部人才网”更名而来。1998年6月由深圳西部人力资源市场发起成立CJOL.com项目运营公司——深圳市希捷尔人力资源有限公司，并首创国内网上人才市场会员制收费模式。2000年以良好的商业模式和经营业绩吸引了国际著名风险投资基金（美国IDG）的注资。如下图所示为中国人才热线网站首页。

视野拓展

高级人才委托招聘业务，又被称之为猎头服务或BeaconMan，专门从事中高级人才中介公司，往往被称之为猎头公司。

猎头网

猎聘网（原名猎头网），成立于2000年，是中国职业经理人职业发展的第一求职网站。总部位于北京，在上海、广州和深圳设立分公司，目前已成为国内覆盖行业范围最广、覆盖区域最大的高端人才互动型的求职网站。“猎聘网”聚集了全球超过80万高端职业经理人会员，超过13000位认证的猎头通过“猎聘网”为企业客户搜寻候选人。独特的高端人才互动社区，优质的人才猎聘服务，也使我们也成为了世界500强企业以及中国猎头公司重要的人才搜寻渠道。如下图所示为猎聘网的网站首页。

13.3.2 毕业生招聘网站

应届生求职网

成立于2005年，是目前国内最早、最专业的大学生招聘网站之一，为大学生提供全方位的求职服务，提供最全、最新、最准确的校园宣讲、全职招聘、兼职实习、知名企业校园招聘、现场招聘会等信息，并且为大学生提供针对性的求职就业指导。该站本着公益性的原则，为学生服务的定位，凭借信息搜集筛选的特色，迅速成为最受大学生欢迎的求职网站。如下图所示为应届生求职网的网站首页。

视野拓展

猎头顾问门槛很高，需要敏锐的眼光，丰富的销售、客户管理经验，良好的沟通能力和广阔的人际网络。

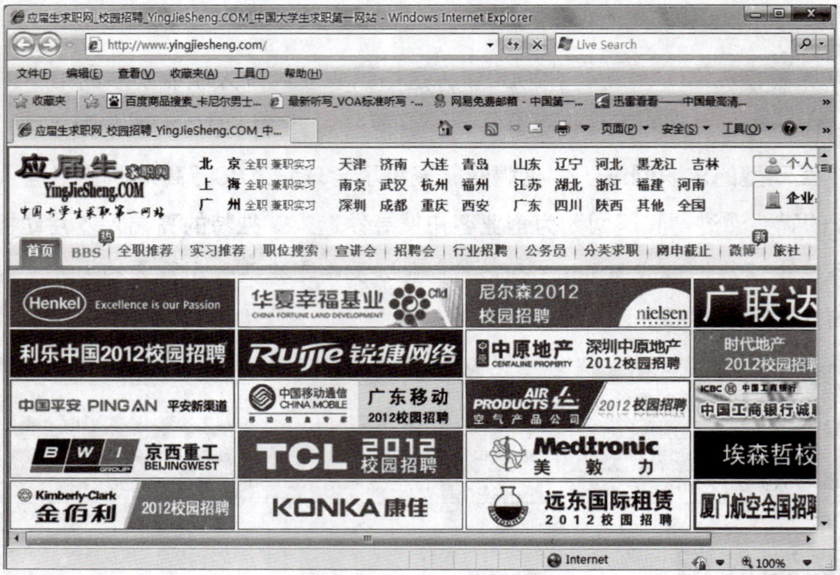

大街校园招聘网

大街网成立于2008年并于2009年3月正式上线并运营，以实名用户与真实商务社交关系为基础，以职业发展、商业拓展、行业交流为驱动的社交人脉网络平台。依托对互联网新技术应用的优势，经过两年的商务人脉领域的建立与探索实践，目前已成为中国最领先的商务人脉建立，拓展的应用平台，被誉为中国的Linkedin。大街网以学生群体为先发运营策略，截止到2011年5月，注册用户已达600万，遍及全国3000余家高校，活跃用户群超过520万。目前，大街网正式启动了白领市场的攻占策略，目前已呈现迅速蔓延趋势。如下图所示为大街校园招聘网首页。

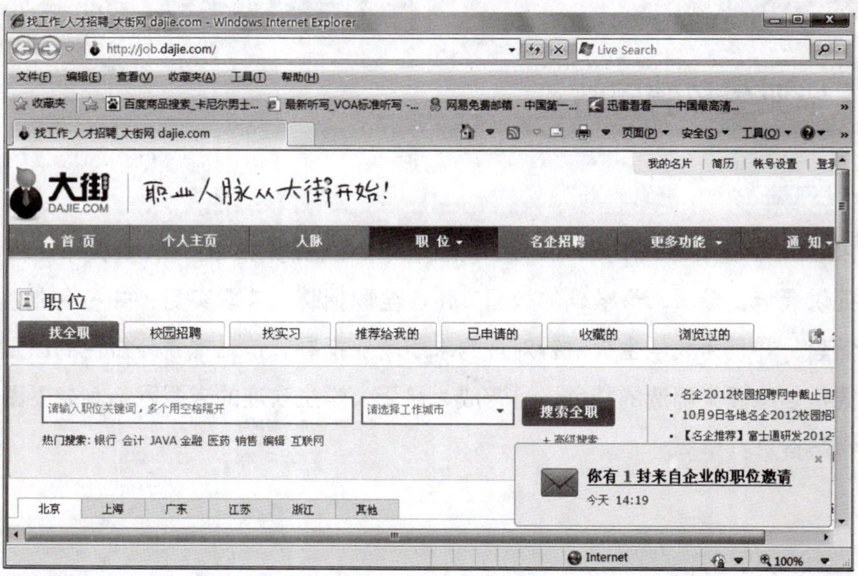

视野拓展

猎聘网拥有专业的隐私保护技术，为职场人士提供多重隐私保护，并提供身份和学历认证服务，确保在猎聘网认证保护的情况下，以隐藏的身份寻求更好的职业机会。

13.3.3 招聘求职网址大全

下面介绍一些好用的招聘导航网站。

百度招聘求职网址大全

这个导航网站的网址是http://site.baidu.com/list/66rencai.htm。

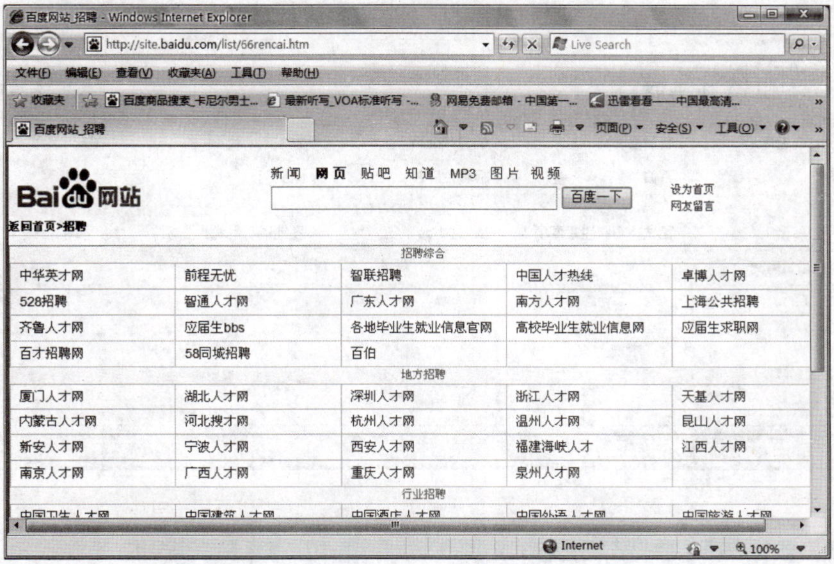

TOM人才市场网址大全

这个导航网站的网址是http://i.tom.com/list/job.html。

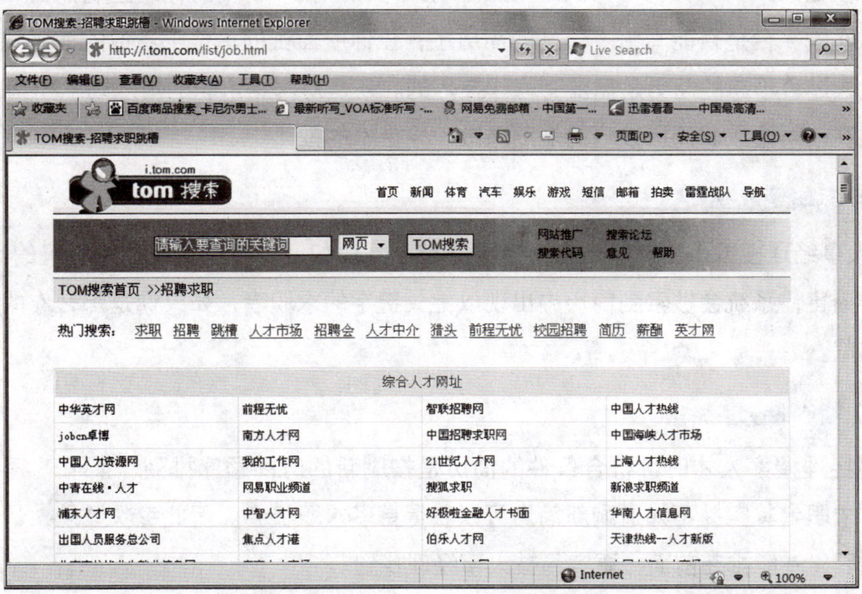

应届生求职网成立于2005年9月，是中国第一个专门面向大学生及在校生的求职招聘网站。

网址之家人才网址大全

这个导航网站的网址是http://www.hao123.com/rencai.htm。

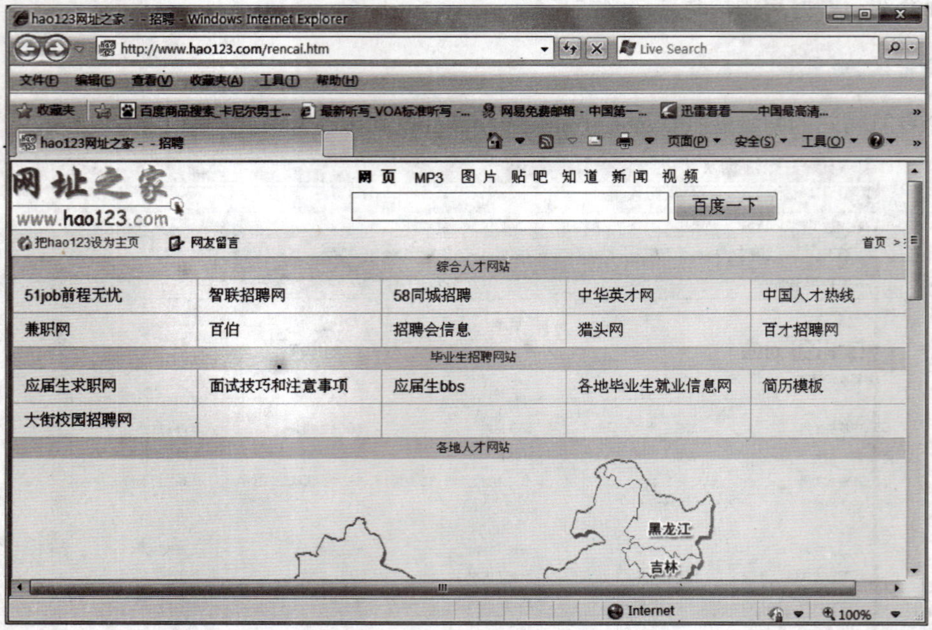

13.4 网络求职面试技巧

现在大多数的人找工作都会先通过网络上的人才网来投一份简历给所应聘的公司，但通过网络这个人才网的平台是否能写出一份好的简历了，让你所面试的单位一看你的简历就被你所吸引了？一份让人过目不忘的简历是需要有写作技巧的。还是对网络求职的潜规则了如指掌了。

我们现在就网络求职简历技巧的规则来做一些基本的概述。

1. 简历要与大公司沾边

一般人事经理搜索人才时，一般会搜索关键字。比如，单位所招聘的是销售的岗位，人事经理会搜索销售，系统会搜索到简历中出现以上关键字的求职者，如果你是那么你的简历将会被招聘单位浏览。

2. 经常刷新简历

当人事经理搜索人才时，符合条件的简历是按刷新的时间顺序排列，而一般只会看前面一两页。很多求职者其实并不知道刷新简历可以获得更多求职机会。因此每次登录，最好都刷新简历，刷新以后，就能排在前面，更容易被人事经理找到。

视野拓展

应届生求职网始终以大学生需求为导向，注重给大学生提供最满意的网上求职服务体验，用权威、高效的专业服务做好大学生与社会的对接。

3. 不要只应聘最近三天的职位

一般求职者认为刚刚发布的最新的招聘信息肯定是成功率最大的，其实不一定，有些单位可能是因为某些事情没能及时登录刷新招聘信息，所以求职者在搜索职位时刚刷新的职位会排在前面，其实这些职位应聘的人多竞争大，相反，一些职位已经是半个月甚至两个月的，应聘的人少，成功率反而高。

4. 让你的邮件永远在最前面

你要知道每天人事经理看求职者邮箱，100多页简历邮件他们最多只看前5页。所以发邮件到企业指定的邮箱时，怎样才能让你的邮件永远排在最前面，让人事经理每次打开邮箱都首先看到你的邮件？只要在发邮件前，把电脑系统的日期改为一个将来的日期，因为大多邮箱都是默认把邮件按日期排序。

5. 新颖的邮件标题

人事经理每天收到大量的求职电子邮件，求职者一般会按企业要求把邮件题目写成：xx人应聘xx职位。怎样才能吸引人事经理的眼球，可以在邮件题目上做文章。一天几百封的邮件只有标题新颖的才有机会被打开。

6. 自己要学会让简历与职位匹配

这两个观念都是有效的：一是不要太在乎对方职位要求的描述，很多职位描述只是写写，连经理都不知道要招什么样的人，如果你看到对方职位要求本科，你是专科就不敢投递简历，那就失去机会了。如果你看到对方要求有5年经验，你只有3年经验，你也不敢投，那完全没有必要。因为人事经理们对职位的描述只是例行公事随便写写而已，你千万不要当真！

另外一个匹配观念就是职位如何描述，你就改变你的简历换一个说法匹配，如要求领导能力强，你的简历也说具有领导才能，他要沟通能力一流，你的简历也说我最擅长沟通。你的简历表面匹配度最高，也可以多增加机会。你可将简历改成为职位描述完全量身定做的简历。

其实求职者有更多的面试机会，不但可以增加成功求职机会，还可以增加自己的信心，工资越叫越高还可以积累面试经验。很多优秀的求职者网上发了很多简历没有回应，以为自己不行没有竞争力，只好自动降价，实为可惜！

视野拓展

2005年9月，应届生求职网诞生于上海交通大学校园，10月份每日独立访问IP迅速达到5万。

读书笔记